ICT 建设与运维岗位能力培养丛书

# 无线局域网应用技术

## （华三版）

黄君羡　徐务棠　主　编
蔡宗唐　陈宏聪　罗志明　副主编
正月十六工作室　组　编

電子工業出版社
Publishing House of Electronics Industry
北京 · BEIJING

## 内 容 简 介

本书基于工程过程系统化思路设计，依托于新华三网络在教育、医疗、政府等场景的无线项目案例，详细讲述无线网络工程项目建设的相关技术。本书共收录 17 个项目，主要内容包括无线网络基础、无线网络的勘测与设计、智能无线网络的部署、无线网络的管理与优化等相关技术。

本书的核心项目涉及工程业务实施流程图、工程业务实施工具、场景化项目案例等内容，提供了无线网络工程技术的学习路径。相比传统教材而言，本书内容新颖、可操作性强、简明易懂。通过学习本书的内容并进行项目实践，可有效提升读者解决实际问题的能力，并使读者积累无线网络的业务实战经验。

本书适合作为新华三无线网络工程师（H3CSE-WLAN）的认证培训教材、职业和本科院校网络技术相关专业的无线网络技术课程教材，也可作为社会培训机构的参考用书。



**图书在版编目（CIP）数据**

无线局域网应用技术：华三版 / 黄君羡，徐务棠主编. —北京：电子工业出版社，2023.1

ISBN 978-7-121-44936-9

Ⅰ. ①无… Ⅱ. ①黄… ②徐… Ⅲ. ①无线电通信－局域网 Ⅳ. ①TN926

中国国家版本馆 CIP 数据核字（2023）第 010702 号

责任编辑：李　静　　　　特约编辑：田学清
印　　刷：天津千鹤文化传播有限公司
装　　订：天津千鹤文化传播有限公司
出版发行：电子工业出版社
　　　　　北京市海淀区万寿路 173 信箱　　　　邮编 100036
开　　本：787×1092　1/16　印张：16.25　字数：390 千字
版　　次：2023 年 1 月第 1 版
印　　次：2023 年 8 月第 2 次印刷
定　　价：49.80 元

凡所购买电子工业出版社图书有缺损问题，请向购买书店调换。若书店售缺，请与本社发行部联系，联系及邮购电话：（010）88254888，88258888。

质量投诉请发邮件至 zlts@phei.com.cn，盗版侵权举报请发邮件至 dbqq@phei.com.cn。

本书咨询联系方式：（010）88254604，lijing@phei.com.cn。

# 前　言

移动终端已经成为人们生活和工作的必备工具，无线网络是移动终端最重要的网络接入方式。全球已进入移动互联时代，超过九成的网民通过无线方式接入互联网，无线网络工程项目正以超过100%的年增长率被持续建设，新华三、华为、锐捷等厂商均设立了无线网络专项认证，无线网络工程师已成为一个细分岗位。

本书围绕无线网络工程项目建设对无线网络地勘、工勘、设备安装与调试、管理与优化的工作任务要求，由浅入深，设计了涵盖教育、医疗、酒店、交通等行业的17个典型无线实施项目应用场景，场景化还原了企业实际项目的业务实施流程，将岗位工作任务所需知识和技能训练碎片化，植入各项目。学生可通过对递进式项目（见图1）的学习和训练，掌握相关的知识和技能、无线网络配置与管理的业务实施流程，具备无线网络工程师的岗位能力和职业素养。

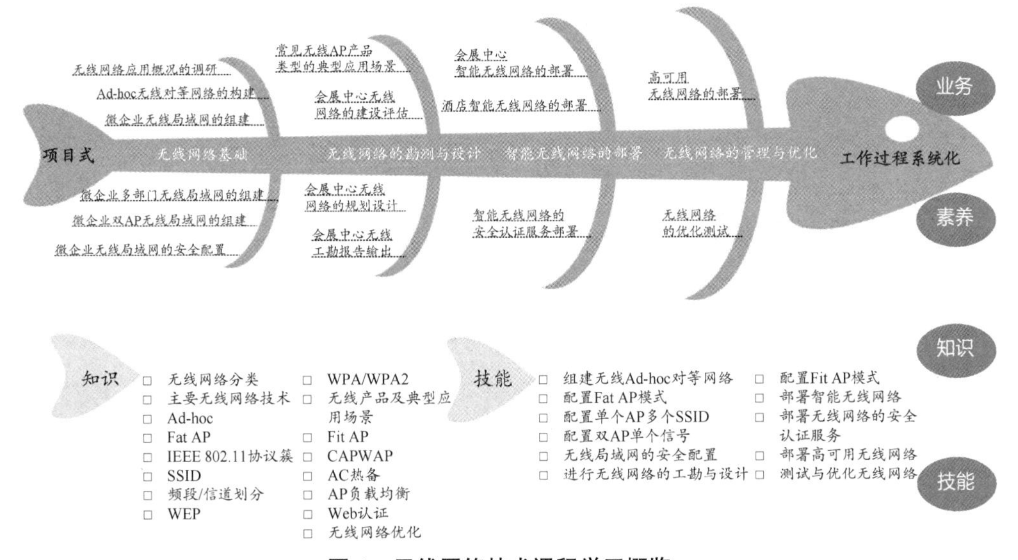


**图1　无线网络技术课程学习概览**

本书设计的项目源于无线网络工程的典型项目，在项目中通过“项目描述”明确目标任务；通过“项目相关知识”为任务实施做铺垫；参照工程项目实施流程分解工作任务，通过“项目实践”引导学习训练；通过“项目验证”“项目拓展”检验学习成果，项目结构示意图如图2所示。

**图 2 项目结构示意图**

在我国提倡新一代信息技术自主创新的时代大背景下，本书结合课程特点，积极培育和践行社会主义核心价值观，体现了我国 ICT 产业的先进文化，将家国情怀、科学精神、工匠精神等内容融入教材，融入素质拓展育人要素，如表 1 所示，形成了“一课一主题”素质拓展教学设计。

**表 1 教材素质拓展育人要素一览表**

| 序号 | 素质拓展教育目标 | 素质拓展映射与融入点 |
|---|---|---|
| 1 | 培养自主创新意识和家国情怀 | 了解中国无线网络的自主创新发展之路，结合战争时期永不消逝的红色电波精神和国外芯片封锁事件培养国家情怀 |
| 2 | 培养民族自豪感，树立科技报国之心 | 了解我国无线技术及产品研发在国际上的行业地位，如在新一代无线标准制定中，我国引领世界，华为等国产 Wi-Fi6 无线 AP 的全球市场占有率领先等 |
| 3 | 培养严谨的科学精神，培养匠人之心 | 剖析无线网络助力火神山医院建设等公共事件，了解无线网络规划的重要意义、规范化业务流程的重要性，养成良好的职业素养 |
| 4 | 树立正确的网络安全观念和法律意识 | 了解无线网络安全对国家政治和经济发展的影响 |
| 5 | 培养绿色环保的意识 | 了解无线网络对环境的影响因素 |

本书若作为教学用书，参考学时为 48 ~ 72 学时，各项目的参考学时如表 2 所示。

**表 2 学时分配表**

| 内容模块 | 课程内容 | 学时 |
|---|---|---|
| 无线网络基础 | 项目 1 无线网络应用概况的调研 | 2 ~ 3 |
| | 项目 2 Ad-hoc 无线对等网络的构建 | 2 ~ 3 |
| | 项目 3 微企业无线局域网的组建 | 2 ~ 3 |
| | 项目 4 微企业多部门无线局域网的组建 | 2 ~ 3 |
| | 项目 5 微企业双 AP 无线局域网的组建 | 2 ~ 3 |
| | 项目 6 微企业无线局域网的安全配置 | 2 ~ 3 |
| 无线网络的勘测与设计 | 项目 7 常见无线 AP 产品类型的典型应用场景 | 2 ~ 3 |
| | 项目 8 会展中心无线网络的建设评估 | 2 ~ 3 |
| | 项目 9 会展中心无线网络的规划设计 | 2 ~ 3 |
| | 项目 10 会展中心无线工勘报告输出 | 2 ~ 3 |

续表

| 内容模块 | 课程内容 | 学时 |
| --- | --- | --- |
| 智能无线网络的部署 | 项目 11 会展中心智能无线网络的部署 | 4 ~ 6 |
| | 项目 12 酒店智能无线网络的部署 | 3 ~ 4 |
| | 项目 13 智能无线网络的安全认证服务部署 | 3 ~ 4 |
| 无线网络的管理与优化 | 项目 14 高可用无线网络的部署 | 4 ~ 6 |
| | 项目 15 无线网络的优化测试 | 4 ~ 6 |
| 项目拓展 | 项目 16 大型无线网络项目的规划与设计 | 3 ~ 4 |
| | 项目 17 大型网络项目脚本生成工具的操作指导 | 3 ~ 4 |
| 课程考核 | 综合项目实训/课程考评 | 4 ~ 8 |
| 课时总计 | | 48 ~ 72 |

本书由正月十六工作室策划，主编为黄君羡和徐务棠，副主编为蔡宗唐、陈宏聪和罗志明，教材编撰参与单位和个人信息如表 3 所示。

**表 3　教材编撰参与单位和个人信息**

| 单位名称 | 姓名 |
| --- | --- |
| 广东交通职业技术学院 | 黄君羡、蔡臻、陈宏聪 |
| 广东轻工技师学院 | 徐务棠、罗志明 |
| 许昌职业技术学院 | 赵景 |
| 国育产教融合教育科技（海南）有限公司 | 卢金莲 |
| 新华三技术有限公司 | 赵磊 |
| 正月十六工作室 | 蔡宗唐、梁汉荣、杨佳佳、何嘉愉 |

在编写本书的过程中，编者参阅了大量的网络技术资料和书籍，特别引用了新华三技术有限公司和国育产教融合教育科技（海南）有限公司的大量项目案例，在此，对这些资料的贡献者表示衷心感谢。

由于无线网络技术是当前网络技术发展的热点之一，加之作者水平有限，书中难免有疏漏和不当之处，望广大读者批评指正。

正月十六工作室

2022 年 7 月

# ICT 建设与运维岗位能力培养丛书编委会

（以下排名不分顺序）

# 目　　录

# 项目 1　无线网络应用概况的调研

某公司的网络管理员近期接到公司的任务，要求对公司周边的无线局域网应用概况进行调研。

网络管理员接到任务后，考虑到手机有连接 Wi-Fi 的功能，计划在手机上安装“Cloudnet”应用程序（App），使用手机来进行调研。

无线技术以其可移动性、使用方便等优点越来越受到人们的欢迎。为了能够更好地掌握无线技术与相关产品，我们需要先了解一下相关知识。

## 1.1　无线网络的概念

无线网络（Wireless Network）是采用无线通信技术实现的网络。无线网络既包括允许用户建立远距离无线连接的全球语音和数据网络，也包括对近距离无线连接进行优化的红外技术（Infrared Technique）和射频（Radio Frequency，RF）技术。无线网络与有线网络的用途十分类似，二者最大的不同在于传输媒介不同——无线网络利用无线电技术取代网线。无线网络相比有线网络具有以下特点。

### 1. 灵活性高

无线网络使用无线信号通信，网络接入更加灵活，只要有信号的地方就可以随时随地将网络设备接入网络。

### 2. 可扩展性强

无线网络终端设备对接入数量的限制少，可扩展性强。相比有线网络一个接口对应一台设备，无线路由器容许多个无线终端设备同时接入无线网络，因此在网络规模升级时，无线网络的优势更加明显。

## 1.2　无线网络现状与发展趋势

无线网络让人们摆脱了有线网络的束缚，人们可以在户内、户外等任何一个角落使用笔记本电脑、平板电脑、手机等移动设备，享受网络带来的便捷。据统计，目前我国网民的数量约占全国人口的 70%，而通过无线网络上网的用户超过九成，无线网络正改变着人们的工作、生活和学习习惯，人们对无线网络的依赖性越来越强。

国家将加快构建高速、移动、安全、泛在的新一代信息基础设施，推进信息网络技术的广泛运用，形成万物互联、人机交互、天地一体的网络空间，在城镇热点公共区域推广免费高速无线局域网（Wireless Local Area Network，WLAN）。目前，无线网络在大多数城市的机场、地铁、客运站等公共交通领域和医疗机构、教育园区、产业园区、商城等公共区域实现了全覆盖，下一阶段将实现城镇级别的公共区域全覆盖，无线网络规模将持续扩大。

## 1.3　无线局域网的概念

无线局域网是指以无线信道作为传输媒介的计算机局域网。

计算机无线联网方式是有线联网方式的一种补充，它是在有线网的基础上发展起来的，使计算机具有可移动性，能快速、方便地解决有线联网方式不易实现的网络接入问题。

IEEE 802.11 协议簇是由电气和电子工程师协会（Institute of Electrical and Electronics Engineers，IEEE）定义的无线网络通信标准，无线局域网基于 IEEE 802.11 标准工作。

如果询问一般用户什么是 802.11 无线网络，他们可能会感到迷惑和不解，因为多数人习惯将这项技术称为 Wi-Fi。Wi-Fi 是其市场术语，人们使用“Wi-Fi”作为 802.11 无线网络的代名词。

## 1.4　无线局域网的传输技术

无线网络占用频率资源，其起源可以追溯到 20 世纪 70 年代夏威夷大学的 ALOHANET 研究项目，然而真正促使其成为 21 世纪初发展迅速的技术之一的原因，则是 1997 年 IEEE 802.11 标准的颁布、Wi-Fi 联盟（以前称为无线以太网兼容性联盟，Wireless Ethernet

Compatibility Alliance，WECA）互操作性保证的发展等关键事件。

无线网络技术大多是基于 IEEE 802.11 标准的 Wi-Fi 无线网络，在 802.11ax 产品技术应用逐渐成为市场主流应用的当下，基于 Wi-Fi 技术的无线网络不但在带宽、覆盖范围等技术上取得了极大提升，而且已成为市场主流无线网络技术。

目前，无线局域网主要采用 IEEE 802.11 系列技术标准，为了保持和有线网络同等级的接入速度，目前比较常用的 802.11ac 标准能够提供高达 6.9Gbit/s 的传输速率，802.11ax 标准则能提供 9.6Gbit/s 的传输速率，801.11be 标准理论上可以提供高达 30Gbit/s 的传输速率。

## 1.5　无线局域网面临的挑战与问题

### 1. 干扰

无线局域网设备工作在 2.4GHz 和 5.8GHz 频段，而这两个频段为 ISM（Industrial Scientific Medical）频段，且无须授权即可使用，因此同一区域内的无线局域网设备之间会产生干扰。工作在相同频段的其他设备，如微波炉、蓝牙（Bluetooth）、无绳电话、双向寻呼系统等，也会对无线局域网设备的正常工作产生影响。

### 2. 电磁辐射

无线局域网设备的发射功率应满足安全标准，以减少对人体的伤害。

### 3. 数据安全性

在无线局域网中，数据在空中传输，需要充分考虑数据业务的安全性，并选择相应的加密方式，现代无线加密方式可采用弱加密算法、强加密算法等。

## 任务　无线局域网应用概况的调研

### ▶ 任务描述

本次任务要求在手机上安装“Cloudnet”App，使用该 App 对身边的无线网络进行测试，并对周边的无线信号进行分析。

## ▶ 任务操作

（1）在 H3C 官网下载并安装“Cloudnet”App。

（2）打开“Cloudnet”App，如图 1-1 所示。

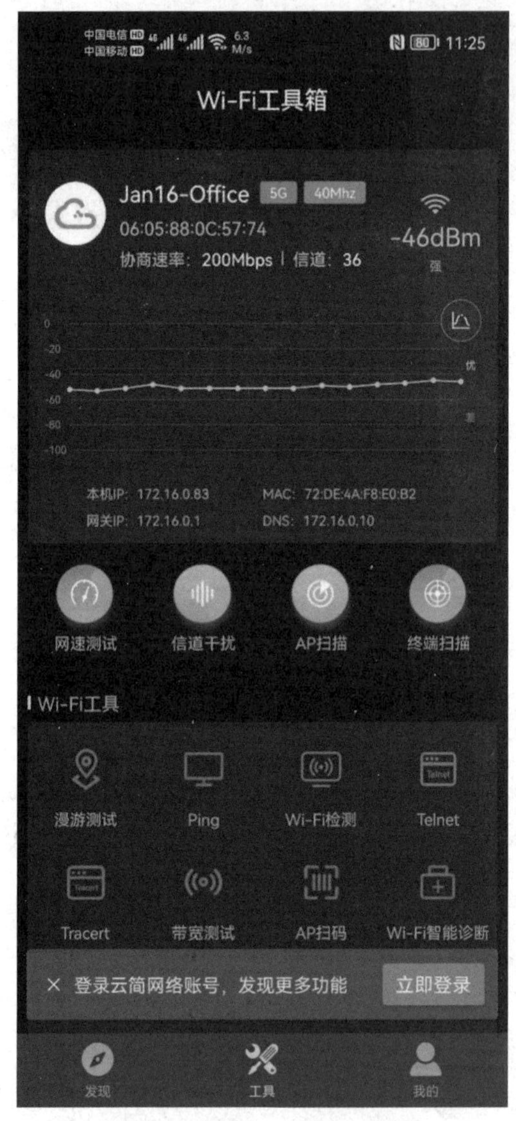


图 1-1　“Cloudnet”App 界面

## ▶ 任务验证

在“Cloudnet”App 界面可以看到当前连接的无线信号的基本信息，包括信号强度（右上角的-46dBm）、信道、协商速率等，如图 1-2 所示。

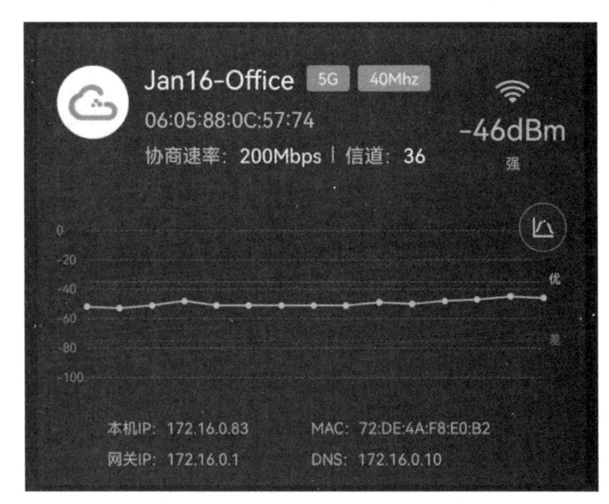


图 1-2　无线信号的基本信息

## 项目验证

（1）在“Cloudnet” App 界面点击“信道干扰”，进入“干扰分析”界面，可以查看当前区域内各信道上无线信号的强度，如图 1-3 所示。以信道 11 为例，当前信道上有 10 个无线信号，其中信号最强的是“Jan16-Office”。

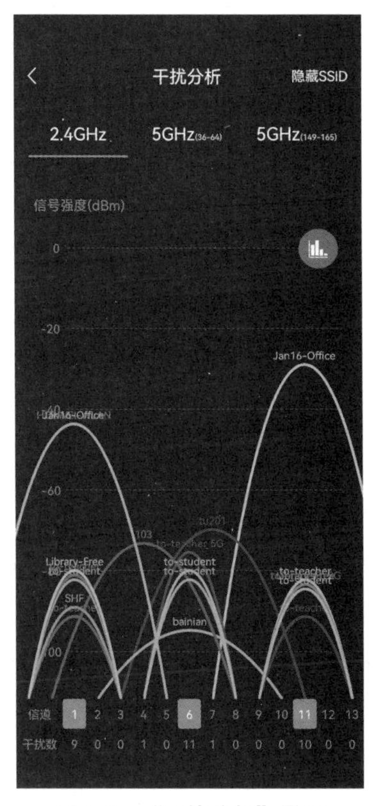


图 1-3　“干扰分析”界面

（2）在“Cloudnet”App 界面点击“AP 扫描”，进入“AP 扫描”界面，可以看到当前区域内所有 AP 的基本信息，包括信号强度、信道等信息，如图 1-4 所示。以第一台 AP 为例，当前 AP 的信号强度为“-44dBm”，工作信道为“149”。

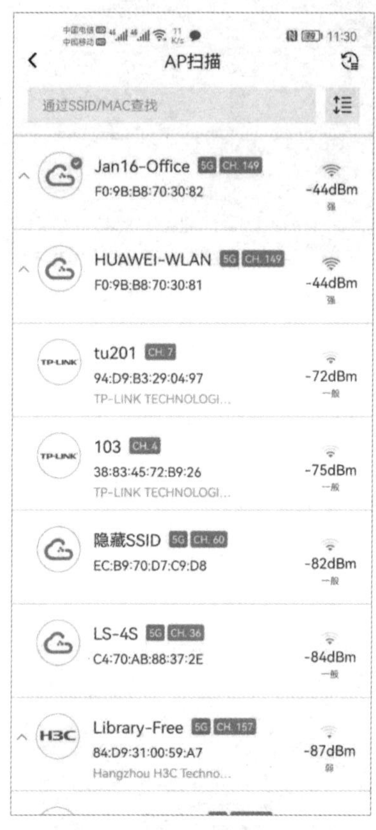


**图 1-4 “AP 扫描”界面**

## 项目拓展

（1）无线局域网工作的协议标准是（　　）。

A．802.3　　B．802.4　　C．802.11　　D．802.5

（2）无线局域网面临的主要挑战有（　　）。（多选）

A．数据安全性　　B．电磁辐射　　C．无线干扰　　D．传输速率

（3）以下不属于无线接入方式的是（　　）。

A．红外线技术　　B．蓝牙　　C．光纤通道　　D．802.11ac

# 项目 2　Ad-hoc 无线对等网络的构建

## 项目描述

某公司的业务员打电话给网络管理员，说自己在与客户谈业务，需要把业务中谈到的文档资料发送给客户，但是现场没有网络并且没有 U 盘之类可以用来复制文件的设备，希望管理员可以帮忙想办法处理这个问题。

管理员经过了解知道业务员和客户均是带着笔记本电脑在一起谈业务的，考虑笔记本电脑均带有无线网卡，于是管理员决定让业务员使用笔记本电脑的无线网卡临时组建 Ad-hoc 无线对等网络，从而完成业务员与客户的资料共享。

## 项目相关知识

## 2.1　无线局域网频段

### 1. 2.4GHz 频段

当无线接入点（Access Point，AP）工作在 2.4GHz 频段时，其工作的频率范围（中国）是 2.4GHz ~ 2.4835GHz。在此频率范围内又划分出 13 个信道。每个信道的中心频率相差 5MHz，每个信道可供占用的带宽为 20MHz，2.4GHz 频段的各信道频率范围如图 2-1 所示。信道 1 的中心频率为 2.412GHz，信道 6 的中心频率为 2.437GHz，信道 11 的中心频率为 2.462GHz，这 3 个信道在理论上是不会相互干扰的。

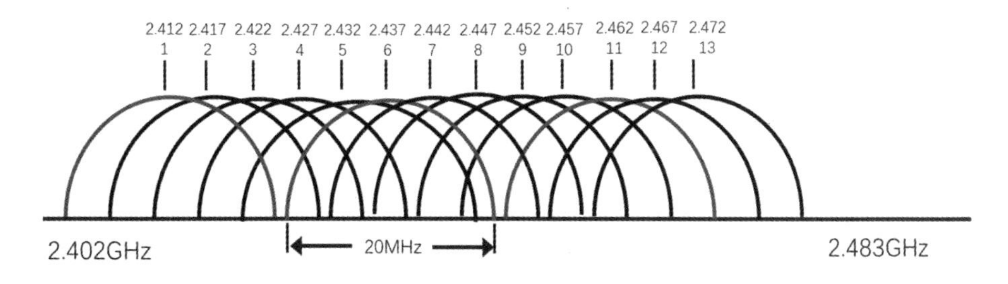


**图 2-1　2.4GHz 频段的各信道频率范围**

### 2. 5GHz 频段

当无线 AP 工作在 5GHz 频段的时候，中国 WLAN 工作的频率范围是 5.15GHz ~ 5.35GHz 和 5.725GHz ~ 5.850GHz。在此频率范围内又划分出 13 个信道，各信道的中心频率相差 20MHz，如图 2-2 所示。

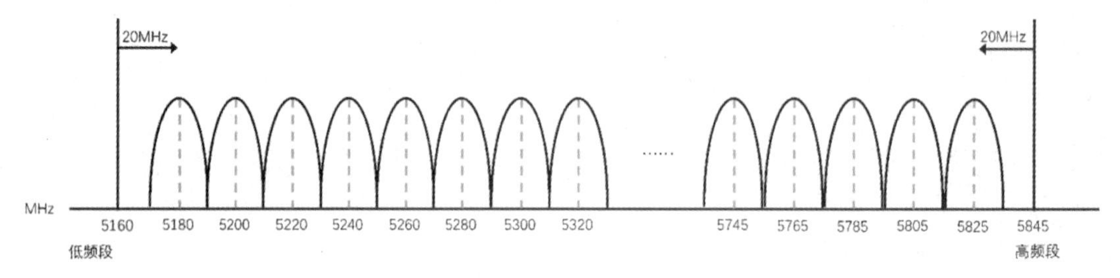


**图 2-2 5GHz 频段的各信道频率范围**

在 5GHz 频段以 5MHz 为梯度划分信道，信道编号 $n$=[信道中心频率(GHz)−5(GHz)]×1000/5。因此，5GHz 频段的信道编号分别为 36、40、44、48、52、56、60、64、149、153、157、161、165。5GHz 频段的信道编号与中心频率如表 2-1 所示。

**表 2-1 5GHz 频段的信道编号与中心频率**

| 信道编号 | 中心频率（GHz） |
|---|---|
| 36 | 5.18 |
| 40 | 5.2 |
| 44 | 5.22 |
| 48 | 5.24 |
| 52 | 5.26 |
| 56 | 5.28 |
| 60 | 5.3 |
| 64 | 5.32 |
| 149 | 5.745 |
| 153 | 5.765 |
| 157 | 5.785 |
| 161 | 5.805 |
| 165 | 5.825 |

## 2.2 无线局域网协议标准

IEEE 802.11 是现今无线局域网的通用标准，它包含多个子协议标准，下面介绍几个常见的子协议标准。

1. IEEE 802.11b

IEEE 802.11b 协议标准运作模式基本分为两种：点对点模式和基本模式。点对点模式是指站点（如无线网卡）和站点之间的通信方式。IEEE 802.11b 提供 11Mbit/s 的传输速率，扩展的直序扩频（Direct Sequence Spread Spectrum，DSSS）用标准的补码键控（Complementary Code Keying，CCK）调制，传输速率为 1 Mbit/s、2 Mbit/s、5.5 Mbit/s 和 11Mbit/s，工作在 2.4GHz 频段，支持 13 个信道、3 个不重叠信道（如信道 1、6、11）。

2. IEEE 802.11a

IEEE 802.11a 协议标准是 IEEE 802.11b 协议标准的后续标准。5GHz IEEE 802.11a 协议标准的传输技术为多路载波调制技术。它工作在 5GHz 频段，物理层传输速率可达 54Mbit/s，传输层传输速率可达 25Mbit/s，可提供 25Mbit/s 的无线 ATM（Asynchronous Transfer Mode，异步传输模式）接口和 10Mbit/s 的以太网无线帧结构接口；支持语音、数据、图像业务；一个扇区可接入多个用户，每个用户可带多个用户终端。

3. IEEE 802.11g

IEEE 802.11 工作组于 2003 年定义了新的物理层协议标准 IEEE 802.11g。与以前的 IEEE 802.11 协议标准相比，IEEE 802.11g 协议标准有以下两个特点：在 2.4GHz 频段使用正交频分复用（OFDM）调制技术，使物理层传输速率达到 54Mbit/s；使传输层传输速率提高到 20Mbit/s 以上。

4. IEEE 802.11n（Wi-Fi 4）

IEEE 802.11n 协议标准是在 IEEE 802.11g 协议标准和 IEEE 802.11a 协议标准之上发展起来的新协议标准，其最大的特点是传输速率的提升，理论传输速率最高可达 600Mbit/s。IEEE 802.11n 可工作在 2.4GHz 和 5GHz 两个频段，可向后兼容 IEEE 802.11a/b/g。

5. IEEE 802.11ac（Wi-Fi 5）

IEEE 802.11ac 协议标准是 IEEE 802.11n 协议标准的继承者，它采用并扩展了源自 IEEE 802.11n 协议标准的空中接口（Air Interface）概念，包括更宽的 RF 带宽（提升至 160MHz）、更多的 MIMO（Multiple-in Multipleout，多进多出）空间流（Spatial Streams，增加到 8）、多用户的 MIMO，以及更高阶的调制（Modulation），可达到 256QAM（Quadrature Amplitude Modulation，正交振幅调制）。

6. IEEE 802.11ax（Wi-Fi 6）

IEEE 802.11ax 协议标准，也称为高效无线网络（High-Efficiency Wireless，HEW）标

准。它通过一系列系统特性和多种机制增加系统容量，通过更好的一致覆盖和减少空口介质拥塞来改善 Wi-Fi 网络的工作方式，使用户获得最佳体验。尤其是在密集用户环境中，它可以为更多的用户提供一致和可靠的数据吞吐量，其目标是将用户的平均吞吐量至少提高 4 倍。也就是说基于 IEEE 802.11ax 协议标准的 Wi-Fi 网络拥有前所未有的高容量和高效率。

IEEE 802.11ax 协议标准在物理层导入了多项大幅变更。然而，它依旧可向后兼容 IEEE 802.11a/b/g/n/ac 设备。正因如此，IEEE 802.11ax 终端（Station，Sta）能与旧有终端进行数据传送和接收，旧有终端也能解调和译码 IEEE 802.11ax 封包表头（虽然不是整个 IEEE 802.11ax 封包），并在 IEEE 802.11ax 终端传输期间进行轮询。

#### 7. IEEE 802.11be（Wi-Fi 7）

IEEE 802.11be 协议标准，也称为极高的吞吐量（Extremely High Throughput，EHT）标准。该标准的目标是将 WLAN 的吞吐量提升到 30Gbit/s，并且提供低时延的接入保障。为了达到这个目标，整个协议在物理层和数据链路层都做了相应的改变。包括引入 6GHz 频段，并增加新的带宽模式，最高可达 320MHz，引入更高阶的 4096-QAM 调制技术，引入多链路（Multi-Link）机制，支持更多的数据流，空间流的数量从 Wi-Fi6 的 8 个增加到 16 个。

Wi-Fi7 具有极高的吞吐量（30Gbit/s）依赖的是超高带宽（320MHz），320MHz 的带宽需要在 6GHz 频段上才能实现，而 802.11a/b/g/n/ac/ax 都是工作在 2.4GHz 和 5GHz 频段上的。也就是说，Wi-Fi7 如果想要发挥最大的性能，那么它是不能向下兼容以往的协议标准的。IEEE 802.11 协议标准的频段和物理层最大传输速率如表 2-2 所示。

**表 2-2　IEEE 802.11 协议标准的频段和物理层最大传输速率**

| 协议 | 兼容性 | 频段 | 物理层最大传输速率 |
|---|---|---|---|
| IEEE 802.11a | — | 5GHz | 54Mbit/s |
| IEEE 802.11b | — | 2.4GHz | 11 Mbit/s |
| IEEE 802.11g | 兼容 IEEE 802.11b | 2.4GHz | 54 Mbit/s |
| IEEE 802.11n | 兼容 IEEE 802.11a/b/g | 2.4GHz，5GHz | 600 Mbit/s |
| IEEE 802.11ac | 兼容 IEEE 802.11a/n | 5GHz | 6.9Gbit/s |
| IEEE 802.11ax | 兼容 IEEE 802.11a/b/g/n/ac | 2.4GHz，5GHz | 9.6Gbit/s |
| IEEE 802.11be | 可兼容 IEEE 802.11a/b/g/n/ac | 2.4GHz，5GHz，6GHz | 30Gbit/s |

## 2.3　Ad-hoc 无线对等网络

Ad-hoc 无线对等网络又称为无线移动自组织网络，它由网络中的一台计算机主机建立点对点连接，相当于虚拟 AP，而其他计算机就可以直接通过这个点对点连接进行网络互联，最终实现文件共享、相互通信等功能，Ad-hoc 无线对等网络拓扑如图 2-3 所示。

**图 2-3　Ad-hoc 无线对等网络拓扑**

Ad-hoc 无线对等网络拓扑拥有以下特点。

- 网络中所有节点的地位平等，无须设置任何中心控制节点。
- 在点对点模式里，客户机是点对点连接的，在信号可达的范围内，都可以进入其他客户机获取资源，不需要连接 AP。

## 2.4　简单 FTP Server 与 WirelessMon

“简单 FTP Server”软件是一款用于提供 FTP（File Transfer Protocol，文件传输协议）服务的软件，该软件使用简单，无须安装，只需要设置“用户”“密码”“权限”“共享目录”等信息，设置完毕后，单击“启动”按钮，FTP 服务即可运行，“简单 FTP Server”软件服务配置界面如图 2-4 所示。

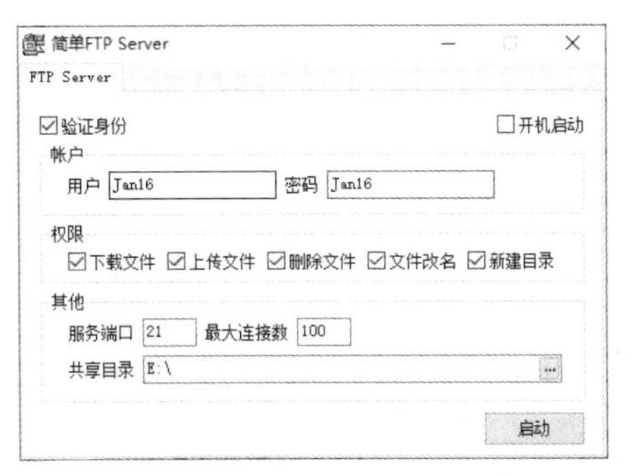


**图 2-4　“简单 FTP Server”软件服务配置界面**

“WirelessMon”软件是一款无线网络检测工具，允许用户监控无线 Wi-Fi 适配器的状态，并实时收集有关附近无线接入点和热点的信息。WirelessMon 可以将其收集的信息记录到文件中，同时提供信号强度级别、实时 IP 和 802.11 Wi-Fi 统计的全面图表。“WirelessMon Professional”软件界面如图 2-5 所示。

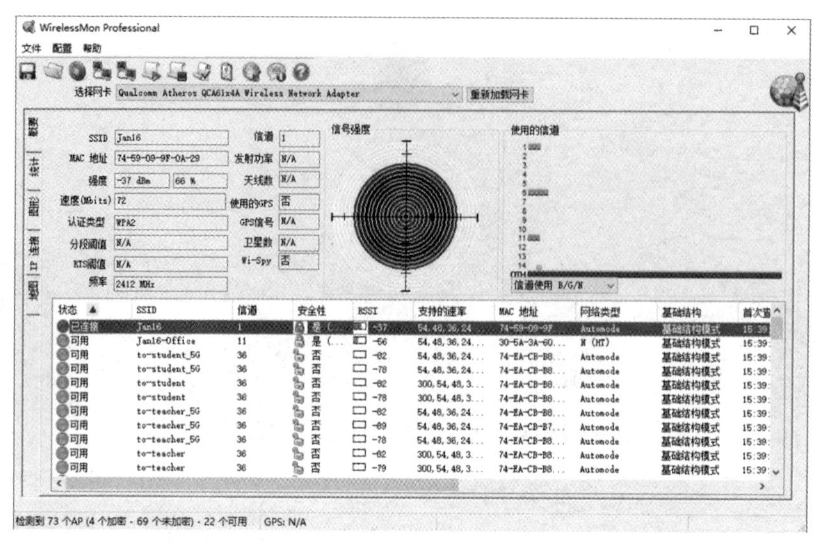


图 2-5 “WirelessMon Professional”软件界面

## 项目规划设计

### ► 项目拓扑

在本项目中，使用两台带有无线网卡的测试主机组建临时 Ad-hoc 无线对等网络，临时 Ad-hoc 无线对等网络拓扑如图 2-6 所示。其中，PC1 创建释放热点，PC2 则添加 PC1 释放的热点信息，从而进行关联，关联完成后，通过 FTP 软件测试是否可以实现点对点连接及文件共享。

图 2-6 临时 Ad-hoc 无线对等网络拓扑

### ► 项目规划

根据图 2-6 进行项目规划，IP（Internet Protocol，网际互联协议）地址规划及操作系统版本如表 2-3 所示。

表 2-3　IP 地址规划及操作系统版本

| 设备名称 | IP 地址 | 操作系统版本 |
|---|---|---|
| PC1 | 192.168.1.1/24 | Windows 10 操作系统 |
| PC2 | 192.168.1.2/24 | Windows 10 操作系统 |

# 任务　Ad-hoc 无线对等网络的配置

## ▶ 任务描述

管理员将客户与业务员的笔记本电脑启动，正确安装网卡驱动程序，完成基础配置及加密配置，具体涉及以下工作任务。

（1）PC1（业务员笔记本电脑）使用命令提示符创建临时 Ad-hoc 无线对等网络。

（2）PC2（客户笔记本电脑）搜索无线网络信号并连接到临时 Ad-hoc 无线对等网络。

## ▶ 任务操作

### 1. PC1 使用命令提示符创建临时 Ad-hoc 无线对等网络

（1）在 PC1 的“开始”菜单上右击，在弹出的快捷菜单中选择“命令提示符(管理员)(A)”命令，如图 2-7 所示。

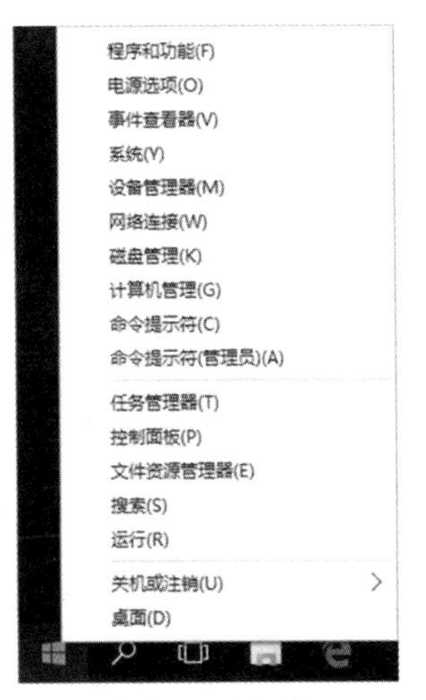


图 2-7　选择“命令提示符(管理员)(A)”命令

（2）打开“管理员：命令提示符”窗口，输入命令，创建临时 Ad-hoc 无线对等网络，如图 2-8 所示。

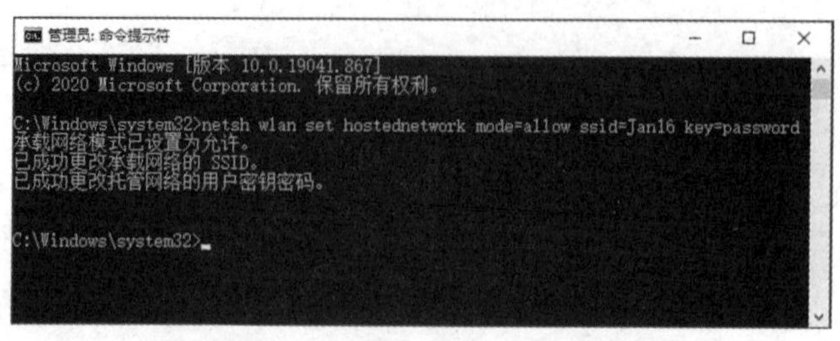


**图 2-8　创建临时 Ad-hoc 无线对等网络**

（3）在“管理员：命令提示符”窗口输入“netsh wlan start hostednetwork”命令，开启 Ad-hoc 无线对等网络，如图 2-9 所示。

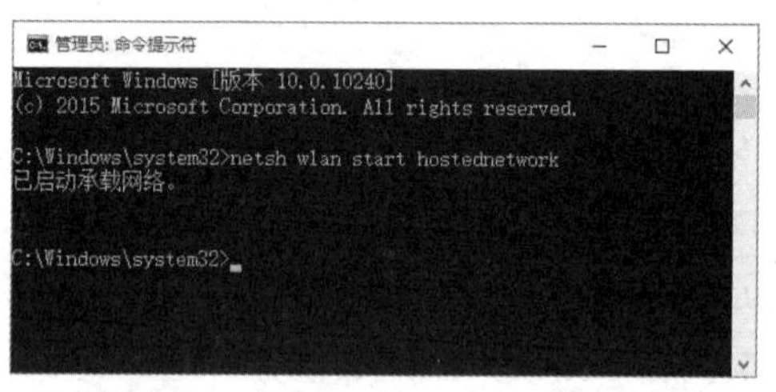


**图 2-9　开启 Ad-hoc 无线对等网络**

（4）在系统中打开“网络连接”对话框，双击无线网卡对应的本地连接图标，在打开的“PC1 属性”对话框中选择“Internet 协议版本 4（TCP/IPv4）”，单击“属性”按钮，打开“Internet 协议版本 4（TCP/IPv4）属性”对话框，在对话框中将 PC1 的 IP 地址设置为 192.168.1.1，单击“确定”按钮，IP 地址设置完毕，如图 2-10 所示。

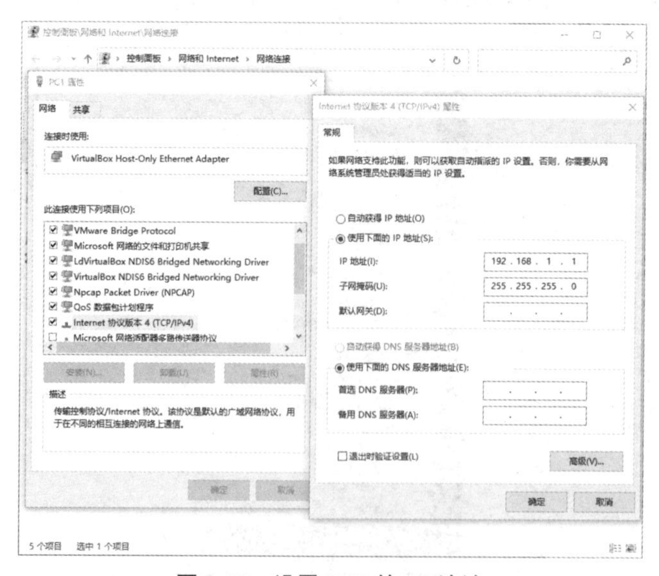


**图 2-10　设置 PC1 的 IP 地址**

## 2. PC2 搜索无线网络信号并连接到临时 Ad-hoc 无线对等网络

（1）在 PC2 桌面上单击任务栏通知区域的网络连接按钮，在打开的网络列表中搜索“Jan16”，输入密码关联服务集标识（Service Set Identifier，SSID），如图 2-11 所示。

图 2-11　关联 SSID

（2）在系统中打开“网络连接”对话框，双击无线网卡对应的本地连接图标，在打开的“WLAN 属性”对话框中选择“Internet 协议版本 4（TCP/IPv4）”，单击“属性”按钮，打开“Internet 协议版本 4（TCP/IPv4）属性”对话框，在对话框中将 PC2 的 IP 地址设置为 192.168.1.2，如图 2-12 所示，单击“确定”按钮，IP 地址设置完毕。

图 2-12　设置 PC2 的 IP 地址

## ► 任务验证

在 PC2 上按【Windows+R】组合键，调出“运行”对话框，在对话框中输入“cmd”，单击“确定”按钮，打开命令提示符窗口，使用“ping 192.168.1.1”命令测试 PC2 与 PC1 的连通性，如图 2-13 所示。

```
选择管理员: 命令提示符

   连接特定的 DNS 后缀 . . . . . . . :
   本地链接 IPv6 地址. . . . . . . . : fe80::25b8:12d1:afa4:27a6%3
   IPv4 地址 . . . . . . . . . . . . : 192.168.1.2
   子网掩码  . . . . . . . . . . . . : 255.255.255.0
   默认网关. . . . . . . . . . . . . :

C:\Users\Administrator>ping 192.168.1.1

正在 Ping 192.168.1.1 具有 32 字节的数据:
来自 192.168.1.1 的回复: 字节=32 时间<1ms TTL=64
来自 192.168.1.1 的回复: 字节=32 时间<1ms TTL=64
来自 192.168.1.1 的回复: 字节=32 时间<1ms TTL=64
来自 192.168.1.1 的回复: 字节=32 时间<1ms TTL=64

192.168.1.1 的 Ping 统计信息:
    数据包: 已发送 = 4，已接收 = 4，丢失 = 0 (0% 丢失)，
往返行程的估计时间(以毫秒为单位):
    最短 = 0ms，最长 = 0ms，平均 = 0ms

C:\Users\Administrator>
```

**图 2-13　测试 PC2 与 PC1 的连通性**

# 项目验证

（1）在 PC1 上安装并打开“简单 FTP Server”软件，在软件服务配置界面中逐项输入验证身份、权限、其他等配置信息，如图 2-4 所示。确认无误后单击“启动”按钮即可运行 FTP 服务。

（2）在 PC2“计算机”窗口地址栏中输入“192.168.1.1”，按【Enter】键即可进入 PC1 共享目录，进行文件下载，如图 2-14 所示。

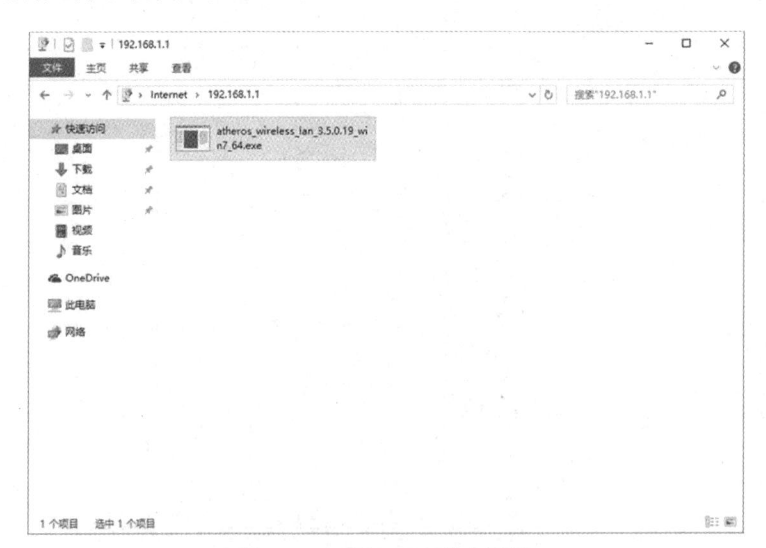


**图 2-14　进入 PC1 共享目录**

（3）安装并打开“WirelessMon Professional”软件，查看无线网络信号的 SSID、频率、信道及信号强度，如图 2-5 所示。

## 项目拓展

（1）以下协议工作在 5GHz 频段的是（　　）。

A．802.11a　　B．802.11b　　C．802.11g　　D．以上都不是

（2）802.11b 协议一定不会被（　　）协议干扰。

A．802.11a　　B．802.11g　　C．802.11n　　D．蓝牙

（3）国内可以使用 2.4GHz 频段的信道有（　　）个。

A．3　　B．5　　C．13　　D．14

（4）国内可以使用 5GHz 频段的信道有（　　）个。

A．3　　B．5　　C．13　　D．14

# 项目 3　微企业无线局域网的组建

## 项目描述

随着某公司业务的发展及办公人员数量的增加，越来越多的员工开始携带笔记本电脑进行办公，但是公司原有的网络只进行了有线网络部署，无法满足员工的移动办公需求，鉴于此，公司购买了一台企业级 AP，对办公室进行无线信号覆盖，以满足公司 20 余人的移动办公网络接入需求。

## 项目相关知识

### 3.1　无线设备的天线类型

#### 1. 全向天线

全向天线在水平方向信号辐射图上表现为 360° 均匀辐射，也就是平常所说的无方向性，在垂直方向信号辐射图上表现为有一定宽度的波束，一般情况下，波瓣宽度越小，增益越大，如图 3-1 所示。在移动通信系统中，全向天线一般应用于郊县大区制的站型，覆盖范围大。

#### 2. 定向天线

定向天线在信号辐射图上表现为在一定角度范围内辐射，如图 3-2 所示，也就是平常所说的有方向性。它同全向天线一样，波瓣宽度越小，增益越大。定向天线在通信系统中一般应用于通信距离远、覆盖范围小、目标密度大、频率利用率高的环境。定向天线的主要辐射范围像一个倒立的不太完整的圆锥。

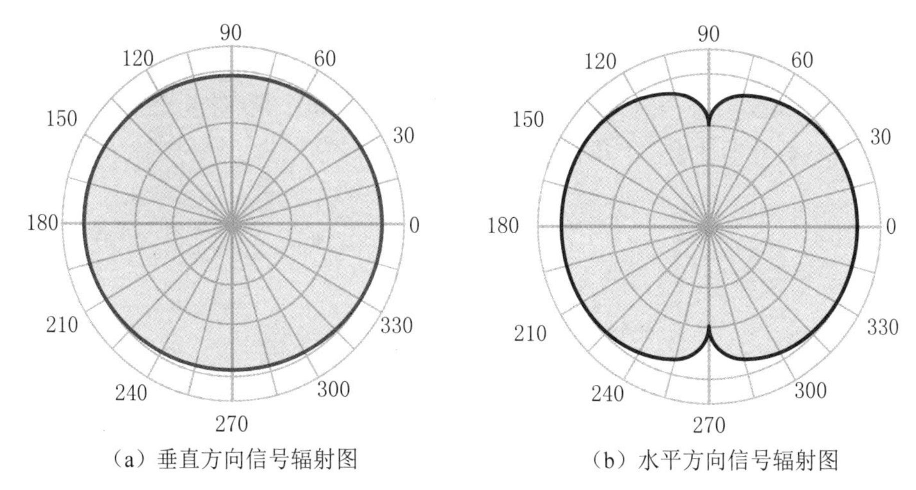


（a）垂直方向信号辐射图　　（b）水平方向信号辐射图

**图 3-1　全向天线信号辐射图**

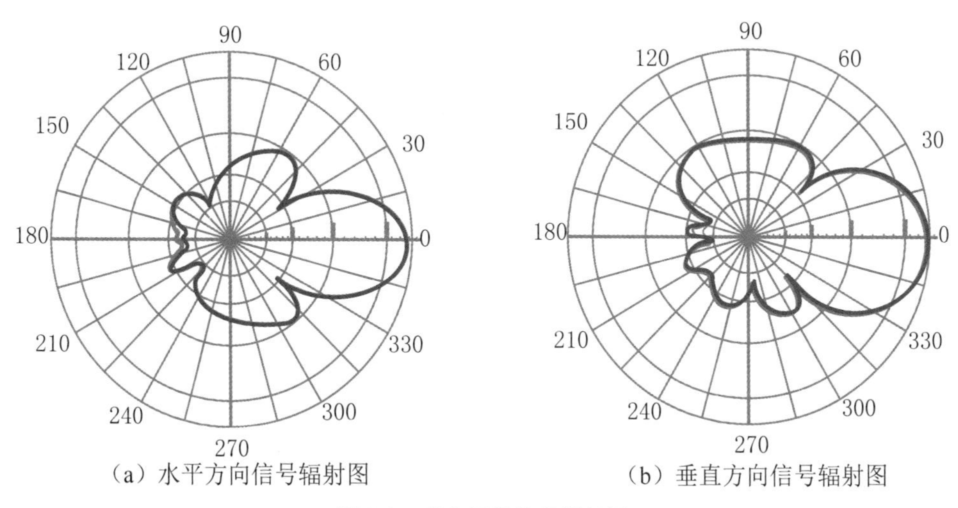


（a）水平方向信号辐射图　　（b）垂直方向信号辐射图

**图 3-2　定向天线信号辐射图**

### 3. 室内吸顶天线

室内吸顶天线的外观如图 3-3 所示，通常采用美化造型，适合吊顶安装。室内天线通常是全向天线，其功率较低。

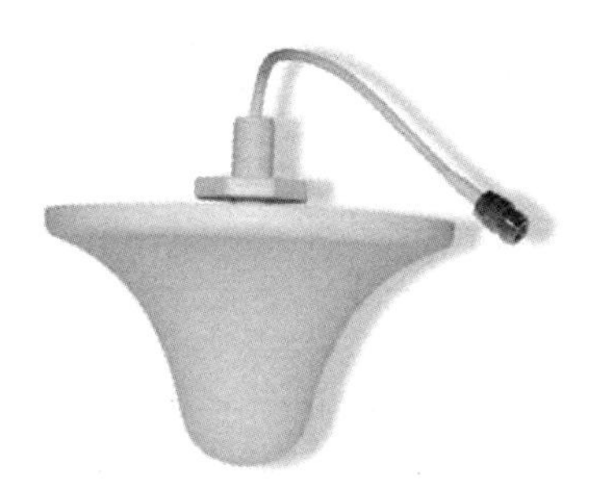

**图 3-3　室内吸顶天线的外观**

### 4. 室外全向天线

2.4GHz 和 5GHz 室外全向天线的外观分别如图 3-4 和图 3-5 所示，2.4GHz 和 5GHz 室外全向天线的参数分别如表 3-1 和表 3-2 所示。

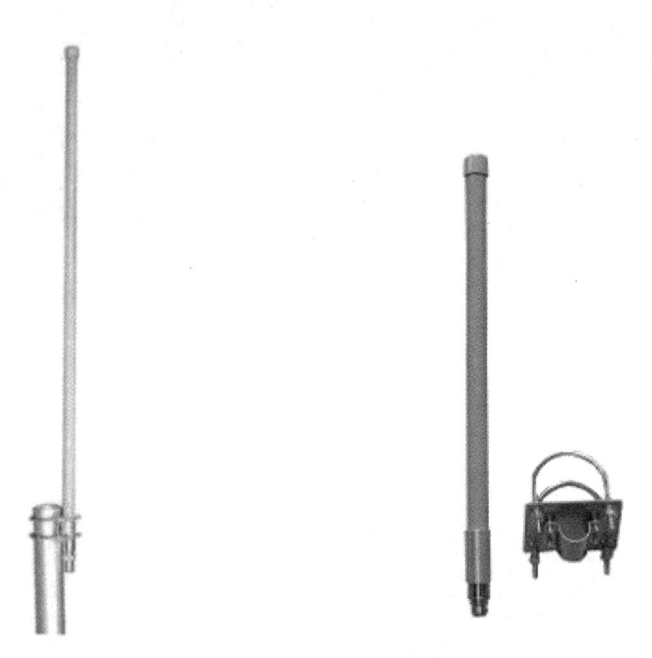

**图 3-4 2.4GHz 室外全向天线的外观**　　**图 3-5 5GHz 室外全向天线的外观**

**表 3-1 2.4GHz 室外全向天线的参数**

| 参数 | 取值 |
|---|---|
| 频率范围 | 2400MHz ~ 2483MHz |
| 增益 | 12dBi |
| 垂直面波瓣宽度 | 7° |
| 驻波比 | <1.5 |
| 极化方式 | 垂直 |
| 接头型号 | N-K |
| 支撑杆直径 | 40 ~ 50mm |

**表 3-2 5GHz 室外全向天线的参数**

| 参数 | 取值 |
|---|---|
| 频率范围 | 5100MHz ~ 5850MHz |
| 增益 | 12dBi |
| 垂直面波瓣宽度 | 7° |
| 驻波比 | <2.0 |
| 极化方式 | 垂直 |
| 接头型号 | N-K |
| 支撑杆直径 | 40 ~ 50mm |

### 5. 抛物面天线

由抛物面反射器和位于其焦点处的馈源组成的面状天线称为抛物面天线。抛物面天线的主要优势是具有强方向性。它的功能类似一个探照灯或手电筒反射器，向一个特定的方向汇聚无线电波到狭窄的波束，或者从一个特定的方向接收无线电波。5.8GHz 和 2.4GHz 室外抛物面天线的外观分别如图 3-6 和图 3-7 所示，5.8GHz 和 2.4GHz 室外抛物面天线的参数分别如表 3-3 和表 3-4 所示。

**图 3-6　5.8GHz 室外抛物面天线的外观**

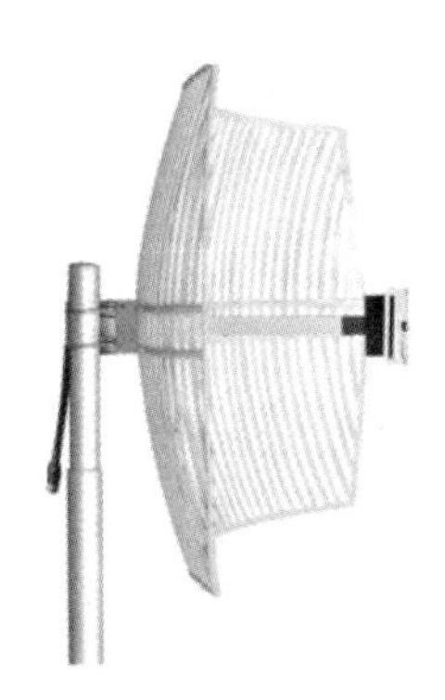

**图 3-7　2.4GHz 室外抛物面天线的外观**

**表 3-3　5.8GHz 室外抛物面天线的参数**

| 参数 | 取值 |
|---|---|
| 频率范围 | 5725MHz ~ 5850MHz |
| 增益 | 24dBi |
| 垂直面波瓣宽度 | 12° |
| 水平面波瓣宽度 | 9° |
| 前后比 | 20 |
| 驻波比 | <1.5 |
| 极化方式 | 垂直 |
| 接头型号 | N-K |
| 支撑杆直径 | 40 ~ 50mm |

**表 3-4　2.4GHz 室外抛物面天线的参数**

| 参数 | 取值 |
|---|---|
| 频率范围 | 2400MHz ~ 2483MHz |
| 增益 | 24dBi |
| 垂直面波瓣宽度 | 14° |
| 水平面波瓣宽度 | 10° |
| 前后比 | 31 |
| 驻波比 | <1.5 |
| 极化方式 | 垂直 |
| 接头型号 | N-K |
| 支撑杆直径 | 40 ~ 50mm |

## 3.2　无线信号的传输质量

### 1. 无线信号与距离的关系

当无线信号与用户之间的距离越来越远时，无线信号的强度会越来越弱，可以根据用户需求调整无线设备。

### 2. 无线信号干扰源的主要类型

无线信号干扰源主要是无线设备间的同频干扰，如蓝牙和无线 2.4GHz 频段。

### 3. 无线信号的传输方式

无线信号传输主要通过两种方式，即辐射和传导。无线信号的辐射是指 AP 的信号通过天线将信号传递到空气中，如图 3-8 所示，该 AP 的信号直接通过 6 根天线传输无线数据。

无线信号的传导是指无线信号在线缆等介质内进行无线信号传输，如图 3-9 所示，在室分系统中，室分 AP 和天线间通过同轴电缆连接，从天线接收无线信号后将通过同轴电缆传输到室分 AP。

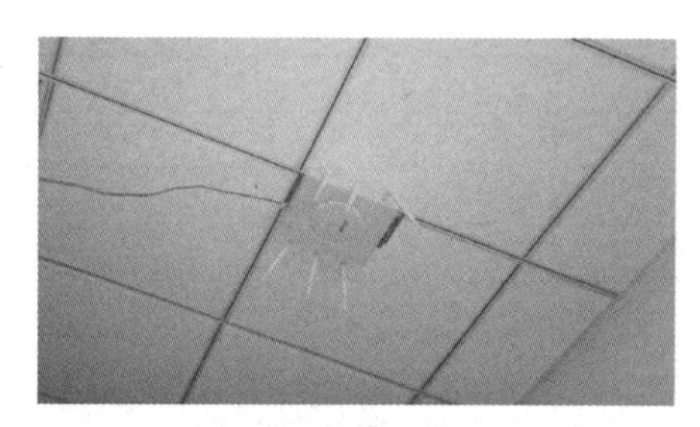

**图 3-8　外置天线 AP**

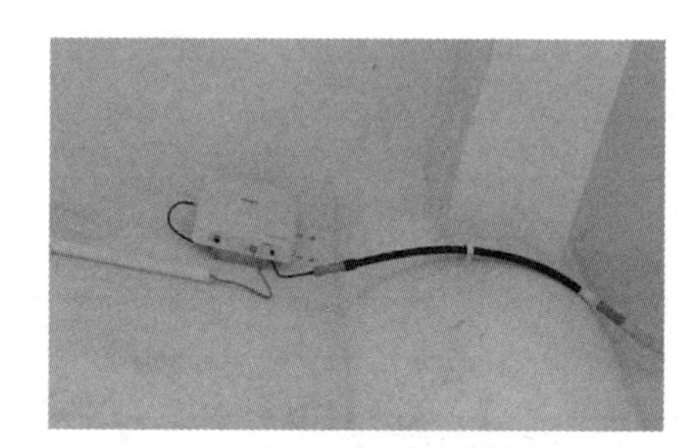

**图 3-9　室分 AP 和同轴电缆**

## 3.3　无线局域网的功率单位

在无线局域网中，经常使用的功率单位是 dBm（分贝毫瓦）而不是 W（瓦）或 mW（毫瓦）。

dB（分贝）用于标识一个相对值，是一个纯计数单位。当表示功率 $A$ 相比功率 $B$ 大或小 $n$（以 dB 为单位）时，可以按公式 $n=10\lg(A/B)$计算。例如，功率 $A$ 比功率 $B$ 大 1 倍，那么 $10\lg(A/B)=10\lg2=3\text{dB}$。也就是说，功率 $A$ 比功率 $B$ 大 3dB。

dBm 是功率的单位，将以 mW 为单位的功率 $P$ 换算为以 dBm 为单位的功率 $x$ 的计算

公式为 $x=10\lg P$。

为什么要用 dBm 来描述功率呢？原因是 dBm 能把一个很大（后面跟一长串 0）或很小（前面有一长串 0）的数比较简短地表示出来，例如：

$$P=1000000000000000\text{mW}，x=10\lg P=150\text{dBm}$$

$$P=0.000000000000001\text{mW}，x=10\lg P=-150\text{dBm}$$

例 1：如果发射功率为 1mW，那么折算为 dBm 后为 $10\lg 1=0\text{dBm}$。

例 2：对于 40W 的功率，折算为 dBm 后为

$10\lg(40\times 1000)=10\lg(4\times 10^4)=10\lg 4+10\lg(10^4)=10\lg 4+40=46\text{dBm}$。

## 3.4　Fat AP 的概述

### 1. AP

AP 是 WLAN 中的重要组成部分，其工作机制类似有线网络中的集线器（HUB），无线终端可以通过 AP 进行终端之间的数据传输，也可以通过 AP 的 WAN 口与有线网络互通。通常业界将 AP 分为胖 AP（Fat AP）和瘦 AP（Fit AP）。

### 2. Fat AP

面对小型公司、办公室、家庭等无线信号覆盖场景，Fat AP 仅需要少量的 AP 即可实现无线信号覆盖，目前被广泛使用和熟知的产品就是无线路由器，如图 3-10 所示。

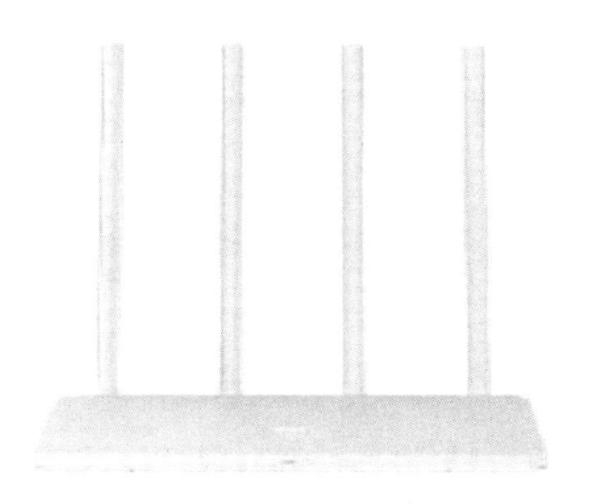

**图 3-10　家庭或办公使用的无线路由器**

### 3. Fat AP 的特点

Fat AP 的特点是将 WLAN 的物理层、用户数据加密、用户认证、QoS（Quality of Service，服务质量）、网络管理、漫游及其他应用层的功能集成在一起，为用户提供极简的无线接入体验。在项目 3 到项目 6 的应用场景中，我们将学习 Fat AP 的配置与管理（如 AP 命名、

SSID 等）、天线配置（如 2.4GHz 和 5GHz 的工作信道和功率）、安全配置（如黑/白名单、用户认证等）。Fat AP 的基本结构如图 3-11 所示。

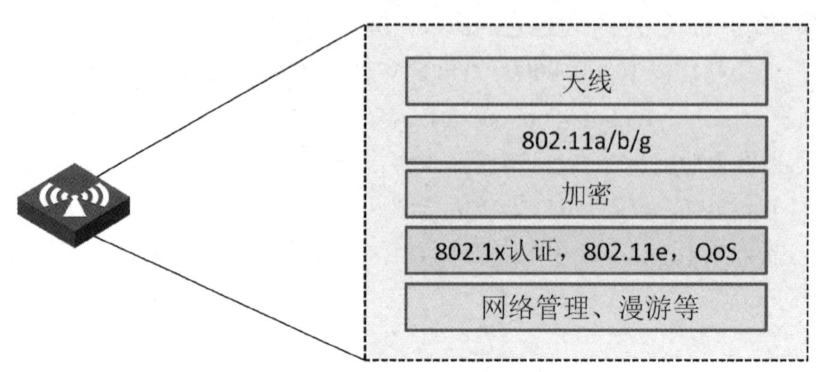


**图 3-11　Fat AP 的基本结构**

市场上的大部分 Fat AP 产品都提供极简的用户界面（User Interface，UI），用户只需要在浏览器上按向导进行配置，即可实现在办公室、家庭等场景下的无线网络部署。

### 4. Fat AP 的网络组建

在无线网络中，AP 通过有线网络接入互联网，每台 AP 都是一个单独的节点，它需要独立配置信道、功率、安全策略等。Fat AP 组网常见的应用场景有家庭无线网络、办公室无线网络等，Fat AP 组网的典型拓扑如图 3-12 所示。

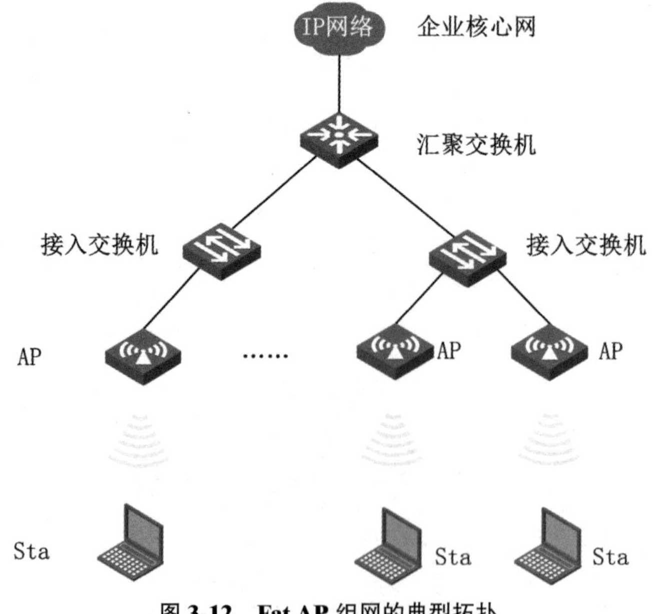


**图 3-12　Fat AP 组网的典型拓扑**

# 3.5　AP 的配置步骤

AP 的配置主要涉及有线部分和无线部分，如图 3-13 所示。

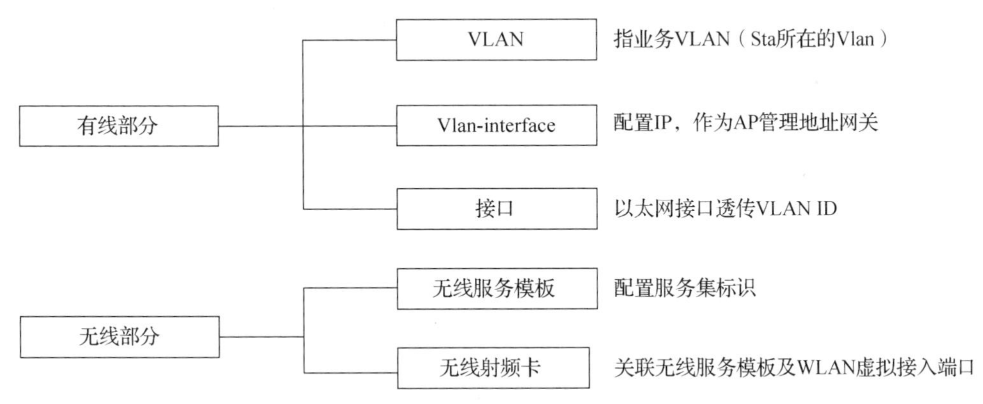


**图 3-13　AP 配置逻辑图**

### 1. 有线部分的配置

（1）创建业务 VLAN，Sta 接入 WLAN 后从该 VLAN 关联的 DHCP 地址池中获取 IP 地址。

（2）配置 Vlan-interface（虚拟局域网接口）的 IP 地址，用户可以通过这个 IP 地址对 AP 进行远程管理。

（3）配置 AP 以太网接口为上联接口，通过封装相应的 VLAN 使这些 VLAN 中的数据可以通过以太网接口被转发到上联设备。

### 2. 无线部分的配置

（1）创建无线服务模板、配置 SSID 名称、配置 VLAN 加密方式等。用户可以通过搜索 SSID 加入相应的 WLAN 中。

（2）配置无线射频卡，类似于配置天线。进入无线射频卡接口关联无线服务模板。

## 项目规划设计

### ▶ 项目拓扑

公司原有网络是通过动态主机配置协议（Dynamic Host Configuration Protocol，DHCP）

管理客户端 IP 地址的，网关和 DHCP 地址池都被放置于交换机中，因为 IP 地址需要统一管理，所以公司网络管理员需要将无线用户的网关和 DHCP 地址池也配置在交换机上。微企业无线局域网网络拓扑如图 3-14 所示。

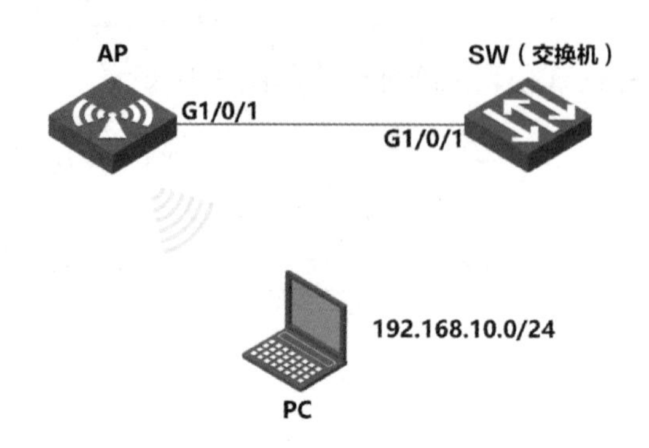


图 3-14　微企业无线局域网网络拓扑

## ► 项目规划

根据图 3-14 进行项目规划，包括相应的 VLAN 规划、设备管理规划、端口互联规划、IP 规划、service-template 规划、Radio 规划，如表 3-5 ~ 表 3-10 所示。

表 3-5　VLAN 规划

| VLAN-ID | VLAN 命名 | 网段 | 用途 |
|---|---|---|---|
| VLAN 10 | User | 192.168.10.0/24 | 无线用户网段 |

表 3-6　设备管理规划

| 设备类型 | 型号 | 设备命名 | 用户名 | 密码 |
|---|---|---|---|---|
| 无线接入点 | WA5320i | AP | jan16 | Jan16@123456 |
| 交换机 | S5560 | SW | jan16 | Jan16@123456 |

表 3-7　端口互联规划

| 本端设备 | 本端端口 | 端口配置 | 对端设备 | 对端端口 |
|---|---|---|---|---|
| AP | G1/0/1 | access vlan 10 | SW | G1/0/1 |
| SW | G1/0/1 | access vlan 10 | AP | G1/0/1 |

表 3-8　IP 规划

| 设备 | 接口 | IP 地址 | 用途 |
|---|---|---|---|
| SW | Vlan-interface 10 | 192.168.10.1/24 ~ 192.168.10.252/24 | 通过 DHCP 分配给无线用户 |
| | | 192.168.10.254/24 | 无线用户网段网关 |
| AP | Vlan-interface 10 | 192.168.10.253/24 | AP 管理地址 |

表 3-9　service-template 规划

| AP 名称 | service-template | SSID | VLAN | 加密方式 | 是否广播 |
|---|---|---|---|---|---|
| AP | 2 | Jan16 | 10 | 无（默认） | 是（默认） |

表 3-10　Radio 规划

| AP 名称 | WLAN-Radio | service-template | 频率与信道 | 功率 |
|---|---|---|---|---|
| AP | 1/0/2 | 2 | 2.4GHz:1 | 100% |

# 任务 3-1　公司交换机的配置

## ▶ 任务描述

交换机的配置包括远程管理配置、VLAN 配置和 IP 地址配置、端口配置、DHCP 服务配置。

## ▶ 任务操作

### 1. 远程管理配置

配置远程登录和管理密码。

```
<H3C>system-view                                    //进入系统视图
[H3C]sysname SW                                     //配置设备名称
[SW]user-interface vty 0 4                          //进入虚拟链路
[SW-line-vty0-4]protocol inbound telnet             //配置协议为 telnet
[SW-line-vty0-4]authentication-mode scheme          //配置认证模式为 AAA
[SW-line-vty0-4]quit                                //退出
[SW]local-user jan16                                //创建 jan16 用户
[SW-luser-manage-jan16]password simple Jan16@123456 //配置密码 Jan16@123456
[SW-luser-manage-jan16]service-type telnet          //配置用户类型为 telnet 用户
[SW-luser-manage-jan16]authorization-attribute user-role level-15  //配置用户等级为 15
[SW-luser-manage-jan16]quit                         //退出
```

### 2. VLAN 配置和 IP 地址配置

创建各部门使用的 VLAN，配置设备的 IP 地址，即用户的网关地址。

```
[SW]vlan 10                                             //创建 VLAN 10
[SW-vlan10]name User                                    //将 VLAN 命名为 User
[SW-vlan10]quit                                         //退出
[SW]interface Vlan-interface 10                         //进入 Vlan-interface 10 接口
[SW-Vlan-interface10]ip address 192.168.10.254 24    //配置 IP 地址
[SW-Vlan-interface10]quit                               //退出
```

### 3. 端口配置

配置与 AP 互联的端口为 Access 模式（GigabitEthernet 1/0/1，即注释中的 G1/0/1，为表述方便，除代码外，其他地方表述为 G1/0/1）。

```
[SW]interface GigabitEthernet 1/0/1                  //进入 G1/0/1 端口视图
[SW-GigabitEthernet1/0/1]port link-type access       //配置端口链路模式为 Access
[SW-GigabitEthernet1/0/1]port access vlan 10         //配置端口默认 VLAN
[SW-GigabitEthernet1/0/1]quit                        //退出
```

### 4. DHCP 服务配置

开启核心设备的 DHCP 服务，创建用户的 DHCP 地址池。

```
[SW]dhcp enable                                               //开启 DHCP 服务
[SW]dhcp server ip-pool vlan10                                //创建 VLAN 10 的地址池
[SW-dhcp-pool-vlan10]network 192.168.10.0 mask 255.255.255.0    //配置分配
的 IP 地址段
[SW-dhcp-pool-vlan10]gateway-list 192.168.10.254        //配置分配的网关地址
[SW-dhcp-pool-vlan10]quit                                     //退出
```

## ▶ 任务验证

（1）在交换机上使用“display ip interface brief”命令，查看交换机的 IP 地址信息，如下所示。

```
[SW]display ip interface brief
*down: administratively down
(s): spoofing
Interface              Physical  Protocol  IP Address      Description
Vlan10                 up        up        192.168.10.254  Vlan-inte...
```

可以看到 VLAN 10 接口已经配置了 IP 地址。

（2）在交换机上使用“display vlan brief”命令，查看 VLAN 信息，如下所示。

```
[SW]display vlan brief
Brief information about all VLANs:
Supported Minimum VLAN ID: 1
Supported Maximum VLAN ID: 4094
Default VLAN ID: 1
VLAN ID   Name                          Port
1        VLAN 0001                      FGE1/0/29  FGE1/0/30  GE1/0/2
                                       GE1/0/3  GE1/0/4  GE1/0/5  GE1/0/6
                                       GE1/0/7  GE1/0/8  GE1/0/9  GE1/0/10
                                       GE1/0/11  GE1/0/12  GE1/0/13
                                       GE1/0/14  GE1/0/15  GE1/0/16
                                       GE1/0/17  GE1/0/18  GE1/0/19
                                       GE1/0/20  GE1/0/21  GE1/0/22
                                       GE1/0/23  GE1/0/24  XGE1/0/25
                                       XGE1/0/26  XGE1/0/27  XGE1/0/28
10       User                           GE1/0/1
```

# 任务 3-2　公司 AP 的配置

## ▶ 任务描述

扫一扫，看微课

AP 的配置包括远程管理配置、VLAN 配置和 IP 地址配置、端口配置、WLAN 配置和无线射频卡配置。

## ▶ 任务操作

### 1. 远程管理配置

配置远程登录和管理密码。

```
<H3C>system-view                                //进入系统视图
[H3C]sysname AP                                 //配置设备名称
[AP]user-interface vty 0 4                      //进入虚拟链路
[AP-line-vty0-4]protocol inbound telnet         //配置协议为 telnet
[AP-line-vty0-4]authentication-mode scheme      //配置认证模式为 AAA
[AP-line-vty0-4]quit                            //退出
[AP]local-user jan16                            //创建用户 jan16
[AP-luser-manage-jan16]password simple Jan16@123456//配置密码 Jan16@123456
[AP-luser-manage-jan16]service-type telnet  //配置用户类型为 telnet 用户
[AP-luser-manage-jan16]authorization-attribute user-role level-15  //配置
```

```
用户等级为 15
    [AP-luser-manage-jan16]quit                             //退出
```

### 2. VLAN 配置和 IP 地址配置

创建 VLAN，配置 IP 地址作为设备的管理地址。

```
[AP]vlan 10                                          //创建 VLAN 10
[AP-vlan10]name User                                 //将 VLAN 命名为 User
[AP-vlan10]quit                                      //退出
[AP]interface Vlan-interface 10                      //进入 Vlan-interface 10 接口
[AP-Vlan-interface10]ip address 192.168.10.253 24    //配置 IP 地址
[AP-Vlan-interface10]quit                            //退出
[AP]ip route-static 0.0.0.0 0 192.168.10.254         //配置默认路由
```

### 3. 端口配置

配置与上联交换机互联的以太网物理端口为 Access 模式。

```
[AP]interface GigabitEthernet 1/0/1                  //进入 G1/0/1 端口视图
[AP-GigabitEthernet1/0/1]port link-type access       //配置端口链路模式为 Access
[AP-GigabitEthernet1/0/1]port access vlan 10         //配置端口默认 VLAN
[AP-GigabitEthernet1/0/1]quit                        //退出
```

### 4. WLAN 配置

创建无线服务模板，配置 SSID 名称、配置 VLAN 并开启无线服务模板。

```
[AP]wlan service-template 2                          //创建无线服务模板 2
[AP-wlan-st-2]ssid Jan16                             //配置 SSID 名称
[AP-wlan-st-2]vlan 10                                //配置 VLAN
[AP-wlan-st-2]service-template enable                //开启无线服务模板
[AP-wlan-st-2]quit                                   //退出
```

### 5. 无线射频卡配置

进入无线射频卡接口并关联无线服务模板。

```
[AP]interface WLAN-Radio 1/0/2                       //进入无线射频卡接口 1/0/2
[AP-WLAN-Radio1/0/2]service-template 2               //关联无线服务模板 2
[AP-WLAN-Radio1/0/2]quit                             //退出
```

## ▶ 任务验证

在 AP 上使用“display wlan service-template 2”命令，查看无线服务模板 2 的信息，如

下所示。

```
[AP]display wlan service-template 2
Service template name     SSID                    Status
2                         Jan16                   Enabled
```

可以看到，已经创建了“Jan16”SSID，且无线服务模板状态为“Enabled”。

## 项目验证

（1）在 PC1 上查找无线信号“Jan16”并接入，如图 3-15 所示。

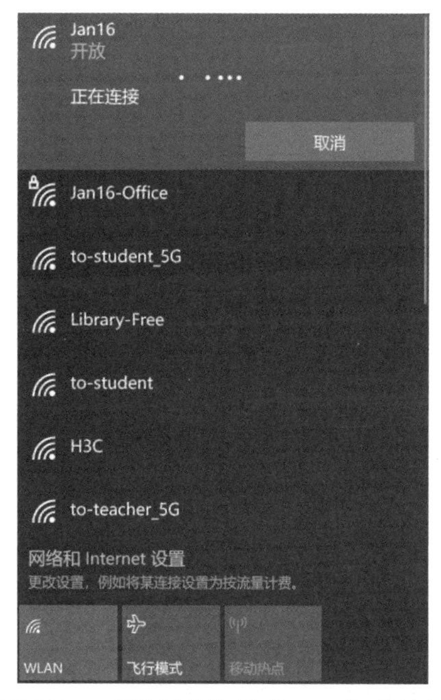


**图 3-15　查找无线信号“Jan16”并接入**

（2）在 PC1 上按【Windows+X】组合键，在弹出的菜单中选择“Windows PowerShell”选项，打开“Windows PowerShell”窗口，使用“ipconfig”命令查看获取的 IP 地址信息，如图 3-16 所示。

```
无线局域网适配器 WLAN:

   连接特定的 DNS 后缀 . . . . . . . :
   本地链接 IPv6 地址. . . . . . . . : fe80::ec5c:f182:9440:7223%21
   IPv4 地址 . . . . . . . . . . . . : 192.168.10.2
   子网掩码  . . . . . . . . . . . . : 255.255.255.0
   默认网关. . . . . . . . . . . . . : 192.168.10.254
```

**图 3-16　使用“ipconfig”命令查看获取的 IP 地址信息**

（3）在 PC1 上使用“ping 192.168.10.254”命令测试连通性，已正常连通，如图 3-17 所示。

```
PS C:\Users\admin>ping 192.168.10.254

正在 Ping 192.168.10.254 具有 32 字节的数据：
来自 192.168.10.254 的回复：字节=32，时间=2ms，TTL=255
来自 192.168.10.254 的回复：字节=32，时间=1ms，TTL=255
来自 192.168.10.254 的回复：字节=32，时间=2ms，TTL=255
来自 192.168.10.254 的回复：字节=32，时间=1ms，TTL=255

192.168.10.254 的 Ping 统计信息：
数据包：已发送 = 4，已接收 = 4，丢失 = 0（0%丢失），
往返行程的估计时间（以毫秒为单位）：
最短 = 1ms，最长 = 2ms，平均 = 1ms
```

**图 3-17　测试连通性**

## 项目拓展

（1）以下信道规划中属于不重叠信道的是（　　）。

A．1　6　11　　B．1　6　10　　C．2　6　10　　D．1　6　12

（2）工作在 5GHz 频段时，我国 WLAN 的工作频率范围应该是（　　）。

A．5.425GHz ~ 5.650GHz

B．5.560GHz ~ 5.580GHz

C．5.725GHz ~ 5.850GHz

D．5.225GHz ~ 5.450GHz

（3）802.11 MAC 层报文类型包括的帧类型有（　　）。（多选）

A．数据帧　　B．控制帧　　C．数字帧　　D．管理帧

（4）以下对传输速率描述正确的有（　　）。（多选）

A．802.11b 的最高传输速率可达到 2Mbit/s

B．802.11g 的最高传输速率可达到 54Mbit/s

C．单流 802.11n 的最高传输速率可达到 65Mbit/s

D．双流 802.11n 的最高传输速率可达到 300Mbit/s

（5）关于 802.11n 工作频段的说法正确的有（　　）。（多选）

A．可以工作在 2.4GHz 频段　　B．可以工作在 5GHz 频段

C．只能工作在 5GHz 频段下　　D．只能工作在 2.4GHz 频段下

# 项目 4　微企业多部门无线局域网的组建

## 项目描述

随着某公司业务的发展和办公人员数量的增加，越来越多的员工开始携带笔记本电脑办公。公司希望分别为销售部、财务部两个部门创建无线网络，在满足员工移动办公需求的同时满足公司网络安全管理的基本要求。

根据客户提出的要求，需要在 AP 上创建两个无线网络分别供销售部和财务部使用。

## 项目相关知识

### 4.1　什么是 SSID

SSID 是无线局域网的名称，单台 AP 可以有多个 SSID。SSID 技术可以将一个无线局域网分为几个需要不同身份验证的子网络，每个子网络都需要独立的身份验证，只有通过身份验证的用户才可以进入相应的子网络，防止未被授权的用户进入本网络。

无线 AP 一般会把 SSID 广播出去，如果不想让自己的无线局域网被别人搜索到，那么可以设置禁止 SSID 广播，此时无线局域网仍然可以被使用，只是不会出现在其他人所搜索到的可用网络列表中，要想连接该无线局域网，就只能手动设置 SSID。

### 4.2　AP 的种类

无线 AP 从功能上可分为 Fat AP 和 fit AP 两种。其中，Fat AP 拥有独立的操作系统，可以进行单独配置和管理，而 fit AP 无法进行单独配置和管理操作，需要借助无线局域网控制器进行统一的配置和管理。

Fat AP 可以自主完成无线接入、安全加密、设备配置等多项任务，不需要其他设备的协助，适用于构建中的小型无线局域网。Fat AP 组网的优点是无须改变现有有线网络结构，配置简单；缺点是无法统一配置和管理，需要对每台 AP 单独进行配置和管理，费时、费力，当部署大规模的无线局域网时，部署和维护成本高。

Fit AP 又称轻型无线 AP，必须借助无线局域网控制器进行配置和管理。而采用无线局域网控制器加 Fit AP 的架构，可以将密集型的无线局域网和安全处理功能从无线 AP 转移到几种无线控制器中统一实现，无线 AP 只作为无线数据的收发设备，大大简化了 AP 的配置和管理功能，甚至可以做到“零”配置。

## 4.3　单台 AP 多个 SSID 的技术原理

无线局域网的 SSID 就是无线局域网的名称，便于区分不同的无线局域网。设置多个 SSID 可以实现为一台无线 AP 布置多个 service-template，用户可以连接不同的无线局域网，实现不同 SSID 用户间的二层隔离。因此，在一个区域的多个 SSID 无线局域网中，所有用户可能连入了同一台无线 AP，但是，不同 SSID 的用户并不在一个无线局域网中。

选择多个 SSID，除了可以获得多个无线局域网，更重要的是可以保证无线局域网的安全。尤其对于小型企业用户来说，每个部门都有自己的数据隐私需求，如果公用同一个无线局域网，那么很容易出现数据被盗的情况，而选择多个 SSID，可以使每个部门独享专属的无线局域网，让各部门的数据信息更加安全，更有保障。

## 项目规划设计

### ▶ 项目拓扑

公司原有网络是通过 DHCP 管理客户端 IP 地址的，网关和 DHCP 地址池都被放置于核心交换机中，因为 IP 地址需要统一管理，所以公司网络管理员需要将无线用户的网关和 DHCP 地址池也配置在核心交换机上，微企业多部门无线局域网网络拓扑如图 4-1 所示。

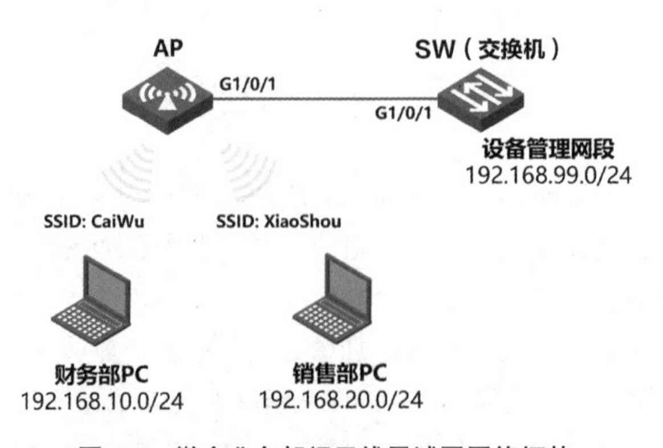


图 4-1　微企业多部门无线局域网网络拓扑

## ▶ 项目规划

根据图 4-1 进行项目规划，项目 4 的 VLAN 规划、设备管理规划、端口互联规划、IP 规划、service-template 规划、Radio 规划如表 4-1 ~ 表 4-6 所示。

**表 4-1　VLAN 规划**

| VLAN-ID | VLAN 命名 | 网段 | 用途 |
| --- | --- | --- | --- |
| VLAN 10 | CaiWu | 192.168.10.0/24 | 财务部网段 |
| VLAN 20 | XiaoShou | 192.168.20.0/24 | 销售部网段 |
| VLAN 99 | Mgmt | 192.168.99.0/24 | 设备管理网段 |

**表 4-2　设备管理规划**

| 设备类型 | 型号 | 设备命名 | 用户名 | 密码 |
| --- | --- | --- | --- | --- |
| 无线接入点 | WA5320i | AP | jan16 | Jan16@123456 |
| 交换机 | S5560 | SW | jan16 | Jan16@123456 |

**表 4-3　端口互联规划**

| 本端设备 | 本端端口 | 端口配置 | 对端设备 | 对端端口 |
| --- | --- | --- | --- | --- |
| AP | G1/0/1 | trunk pvid vlan 99 | SW | G1/0/1 |
| SW | G1/0/1 | trunk pvid vlan 99 | AP | G1/0/1 |

**表 4-4　IP 规划**

| 设备 | 接口 | IP 地址 | 用途 |
| --- | --- | --- | --- |
| SW | Vlan-int 10 | 192.168.10.1/24 ~<br>192.168.10.253/24 | DHCP 分配给财务部终端 |
| | | 192.168.10.254/24 | 财务部网关 |
| | Vlan-int 20 | 192.168.20.1/24 ~<br>192.168.20.253/24 | DHCP 分配给销售部终端 |
| | | 192.168.20.254/24 | 销售部网关 |
| | Vlan-int 99 | 192.168.99.254/24 | 设备管理地址网关 |
| AP | Vlan-int 99 | 192.168.99.1/24 | AP 管理地址 |

**表 4-5　service-template 规划**

| AP 名称 | service-template | SSID | VLAN | 加密方式 | 是否广播 |
| --- | --- | --- | --- | --- | --- |
| AP | 2 | CaiWu | 10 | 无（默认） | 是（默认） |
| | 3 | XiaoShou | 20 | 无（默认） | 是（默认） |

**表 4-6　Radio 规划**

| AP 名称 | WLAN-Radio | service-template | 频率与信道 | 功率 |
| --- | --- | --- | --- | --- |
| AP | 1/0/2 | 2 | 2.4GHz:1 | 100% |
| | 1/0/2 | 3 | 2.4GHz:1 | 100% |

项目实践

# 任务 4-1 交换机的配置

扫一扫，
看微课

## ▶ 任务描述

交换机的配置包括远程管理配置、VLAN 配置、IP 地址配置、DHCP 服务配置和端口配置。

## ▶ 任务操作

### 1. 远程管理配置

配置远程登录和管理密码。

```
<H3C>system-view                                      //进入系统视图
[H3C]sysname SW                                       //配置设备名称
[SW]user-interface vty 0 4                            //进入虚拟链路
[SW-line-vty0-4]protocol inbound telnet               //配置协议为 telnet
[SW-line-vty0-4]authentication-mode scheme            //配置认证模式为 AAA
[SW-line-vty0-4]quit                                  //退出
[SW]local-user jan16                                  //创建 jan16 用户
[SW-luser-manage-jan16]password simple Jan16@123456//配置密码 Jan16@123456
[SW-luser-manage-jan16]service-type telnet            //配置用户类型为 telnet 用户
[SW-luser-manage-jan16]authorization-attribute user-role level-15  //配置
用户等级为 15
[SW-luser-manage-jan16]quit                           //退出
```

### 2. VLAN 配置

创建各部门使用的 VLAN。

```
[SW]vlan 10                                           //创建 VLAN 10
[SW-vlan10]name CaiWu                                 //将 VLAN 命名为 CaiWu
[SW-vlan10]quit                                       //退出
[SW]vlan 20                                           //创建 VLAN 20
[SW-vlan20]name XiaoShou                              //将 VLAN 命名为 XiaoShou
[SW-vlan20]quit                                       //退出
[SW]vlan 99                                           //创建 VLAN 99
[SW-vlan99]name Mgmt                                  //将 VLAN 命名为 Mgmt
[SW-vlan99]quit                                       //退出
```

### 3. IP 地址配置

配置交换机的 IP 地址，即用户的网关地址。

```
[SW]interface Vlan-interface 10                  //进入 Vlan-interface 10 接口
[SW-Vlan-interface10]ip address 192.168.10.254 24   //配置 IP 地址
[SW-Vlan-interface10]quit                        //退出
[SW]interface Vlan-interface 20                  //进入 Vlan-interface 20 接口
[SW-Vlan-interface20]ip address 192.168.20.254 24   //配置 IP 地址
[SW-Vlan-interface20]quit                        //退出
[SW]interface Vlan-interface 99                  //进入 Vlan-interface 99 接口
[SW-Vlan-interface99]ip address 192.168.99.254 24   //配置 IP 地址
[SW-Vlan-interface99]quit                        //退出
```

### 4. DHCP 服务配置

开启交换机的 DHCP 服务，创建用户的 DHCP 地址池。

```
[SW]dhcp enable                                //开启 DHCP 服务
[SW]dhcp server ip-pool vlan10                 //创建 Vlan-interface 10 的地址池
[SW-dhcp-pool-vlan10]network 192.168.10.0 mask 255.255.255.0   //配置分配的 IP 地址段
[SW-dhcp-pool-vlan10]gateway-list 192.168.10.254    //配置分配的网关地址
[SW-dhcp-pool-vlan10]quit                      //退出
[SW]dhcp server ip-pool vlan20                 //创建 Vlan-interface 20 的地址池
[SW-dhcp-pool-vlan20]network 192.168.20.0 mask 255.255.255.0   //配置分配的 IP 地址段
[SW-dhcp-pool-vlan20]gateway-list 192.168.20.254    //配置分配的网关地址
[SW-dhcp-pool-vlan20]quit                      //退出
```

### 5. 端口配置

与 AP 互联端口配置为干道（trunk）模式。

```
[SW]interface GigabitEthernet 1/0/1                //进入 G1/0/1 端口视图
[SW-GigabitEthernet1/0/1]port link-type trunk      //配置端口链路模式为 trunk
[SW-GigabitEthernet1/0/1]port trunk pvid vlan 99   //配置端口默认 VLAN
[SW-GigabitEthernet1/0/1]port trunk permit vlan 10 20 99//配置端口放行 VLAN 列表
[SW-GigabitEthernet1/0/1]quit                      //退出
```

## ▶ 任务验证

（1）在交换机上使用“display ip interface brief”命令，查看交换机的 IP 地址信息，如下所示。

```
[SW]display ip interface brief
*down: administratively down
(s): spoofing
Interface                    Physical  Protocol  IP Address      Description
Vlan10                    up        up        192.168.10.254  Vlan-inte...
Vlan20                    up        up        192.168.20.254  Vlan-inte...
Vlan99                    up        up        192.168.99.254  Vlan-inte...
```

可以看到3个VLAN接口都已配置了IP地址。

（2）在交换机上使用“display vlan brief”命令，查看VLAN信息，如下所示。

```
[SW]display vlan brief
Brief information about all VLANs:
Supported Minimum VLAN ID: 1
Supported Maximum VLAN ID: 4094
Default VLAN ID: 1
VLAN ID   Name                         Port
1        VLAN 0001                      FGE1/0/29  FGE1/0/30  GE1/0/1
                                       GE1/0/2  GE1/0/3  GE1/0/4  GE1/0/5
                                       GE1/0/6  GE1/0/7  GE1/0/8  GE1/0/9
                                       GE1/0/10  GE1/0/11  GE1/0/12
                                       GE1/0/13  GE1/0/14  GE1/0/15
                                       GE1/0/16  GE1/0/17  GE1/0/18
                                       GE1/0/19  GE1/0/20  GE1/0/21
                                       GE1/0/22  GE1/0/23  GE1/0/24
                                       XGE1/0/25  XGE1/0/26  XGE1/0/27
                                       XGE1/0/28
10       CaiWu                         GE1/0/1
20       XiaoShou                        GE1/0/1
99       Mgmt                          GE1/0/1
```

# 任务4-2 Fat AP的配置

## ▶ 任务描述

扫一扫，看微课

AP的配置包括远程管理配置、VLAN配置和IP地址配置、端口配置、WLAN配置、无线射频卡配置。

## ▶ 任务操作

### 1. 远程管理配置

配置远程登录和管理密码。

```
<H3C>system-view                                        //进入系统视图
[H3C]sysname AP                                         //配置设备名称
[AP]user-interface vty 0 4                              //进入虚拟链路
[AP-line-vty0-4]protocol inbound telnet                 //配置协议为 telnet
[AP-line-vty0-4]authentication-mode scheme              //配置认证模式为 AAA
[AP-line-vty0-4]quit                                    //退出
[AP]local-user jan16                                    //创建用户 jan16
[AP-luser-manage-jan16]password simple Jan16@123456//配置密码 Jan16@123456
[AP-luser-manage-jan16]service-type telnet              //配置用户类型为 telnet 用户
[AP-luser-manage-jan16]authorization-attribute user-role level-15 //配置
用户等级为 15
[AP-luser-manage-jan16]quit                             //退出
```

### 2. VLAN 配置和 IP 地址配置

创建各部门使用的 VLAN，配置 IP 地址作为 AP 管理地址。

```
[AP]vlan 10                                          //创建 VLAN 10
[AP-vlan10]name CaiWu                                //将 VLAN 命名为 CaiWu
[AP-vlan10]quit                                      //退出
[AP]vlan 20                                          //创建 VLAN 20
[AP-vlan20]name XiaoShou                             //将 VLAN 命名为 XiaoShou
[AP-vlan20]quit                                      //退出
[AP]vlan 99                                          //创建 VLAN 99
[AP-vlan99]name Mgmt                                 //将 VLAN 命名为 Mgmt
[AP-vlan99]quit                                      //退出
[AP]interface Vlan-interface 99                      //进入 Vlan-interface 99 接口
[AP- Vlan-interface 99]ip address 192.168.99.1 24   //配置 IP 地址
[AP- Vlan-interface 99]quit                          //退出
[AP]ip route-static 0.0.0.0 0 192.168.99.254         //配置默认路由
```

### 3. 端口配置

配置与上联交换机互联的以太网物理端口为干道（trunk）模式。

```
[AP]interface GigabitEthernet 1/0/1                    //进入 G1/0/1 端口视图
[AP-GigabitEthernet1/0/1]port link-type trunk          //配置端口类型为 trunk
```

```
[AP-GigabitEthernet1/0/1]port trunk pvid vlan 99 //配置端口默认 VLAN
[AP-GigabitEthernet1/0/1]port trunk permit vlan 10 20 99//配置端口放行 VLAN 列表
[AP-GigabitEthernet1/0/1]quit                            //退出
```

#### 4. WLAN 配置

创建无线服务模板、配置 SSID、配置 VLAN 并开启无线服务模板等。

```
[AP]wlan service-template 2                    //创建无线服务模板 2
[AP-wlan-st-2]ssid CaiWu                       //配置 SSID
[AP-wlan-st-2]vlan 10                          //配置 VLAN
[AP-wlan-st-2]service-template enable          //开启无线服务模板
[AP-wlan-st-2]quit                             //退出
[AP]wlan service-template 3                    //创建无线服务模板 3
[AP-wlan-st-3]ssid XiaoShou                    //配置 SSID
[AP-wlan-st-3]vlan 20                          //配置 VLAN
[AP-wlan-st-3]service-template enable          //开启无线服务模板
[AP-wlan-st-3]quit                             //退出
```

#### 5. 无线射频卡配置

进入无线射频卡接口并关联无线服务模板。

```
[AP]interface WLAN-Radio 1/0/2                 //进入无线射频卡接口 1/0/2
[AP-WLAN-Radio1/0/2]service-template 2         //关联无线服务模板 2
[AP-WLAN-Radio1/0/2]service-template 3         //关联无线服务模板 3
[AP-WLAN-Radio1/0/2]quit                       //退出
```

### ► 任务验证

在 AP 上使用“display wlan service-template”命令，查看所有无线服务模板信息，如下所示。

```
[AP]display wlan service-template
Total number of service templates: 2
Service template name          SSID                         Status
2                          CaiWu                         Enabled
3                          XiaoShou                       Enabled
```

可以看到已经创建了“CaiWu”及“XiaoShou”的 SSID，且无线服务模板状态为“Enabled”。

# 项目验证

（1）Sta 可以通过关联不同的 SSID 信号接入网络，关联“CaiWu”和关联“XiaoShou”分别如图 4-2 和图 4-3 所示。

图 4-2　关联“CaiWu”

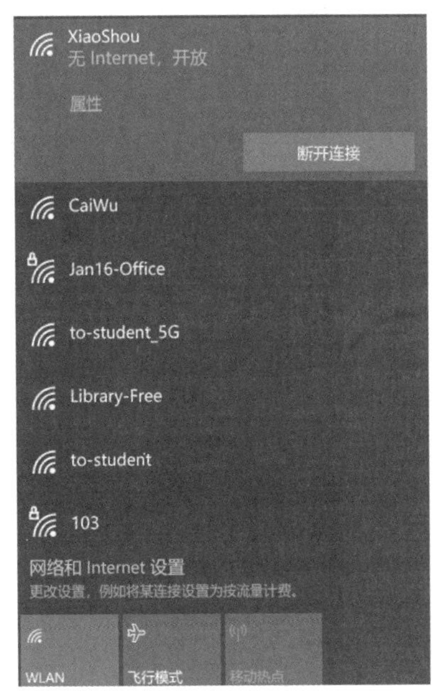


图 4-3　关联“XiaoShou”

（2）关联财务部 SSID 信号“CaiWu”获得 192.168.10.0/24 网段，关联销售部 SSID 信号“XiaoShou”获得 192.168.20.0/24 网段。按【Windows+X】组合键，在弹出的菜单中选择“Windows PowerShell”选项，打开“Windows PowerShell”窗口，使用“ipconfig”命令查看获取的 IP 地址信息，财务网段和销售网段 IP 地址信息分别如图 4-4 和图 4-5 所示。

```
无线局域网适配器 WLAN:

   连接特定的 DNS 后缀 . . . . . . . :
   本地链接 IPv6 地址. . . . . . . . : fe80::ec5c:f182:9440:7223%21
   IPv4 地址 . . . . . . . . . . . . : 192.168.10.1
   子网掩码  . . . . . . . . . . . . : 255.255.255.0
   默认网关. . . . . . . . . . . . . : 192.168.10.254
```

图 4-4　财务网段 IP 地址信息

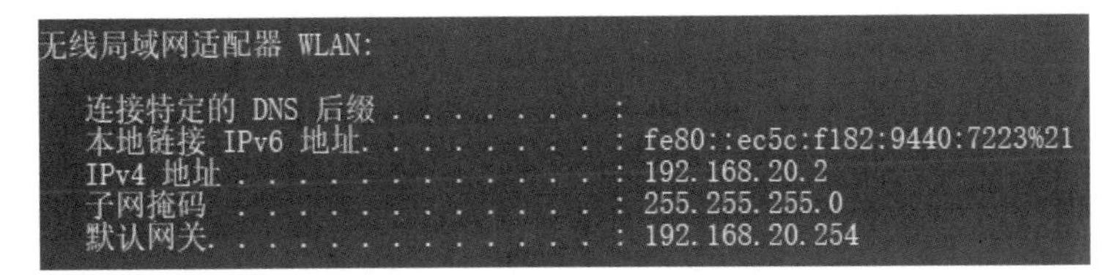

```
无线局域网适配器 WLAN:

   连接特定的 DNS 后缀 . . . . . . . :
   本地链接 IPv6 地址. . . . . . . . : fe80::ec5c:f182:9440:7223%21
   IPv4 地址 . . . . . . . . . . . . : 192.168.20.2
   子网掩码  . . . . . . . . . . . . : 255.255.255.0
   默认网关. . . . . . . . . . . . . : 192.168.20.254
```

图 4-5　销售网段 IP 地址信息

## 项目拓展

（1）在一台 AP 上划分多个 SSID 和在一台交换机上将交换机端口划分为多个 VLAN 的作用是否一致？

（2）在 AP 上划分多个 SSID，是否需要将每个 SSID 单独配置为一个 VLAN？

# 项目 5　微企业双 AP 无线局域网的组建

## 项目描述

Jan16 公司接到某快递公司的一个仓库无线网络部署项目，在与客户进行沟通交流后了解到，由于该公司的业务量快速增长，为了避免仓库不够用，公司租用了一个面积约为 500 平方米的新仓库。仓库使用无线扫码枪对包裹进行快速、高效的分类处理，因此公司要求新仓库部署的无线网络实现无死角覆盖，满足员工在仓库中走动扫码的需求。

要在面积约为 500 平方米的仓库内实现无线信号覆盖，至少需要部署两台 AP。当无线扫码枪在仓库中移动作业时，会比对两台 AP 的信号强度，自动选择信号较强的 AP 接入。

在仓库中部署两个以上 AP 时需要调整 AP 的参数，以避免两台 AP 因信道冲突、覆盖范围较小等因素而导致无线终端接入质量差甚至无法接入网络的情况发生。同时，当无线终端在仓库中移动时，经常会发生切换服务 AP 的情况，因此，网络管理员需要考虑多个无线 AP 协同工作，确保客户端在切换 AP 时，应用程序连接不中断。

## 项目相关知识

### 5.1　AP 密度

AP 密度是指在固定面积的建筑物环境下部署无线 AP 的数量。每台无线 AP 可接入的用户数量是相对固定的，因此，确定无线 AP 的部署数量不仅需要考虑无线信号在建筑物中的覆盖质量，还要考虑无线用户的接入数量。

在不考虑无线信号覆盖的情况下，应考虑无线 AP 的用户接入数量上限，对于用户接入数量较多的场合就需要部署更多 AP。在无线网络工程项目部署中，通常要针对 AP 的覆盖范围、用户接入数量进行综合考虑。例如，会展中心无线网络部署就属于典型的高密度无线 AP 部署场景；仓储中心无线网络部署通常属于低密度、高覆盖无线 AP 部署场景。

## 5.2 AP 功率

无线 AP 有一个常见的参数——发射功率，简称功率。在 AP 选型中，AP 功率是一个重要的指标，因为它与 AP 的信号强度有关。

AP 通过天线发射无线信号，通常 AP 的发射功率越大，信号就越强，其覆盖范围就越广。典型的两款无线 AP 产品为室内型 AP 和室外型 AP。室内型 AP 的功率普遍比室外型 AP 的功率要小，室外型 AP 的功率基本都在 500mW 以上，而室内型 AP 的发射功率通常不高于 100mW。注意：功率越大，辐射也就越强，而且 AP 信号的强度不仅和功率有关，还和频段干扰、摆放位置、天线增益等有关，所以在满足信号覆盖要求的情况下，不建议一味地选择大功率的 AP。

## 5.3 AP 信道

AP 信道是以无线信号作为传输媒体的数据信号传送通道。目前无线产品的主要工作频段为 2.4GHz（2.4GHz ~ 2.4835GHz）和 5.8GHz（5.725GHz ~ 5.850GHz）。

### 1. 2.4GHz 频段信道规划

2.4GHz 频段的各信道频率范围如图 2-1 所示，其中，信道 1、6、11 是 3 条频率范围完全不重叠的信道。

为避免同频干扰，进行 AP 部署时可以对多台 AP 进行信道规划。信道规划的作用是减少信号冲突与干扰，通常会选择水平部署或垂直部署。2.4GHz 频段的信道水平部署如图 5-1 所示；2.4GHz 频段的信道垂直部署如图 5-2 所示。

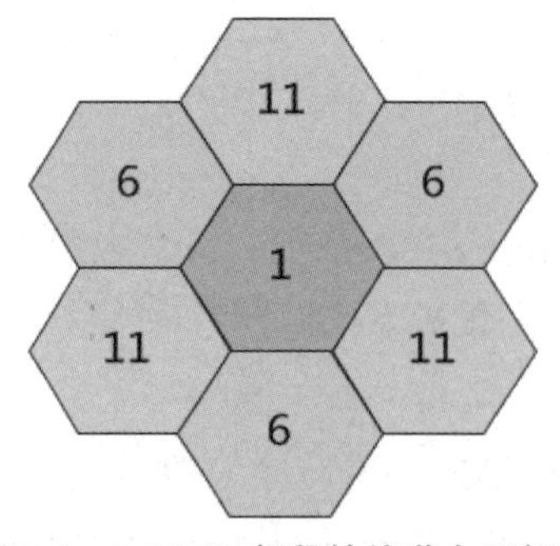

图 5-1　2.4GHz 频段的信道水平部署

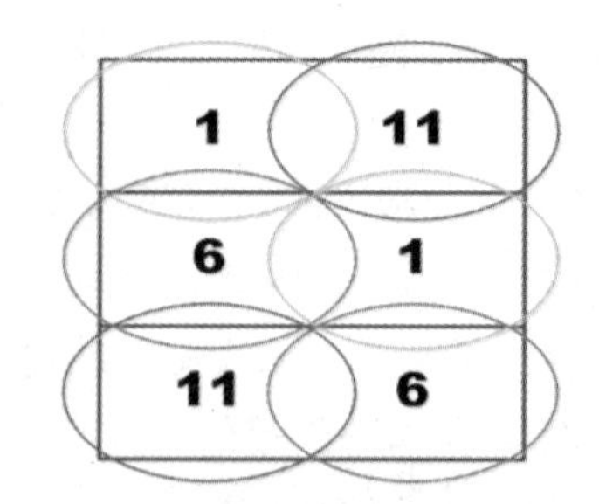

图 5-2　2.4GHz 频段的信道垂直部署

在同一空间的二维平面上使用信道 1、6、11 的多台 AP 实现任意区域无相同信道干扰的无线网络部署，当将某台 AP 功率调大时，会出现部分区域有同频干扰的情况，影响用户的上网体验，这时可以通过调整无线设备的发射功率来避免这种情况发生。但是，在三维空间里，要想在实际应用场景中实现任意区域无同频干扰是比较困难的，尤其是在高密度 AP 部署时，还需要对所有布放 AP 进行功率规划，通过调整 AP 的发射功率来尽可能降低 AP 的信道冲突。

### 2. 5.8GHz 频段信道规划

无线 5.8GHz 频段是如图 2-2 所示的 5GHz 频段的高频部分，信道编号分别为 149、153、157、161、165。参照 2.4GHz 频段信道规划，5.8GHz 频段的信道水平部署如图 5-3 所示。

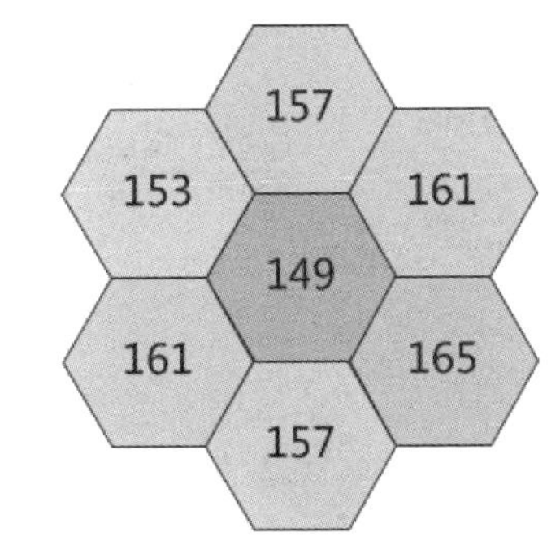


**图 5-3 5.8GHz 频段的信道水平部署**

## 5.4 无线漫游

当无线局域网存在多个无线 AP 时，无线终端（Sta）在移动到两台 AP 覆盖范围的临界区域时，Sta 与新的 AP 进行关联并与原有 AP 断开关联，且在此过程中保持不间断的网络连接，这种功能称为漫游（Roaming）。简单来说，无线漫游就如同手机的移动通话功能，当手机从一个基站的覆盖范围移动到另一个基站的覆盖范围时，基站能提供不间断的、无感知切换的通话服务。

对于用户来说，漫游的行为是透明和无感知的，即用户在漫游过程中，不会收到 AP 变化的通知，也不会感觉到切换 AP 带来的服务变化，这与手机类似。例如，我们在快速行驶的汽车中打电话时，手机会不断切换服务基站，但是我们并不会感觉到这个过程，除非过隧道（隧道未覆盖手机信号），否则不会感知到通话的变化。

漫游技术已经普遍应用于移动通信和无线网络通信中。在 WLAN 漫游过程中，Sta 的 IP 地址始终保持不变（Sta 更换 IP 地址会导致通信中断）。

无线漫游分为二层漫游和三层漫游，这里仅简要介绍无线二层漫游的相关知识。

无线二层漫游是指 Sta 在漫游前后均工作在同一个子网中，因此，它要求所有 AP 均工作在同一个子网中，且要求各 AP 的 SSID、认证方式、客户端配置与接入点网络中的配置完全相同，仅允许 AP 工作信道不同，以确保 AP 彼此间没有干扰。

# 项目规划设计

## ▶ 项目拓扑

公司原有网络是通过 DHCP 管理客户端 IP 地址的，网关和 DHCP 地址池都被放置于核心交换机中，因 IP 地址需要统一管理，公司网络管理员需要将无线用户的网关和 DHCP 地址池也配置在核心交换机上，微企业双 AP 无线局域网网络拓扑如图 5-4 所示。

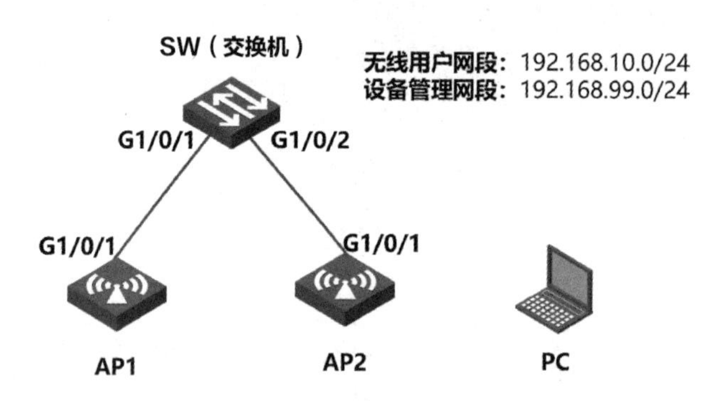


图 5-4　微企业双 AP 无线局域网网络拓扑

## ▶ 项目规划

根据图 5-4 进行项目规划，项目 5 的 VLAN 规划、设备管理规划、端口互联规划、IP 规划、service-template 规划、Radio 规划如表 5-1 ~ 表 5-6 所示。

表 5-1　VLAN 规划

| VLAN-ID | VLAN 命名 | 网段 | 用途 |
|---|---|---|---|
| VLAN 10 | User | 192.168.10.0/24 | 无线用户网段 |
| VLAN 99 | Mgmt | 192.168.99.0/24 | 设备管理网段 |

表 5-2　设备管理规划

| 设备类型 | 型号 | 设备命名 | 用户名 | 密码 |
|---|---|---|---|---|
| 无线接入点 | WA5320i | AP1 | jan16 | Jan16@123456 |
| 无线接入点 | WA5320i | AP2 | jan16 | Jan16@123456 |
| 交换机 | S5560 | SW | jan16 | Jan16@123456 |

表 5-3　端口互联规划

| 本端设备 | 本端端口 | 端口配置 | 对端设备 | 对端端口 |
|---|---|---|---|---|
| AP1 | G1/0/1 | trunk pvid vlan 99 | SW | G1/0/1 |
| AP2 | G1/0/1 | trunk pvid vlan 99 | SW | G1/0/2 |

续表

| 本端设备 | 本端端口 | 端口配置 | 对端设备 | 对端端口 |
|---|---|---|---|---|
| SW | G1/0/1 | trunk pvid vlan 99 | AP1 | G1/0/1 |
| SW | G1/0/2 | trunk pvid vlan 99 | AP2 | G1/0/1 |

**表 5-4　IP 规划**

| 设备 | 接口 | IP 地址 | 用途 |
|---|---|---|---|
| SW | Vlan-int 10 | 192.168.10.1/24 ~ 192.168.10.253/24 | DHCP 分配给无线用户 |
| | | 192.168.10.254/24 | 无线用户网段网关 |
| | Vlan-int 99 | 192.168.99.254/24 | 设备管理地址网关 |
| AP1 | Vlan-int 99 | 192.168.99.1/24 | AP 管理地址 |
| AP2 | Vlan-int 99 | 192.168.99.2/24 | AP 管理地址 |

**表 5-5　service-template 规划**

| AP 名称 | service-template | SSID | VLAN | 加密方式 | 是否广播 |
|---|---|---|---|---|---|
| AP1 | 2 | Jan16 | 10 | 无（默认） | 是（默认） |
| AP2 | 2 | Jan16 | 10 | 无（默认） | 是（默认） |

**表 5-6　Radio 规划**

| AP 名称 | WLAN-Radio | service-template | 频率与信道 | 功率 |
|---|---|---|---|---|
| AP1 | 1/0/2 | 2 | 2.4GHz:1 | 100% |
| AP2 | 1/0/2 | 2 | 2.4GHz:11 | 100% |

# 任务 5-1　仓库交换机的配置

## ▶ 任务描述

扫一扫，看微课

交换机的配置包括远程管理配置、VLAN 配置和 IP 地址配置、端口配置、DHCP 服务配置。

## ▶ 任务操作

### 1. 远程管理配置

配置远程登录和管理密码。

```
<H3C>system-view                                   //进入系统视图
[H3C]sysname SW                                    //配置设备名称
[SW]user-interface vty 0 4                         //进入虚拟链路
[SW-line-vty0-4]protocol inbound telnet            //配置协议为 telnet
[SW-line-vty0-4]authentication-mode scheme         //配置认证模式为 AAA
[SW-line-vty0-4]quit                               //退出
[SW]local-user jan16                               //创建 jan16 用户
[SW-luser-manage-jan16]password simple Jan16@123456//配置密码 Jan16@123456
[SW-luser-manage-jan16]service-type telnet         //配置用户类型为 telnet 用户
[SW-luser-manage-jan16]authorization-attribute user-role level-15  //配置用户等级为 15
[SW-luser-manage-jan16]quit                        //退出
```

## 2. VLAN 配置和 IP 地址配置

创建部门使用的 VLAN，配置设备的 IP 地址，即用户的网关地址和设备管理地址网关。

```
[SW]vlan 10                                        //创建 VLAN 10
[SW-vlan10]name User                               //将 VLAN 命名为 User
[SW-vlan10]quit                                    //退出
[SW]vlan 99                                        //创建 VLAN 99
[SW-vlan99]name Mgmt                               //将 VLAN 命名为 Mgmt
[SW-vlan99]quit                                    //退出
[SW]interface Vlan-interface 10                    //进入 Vlan-interface 10 接口
[SW-Vlan-interface10]ip address 192.168.10.254 24   //配置 IP 地址
[SW-Vlan-interface10]quit                          //退出
[SW]interface Vlan-interface 99                    //进入 Vlan-interface 99 接口
[SW-Vlan-interface99]ip address 192.168.99.254 24   //配置 IP 地址
[SW-Vlan-interface99]quit                          //退出
```

## 3. 端口配置

配置与 AP 互联的端口为 trunk 模式。

```
[SW]interface range GigabitEthernet 1/0/1 to GigabitEthernet 1/0/2 //进入G1/0/1 和 G1/0/2 端口视图
[SW-if-range]port link-type trunk                  //配置端口链路模式为 trunk
[SW-if-range]port trunk pvid vlan 99               //配置端口默认 VLAN
[SW-if-range]port trunk permit vlan 10 99          //配置端口放行 VLAN 列表
[SW-if-range]quit                                  //退出
```

## 4. DHCP 服务配置

开启核心设备的 DHCP 服务，创建用户的 DHCP 地址池。

```
[SW]dhcp enable                                //开启 DHCP 服务
[SW]dhcp server ip-pool vlan10                 //创建 Vlan-interface 10 的地址池
[SW-dhcp-pool-vlan10]network 192.168.10.0 mask 255.255.255.0   //配置分配的 IP 地址段
[SW-dhcp-pool-vlan10]gateway-list 192.168.10.254    //配置分配的网关地址
[SW-dhcp-pool-vlan10]quit                      //退出
```

## ▶ 任务验证

（1）在交换机上使用“display ip interface brief”命令，查看交换机的 IP 地址信息，如下所示。

```
[SW]display ip interface brief
*down: administratively down
(s): spoofing
Interface                  Physical  Protocol  IP Address      Description .
Vlan10                   up       up       192.168.10.254  Vlan-inte...
Vlan99                   up       up       192.168.99.254  Vlan-inte...
```

可以看到两个 Vlan-interface 接口都已配置了 IP 地址。

（2）在交换机上使用“display vlan brief”命令，查看 VLAN 信息，如下所示。

```
[SW]display vlan brief
Brief information about all VLANs:
Supported Minimum VLAN ID: 1
Supported Maximum VLAN ID: 4094
Default VLAN ID: 1
VLAN ID  Name                            Port
1        VLAN 0001                        FGE1/0/29  FGE1/0/30  GE1/0/2
                                         GE1/0/3  GE1/0/4  GE1/0/5  GE1/0/6
                                         GE1/0/7  GE1/0/8  GE1/0/9  GE1/0/10
                                         GE1/0/11  GE1/0/12  GE1/0/13
                                         GE1/0/14  GE1/0/15  GE1/0/16
                                         GE1/0/17  GE1/0/18  GE1/0/19
                                         GE1/0/20  GE1/0/21  GE1/0/22
                                         GE1/0/23  GE1/0/24  XGE1/0/25
                                         XGE1/0/26  XGE1/0/27  XGE1/0/28
10       User                             GE1/0/1  GE1/0/2
99       Mgmt                            GE1/0/1  GE1/0/2
```

# 任务 5-2 仓库 AP1 的配置

## ▶ 任务描述

扫一扫，
看微课

AP1 的配置包括远程管理配置、VLAN 配置和 IP 地址配置、端口配置、WLAN 配置、无线射频卡配置。

## ▶ 任务操作

### 1. 远程管理配置

配置远程登录和管理密码。

```
<H3C>system-view                                      //进入系统视图
[H3C]sysname AP1                                      //配置设备名称
[AP1]user-interface vty 0 4                           //进入虚拟链路
[AP1-line-vty0-4]protocol inbound telnet              //配置协议为 telnet
[AP1-line-vty0-4]authentication-mode scheme           //配置认证模式为 AAA
[AP1-line-vty0-4]quit                                 //退出
[AP1]local-user jan16                                 //创建 jan16 用户
[AP1-luser-manage-jan16]password simple Jan16@123456//配置密码 Jan16@123456
[AP1-luser-manage-jan16]service-type telnet           //配置用户类型为 telnet 用户
[AP1-luser-manage-jan16]authorization-attribute user-role level-15 //配置
用户等级为 15
[AP1-luser-manage-jan16]quit                          //退出
```

### 2. VLAN 配置和 IP 地址配置

创建 VLAN 和配置 IP 地址作为设备管理地址。

```
[AP1]vlan 10                                              //创建 VLAN 10
[AP1-vlan10]name User                                     //将 VLAN 命名为 User
[AP1-vlan10]quit                                          //退出
[AP1]vlan 99                                              //创建 VLAN 99
[AP1-vlan99]name Mgmt                                     //将 VLAN 命名为 Mgmt
[AP1-vlan99]quit                                          //退出
[AP1]interface Vlan-interface 99                        //进入 Vlan-interface 99 接口
[AP1-Vlan-interface99]ip address 192.168.99.1 24          //配置 IP 地址
```

```
[AP1-Vlan-interface99]quit                             //退出
[AP1]ip route-static 0.0.0.0 0 192.168.99.254         //配置默认路由
```

### 3. 端口配置

配置与上联交换机互联的端口为 trunk 模式。

```
[AP1]interface GigabitEthernet 1/0/1                    //进入 G1/0/1 端口视图
[AP1-GigabitEthernet1/0/1]port link-type trunk      //配置端口链路模式为 trunk
[AP1-GigabitEthernet1/0/1]port trunk pvid vlan 99  //配置端口默认 VLAN
[AP1-GigabitEthernet1/0/1]port trunk permit vlan 10 99 //配置端口放行 VLAN
列表
[AP1-GigabitEthernet1/0/1]quit                          //退出
```

### 4. WLAN 配置

创建无线服务模板，配置 SSID 名称、配置 VLAN 并开启无线服务模板。

```
[AP1]wlan service-template 2                          //创建无线服务模板 2
[AP1-wlan-st-2]ssid Jan16                             //配置 SSID
[AP1-wlan-st-2]vlan 10                                //配置 VLAN
[AP1-wlan-st-2]service-template enable                //开启无线服务模板
[AP1-wlan-st-2]quit                                   //退出
```

### 5. 无线射频卡配置

进入无线射频卡接口并关联无线服务模板，修改无线射频卡的信道。

```
[AP1]interface WLAN-Radio 1/0/2                       //进入无线射频卡接口 1/0/2
[AP1-WLAN-Radio1/0/2]service-template 2               //关联无线服务模板 2
[AP1-WLAN-Radio1/0/2]channel 1                        //信道为 1
[AP1-WLAN-Radio1/0/2]quit                             //退出
```

## ▶ 任务验证

在 AP1 上使用“display wlan service-template 2”命令，查看无线服务模板 2 的信息，如下所示。

```
[AP1]display wlan service-template 2
Service template name            SSID                        Status
2                           Jan16                        Enabled
```

可以看到已经创建了“Jan16”SSID，且无线服务模板状态为“Enabled”。

# 任务 5-3　仓库 AP2 的配置

## ▶ 任务描述

AP2 的配置包括远程管理配置、VLAN 配置和 IP 地址配置、端口配置、WLAN 配置、天线配置。

## ▶ 任务操作

### 1. 远程管理配置

配置远程登录和管理密码。

```
<H3C>system-view                                     //进入系统视图
[H3C]sysname AP2                                     //配置设备名称
[AP2]user-interface vty 0 4                          //进入虚拟链路
[AP2-line-vty0-4]protocol inbound telnet             //配置协议为 telnet
[AP2-line-vty0-4]authentication-mode scheme          //配置认证模式为 AAA
[AP2-line-vty0-4]quit                                //退出
[AP2]local-user jan16                                //创建 jan16 用户
[AP2-luser-manage-jan16]password simple Jan16@123456//配置密码 Jan16@123456
[AP2-luser-manage-jan16]service-type telnet          //配置用户类型为 telnet 用户
[AP2-luser-manage-jan16]authorization-attribute user-role level-15 //配置
用户等级为 15
[AP2-luser-manage-jan16]quit                         //退出
```

### 2. VLAN 配置和 IP 地址配置

创建 VLAN，配置 IP 地址，作为设备管理地址。

```
[AP2]vlan 10                                         //创建 VLAN 10
[AP2-vlan10]name User                                //将 VLAN 命名为 User
[AP2-vlan10]quit                                     //退出
[AP2]vlan 99                                         //创建 VLAN 99
[AP2-vlan99]name Mgmt                                //将 VLAN 命名为 Mgmt
[AP2-vlan99]quit                                     //退出
[AP2]interface Vlan-interface 99                   //进入 Vlan-interface 99 接口
```

```
[AP2-Vlan-interface99]ip address 192.168.99.2 24 //配置 IP 地址
[AP2-Vlan-interface99]quit                       //退出
[AP2]ip route-static 0.0.0.0 0 192.168.99.254    //配置默认路由
```

### 3. 端口配置

配置与上联交换机互联的端口为 trunk 模式。

```
[AP2]interface GigabitEthernet 1/0/1                 //进入 G1/0/1 端口视图
[AP2-GigabitEthernet1/0/1]port link-type trunk       //配置端口链路模式为 trunk
[AP2-GigabitEthernet1/0/1]port trunk pvid vlan 99 //配置端口默认 VLAN
[AP2-GigabitEthernet1/0/1]port trunk permit vlan 10 99 //配置端口放行 VLAN
列表
[AP2-GigabitEthernet1/0/1]quit                       //退出
```

### 4. WLAN 配置

创建无线服务模板，配置 SSID 名称、配置 VLAN 并开启无线服务模板。

```
[AP2]wlan service-template 2                 //创建无线服务模板 2
[AP2-wlan-st-2]ssid Jan16                    //配置 SSID
[AP2-wlan-st-2]vlan 10                       //配置 VLAN
[AP2-wlan-st-2]service-template enable       //开启无线服务模板
[AP2-wlan-st-2]quit                          //退出
```

### 5. 天线配置

进入无线射频卡接口并关联无线服务模板，修改无线射频卡的信道。

```
[AP2]interface WLAN-Radio 1/0/2              //进入无线射频卡接口 1/0/2
[AP2-WLAN-Radio1/0/2]service-template 2      //关联无线服务模板 2
[AP2-WLAN-Radio1/0/2]channel 11              //信道为 11
[AP2-WLAN-Radio1/0/2]quit                    //退出
```

## ▶ 任务验证

在 AP2 上使用“display wlan service-template 2”命令，查看无线服务模板 2 的信息，如下所示。

```
[AP2]display wlan service-template 2
Service template name          SSID                      Status
2                              Jan16                     Enabled
```

可以看到已经创建了“Jan16”SSID，且无线服务模板状态为“Enabled”。

## 项目验证

（1）使用测试 PC 查找无线信号“Jan16”并接入，如图 5-5 所示。

图 5-5 使用测试 PC 查找无线信号“Jan16”并接入

（2）PC 通过 WirelessMon 测试漫游用户，根据无线信道测试二层漫游连接。使用 WirelessMon 查看所连接的 SSID 信息，可以看到当前已连接的“Jan16”工作在 1 信道，如图 5-6 所示。

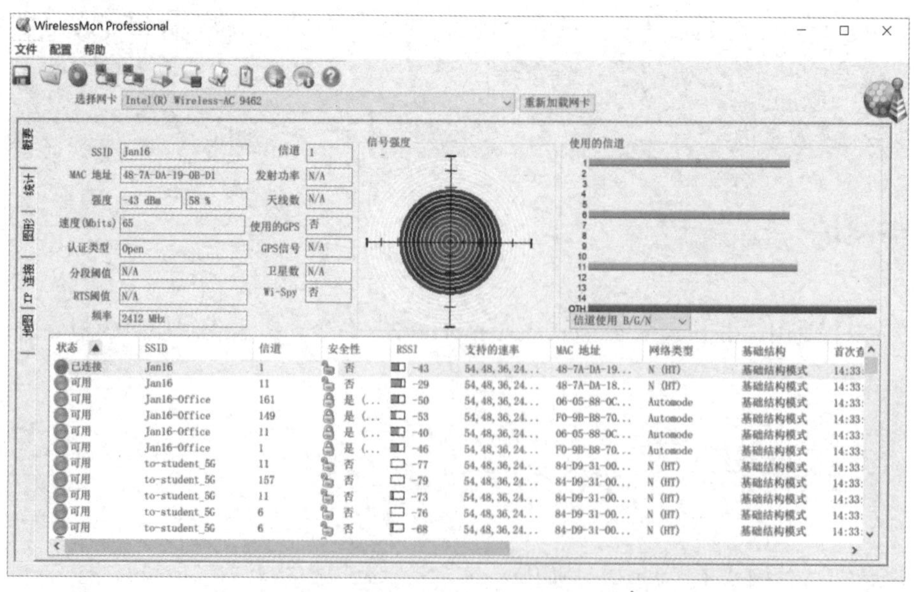


图 5-6 使用 WirelessMon 查看所连接的 SSID 信息

（3）使用 WirelessMon 查看漫游后所连接的 SSID 信息，如图 5-7 所示，PC1 通过 WirelessMon 测试漫游。可以看到已连接的“Jan16”已经切换到 11 信道。

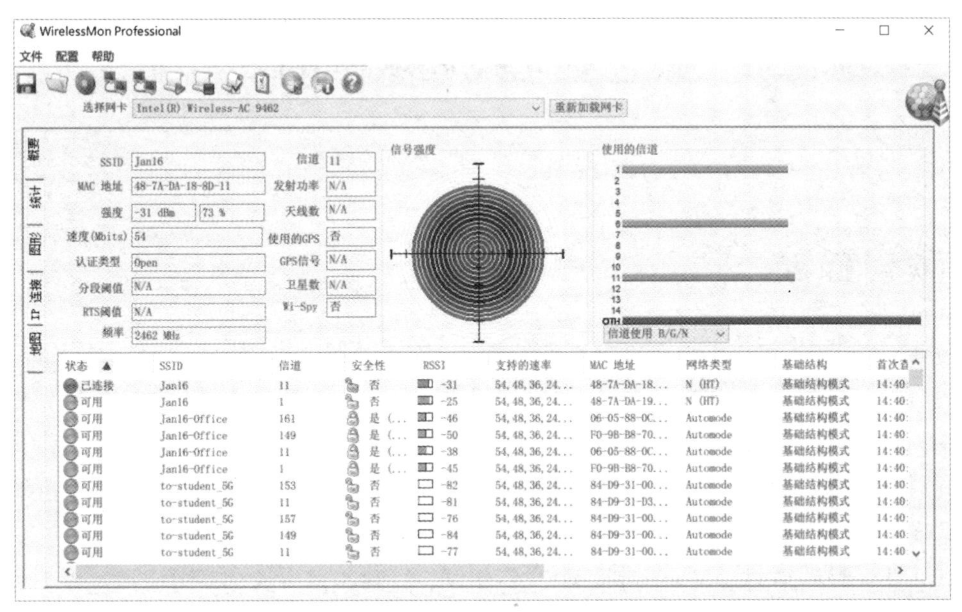


**图 5-7　使用 WirelessMon 查看漫游后所连接的 SSID 信息**

## 项目拓展

（1）某型号 AP 的天线的最大发射功率为 20dBm，则该 AP 的最大功率为（　　）mW。

A．10　　B．50　　C．100　　D．200

（2）2.4GHz 频段有（　　）个互不重叠的信道。

A．2　　B．3　　C．4　　D．5

（3）在一个教室内部署两台 AP，为避免这两台 AP 互相干扰，可采取的措施有（　　）。

A．降低 AP 的发射功率

B．配置不同的 SSID

C．使用不同的频段

（4）关于无线漫游，以下说法错误的有（　　）。（多选）

A．漫游会导致无线终端更换无线接入点

B．漫游时，无线终端的信道保持不变

C．漫游时，无线终端的 IP 地址保持不变

D．漫游时，无线终端的通信不中断

# 项目 6　微企业无线局域网的安全配置

## 项目描述

Jan16 公司实现了内部员工的移动办公需求，为了方便员工使用，在网络建设完成初期并没有对网络进行接入控制，这导致非公司内部的员工不需要输入用户名和密码就可以接入网络，进而接入公司内部网络。外来人员接入公司内部网络给公司的信息安全带来了隐患，同时随着接入人数的增加，公司的无线网络也变得越来越慢。为了解决以上问题，公司决定要求网络管理员加强对无线网络的安全管理，仅允许内部员工访问。

微企业无线网络通常仅使用 Fat AP 进行组网，这种组网方式通常可以通过以下几种方式来构建一个安全的无线网络。

（1）对公司的无线网络实施安全加密认证，内部员工访问公司的无线网络需要输入密码后才可以关联无线 SSID。

（2）为了避免所有人都可以搜索到公司的无线 SSID 信号，对无线网络实施隐藏 SSID 功能，防止无线信号外泄。

（3）为了防止非本公司的无线终端访问公司的内部网络而造成信息泄露，对现有无线网络配置黑/白名单，仅允许已注册的无线终端接入网络。

## 项目相关知识

## 6.1　WLAN 安全威胁

WLAN 以无线信道作为传输媒介，利用电磁波在空气中收发数据，从而实现了传统有线局域网的功能。与传统的有线接入方式相比，WLAN 的布放和实施相对简单，维护成本也相对低廉，因此应用前景十分广阔。然而由于 WLAN 传输媒介的特殊性和其固有的安全缺陷，用户的数据面临被窃听和篡改的风险，因此 WLAN 的安全问题成为制约其推广的重要问题。常见的 WLAN 安全威胁有以下几方面。

### 1. 未经授权使用网络服务

最常见的 WLAN 安全威胁就是未经授权的非法用户使用 WLAN。非法用户未经授权使用 WLAN，同授权用户共享带宽，会影响合法用户的使用体验，甚至可能泄露当前用户的用户信息。

### 2. 非法 AP

非法 AP 是未经授权部署在企业 WLAN 里，且干扰网络正常运行的 AP。如果该非法 AP 配置了正确的有线等效保密（Wired Equivalent Privacy，WEP）密钥，那么它还可以捕获客户端数据。经过配置后，非法 AP 可为未授权用户提供接入服务，可让未授权用户捕获和伪装数据包，最糟糕的是允许未经授权用户访问服务器和文件。

### 3. 数据安全

相对于以前的有线局域网，WLAN 采用无线通信技术，用户的各类信息在无线网络中传输，更容易被窃听、获取。

### 4. 拒绝服务攻击

这种攻击方式不以获取信息为目的，入侵者只是想让目标机器停止提供服务。因为 WLAN 采用微波传输数据，理论上只要在有信号的范围内，入侵者就可以发起攻击，这种攻击方式隐蔽性好、实现容易、防范困难，是终极攻击方式。

## 6.2 WLAN 认证技术

802.11 无线网络一般作为连接 802.3 有线网络的入口使用。为保护入口的安全，确保只有授权用户才能通过无线 AP 访问网络资源，必须采用有效的认证解决方案。认证是验证用户身份与资格的过程，用户必须表明自己的身份并提供可以证实自己身份的凭证。安全性较高的认证系统采用多要素认证，用户必须提供至少两种不同的身份凭证。

### 1. 开放系统认证

开放系统认证不对用户身份做任何验证，在整个认证过程中，通信双方仅需要交换两个认证帧：Sta 向 AP 发送一个认证帧，AP 以此认证帧的源 MAC 地址作为发送端的身份证明，AP 随即返回一个认证帧，并建立 AP 和 Sta 的连接。因此，开放系统认证不要求用户提供任何身份凭证，通过这种简单的认证后就能与 AP 建立关联，进而获得访问网络资源的权限。

开放系统认证是唯一的 802.11 要求必备的认证方式，是最简单的认证方式，对于需要允许设备快速进入网络的场景，可以使用开放系统认证。开放系统认证主要用于公共区域或热点区域（如机场、酒店等），为用户提供无线接入服务，适合用户众多的运营商部署大规模的 WLAN。

### 2. 共享密钥认证

共享密钥认证要求 Sta 必须支持 WEP，Sta 与 AP 必须配置匹配的静态 WEP 密钥。如果双方的静态 WEP 密钥不匹配，那么 Sta 就无法通过认证。在共享密钥认证过程中，采用共享密钥认证的无线接口之间需要交换质询消息，通信双方总共需要交换 4 个认证帧，如图 6-1 所示。

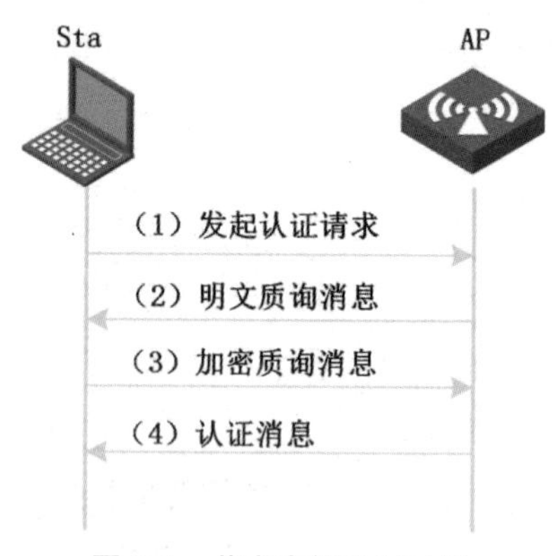


图 6-1　共享密钥认证过程

（1）Sta 向 AP 发送认证请求数据帧。

（2）AP 向用户设备返回包含明文质询消息的第 2 个认证帧，明文质询消息的长度为 128 字节，由 WEP 密钥流生成器利用随机密钥和初始向量产生。

（3）Sta 使用静态 WEP 密钥将明文质询消息加密，并通过认证帧发送给 AP，即第 3 个认证帧。

（4）AP 收到第 3 个认证帧后，将使用静态 WEP 密钥对其中的加密质询消息进行解密，并与原始质询消息进行比较。若两者匹配，则 AP 将会向 Sta 发送第 4 个也是最后一个认证帧，确认 Sta 成功通过认证；若两者不匹配或 AP 无法解密收到的加密质询消息，则 AP 将拒绝 Sta 的认证请求。

Sta 成功通过共享密钥认证后，将采用同一静态 WEP 密钥加密随后的 802.11 数据帧与 AP 通信。

共享密钥认证看似安全性比开放系统认证要高，但是实际上，共享密钥认证存在巨大的安全漏洞。如果入侵者截获 AP 发送的明文质询消息及 Sta 返回的加密质询消息，就可能从中提取出静态 WEP 密钥。入侵者一旦掌握静态 WEP 密钥，就可以解密所有数据帧，网络对入侵者将再无秘密可言。因此，共享密钥认证方式难以为企业 WLAN 提供有效保护。

### 3. SSID 隐藏

SSID 隐藏可将无线网络的逻辑名隐藏起来。AP 启用 SSID 隐藏后，信标帧中的 SSID 字段被置为空，通过被动扫描侦听信标帧的 Sta 将无法获得 SSID 信息。因此，Sta 必须手动设置与 AP 相同的 SSID 才能与 AP 进行关联，如果 Sta 出示的 SSID 与 AP 的 SSID 不同，那么 AP 将拒绝 Sta 接入。

SSID 隐藏适用于某些企业或机构需要支持大量访客接入的场景。企业园区无线网络可能存在多个 SSID，如财务、访客等。为减少访客连错网络的问题，园区通常会隐藏财务人员的 SSID，同时广播访客 SSID，此时访客尝试连接无线网络时只能看到访客 SSID，从而减少了连接到财务人员网络的情况。

尽管 SSID 隐藏可以在一定程度上防止普通用户搜索到无线网络，但只要入侵者使用二层无线协议分析软件拦截到任何合法 Sta 发送的帧，就能获得以明文形式传输的 SSID。因此，只使用 SSID 隐藏策略来保证 WLAN 安全是不可行的。

### 4. 黑/白名单认证

白名单的概念与黑名单相对应。黑名单启用后，被列入黑名单的 Sta 不能通过。如果设立了白名单，那么在白名单中的 Sta 会通过，没有在白名单中列出的 Sta 将被拒绝访问。

黑/白名单认证（MAC 地址认证）是一种基于端口和 MAC 地址对 Sta 的网络访问权限进行控制的认证方式，不需要 Sta 安装任何客户端软件。802.11 设备都具有唯一的 MAC 地址，因此可以通过检验 802.11 设备数据分组的源 MAC 地址来判断其合法性，过滤不合法的 MAC 地址，仅允许特定的 Sta 发送的数据分组通过。MAC 地址过滤要求预先在 AP 中输入合法 MAC 地址列表，只有当 Sta 的 MAC 地址和合法 MAC 地址列表中的地址匹配时，AP 才允许用户设备与之通信，实现 MAC 地址过滤。MAC 地址认证示意图如图 6-2 所示，Sta1 的 MAC 地址不在 AC 的合法 MAC 地址列表中，因此不能接入 AP；而 Sta2 和 Sta3 分别与合法 MAC 地址列表中的第 4 个和第 3 个 MAC 地址完全匹配，因此可以接入 AP。

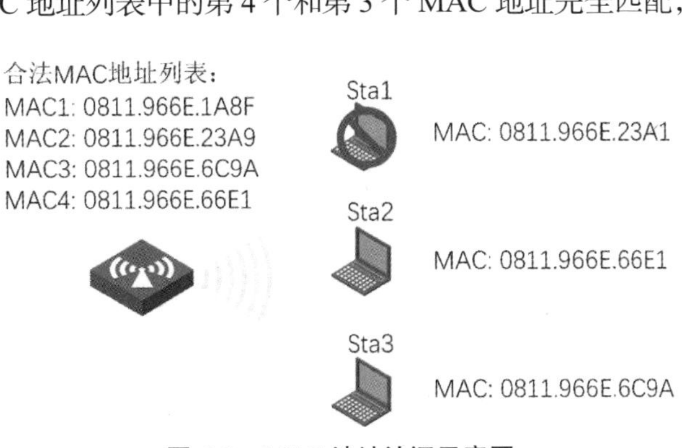


**图 6-2 MAC 地址认证示意图**

然而，由于很多无线网卡支持重新配置MAC地址，因此MAC地址很容易被伪造或复制。只要将MAC地址伪装成某个出现在合法MAC地址列表中的MAC地址，就能轻易绕过MAC地址过滤。为所有Sta配置MAC地址过滤的工作量较大，而MAC地址又易于伪造，这使MAC地址过滤无法成为一种可靠的无线安全解决方案。

### 5. PSK认证

PSK（Pre Shared Key，预共享密钥）认证是WPA（Wi-Fi Protected Access，无线保护接入）使用的认证方式，要求用户使用一个简单的ASCII字符串（长度为8～63字符，称为密码短语）作为密钥。Sta和AP通过能否成功解密协商的消息来确定Sta配置的预共享密钥是否与AP配置的预共享密钥相同，从而完成AP和Sta的相互认证。

PSK认证有很多别称，如WPA/WPA2口令（WPA/WPA2-Passphrase）和WPA/WPA2预共享密钥（WPA/WPA2-PSK）等。

WPA/WPA2定义的PSK认证方式是一种弱认证方式，很容易受到暴力字典（通过大量猜测和穷举的方式来尝试获取用户口令的攻击方式）的攻击。虽然这种简单的PSK认证是为小型无线网络设计的，但实际上有很多企业使用WPA/WPA2。由于所有Sta上的PSK都是相同的，因此如果用户不小心将PSK泄露，那么WLAN的安全将受到威胁。为保证安全，必须为所有Sta重新配置PSK。

## 6.3 WLAN加密技术

在WLAN用户通过认证并被赋予访问权限后，网络必须保护用户所传输的数据不被泄露，其主要方法是对数据报文进行加密。WLAN采用的加密技术主要有：WEP加密、TKIP（Temporal Key Integrity Protocol，临时密钥完整性协议）加密和CCMP（Counter Mode with Cipher Block Chaining Message Authentication Code Protocol，计数器模式密码块链信息认证码协议）加密等。

## 项目规划设计

### ▶ 项目拓扑

公司原有网络是通过DHCP管理客户端IP地址的，网关和DHCP地址池都被放置于核心交换机中，因为IP地址需要统一管理，所以公司的网络管理员需要将无线用户的网关和DHCP地址池也配置在核心交换机上。同时，需要在AP上配置WPA加密、隐藏SSID、全局白名单等功能，提高网络的安全管理。微企业无线局域网安全配置网络拓扑如图 6-3 所示。

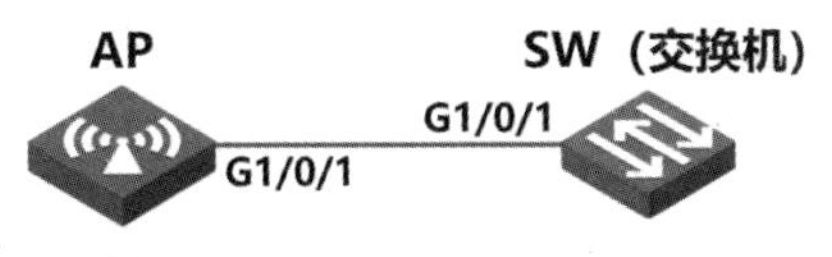

图 6-3　微企业无线局域网安全配置网络拓扑

## ▶ 项目规划

根据图 6-3 进行项目规划，项目 6 的 VLAN 规划、设备管理规划、端口互联规划、IP 规划、service-template 规划、WLAN 加密规划、Radio 规划如表 6-1 ~ 表 6-7 所示。

**表 6-1　VLAN 规划**

| VLAN-ID | VLAN 命名 | 网段 | 用途 |
|---|---|---|---|
| VLAN 10 | User | 192.168.10.0/24 | 无线用户网段 |
| VLAN 99 | Mgmt | 192.168.99.0/24 | 设备管理网段 |

**表 6-2　设备管理规划**

| 设备类型 | 型号 | 设备命名 | 用户名 | 密码 |
|---|---|---|---|---|
| 无线接入点 | WA5320i | AP | jan16 | Jan16@123456 |
| 交换机 | S5560 | SW | jan16 | Jan16@123456 |

**表 6-3　端口互联规划**

| 本端设备 | 本端端口 | 端口配置 | 对端设备 | 对端端口 |
|---|---|---|---|---|
| AP | G1/0/1 | trunk pvid vlan 99 | SW | G1/0/1 |
| SW | G1/0/1 | trunk pvid vlan 99 | AP | G1/0/1 |

**表 6-4　IP 规划**

| 设备 | 接口 | IP 地址 | 用途 |
|---|---|---|---|
| SW | Vlan-int 10 | 192.168.10.1/24 ~ 192.168.10.253/24 | DHCP 分配给无线用户 |
| | | 192.168.10.254/24 | 无线用户网段网关 |
| | Vlan-int 99 | 192.168.99.254/24 | 设备管理网段网关 |
| AP | Vlan-int 99 | 192.168.99.1 | AP 管理地址 |

**表 6-5　service-template 规划**

| AP 名称 | service-template | SSID | VLAN | 是否广播 |
|---|---|---|---|---|
| AP | 2 | Jan16 | 10 | 否 |

表 6-6　WLAN 加密规划

| service-template | 密钥管理模式 | 密钥 | 密钥加密方式 | 加密套件 |
| --- | --- | --- | --- | --- |
| 2 | PSK | 12345678 | WPA2（RSN） | CCMP |

表 6-7　Radio 规划

| AP 名称 | WLAN-Radio | service-template | 频率与信道 | 功率 |
| --- | --- | --- | --- | --- |
| AP | 1/0/2 | 2 | 2.4GHz:1 | 100% |

# 任务 6-1　微企业交换机的配置

## ▶ 任务描述

扫一扫，看微课

微企业交换机的配置包括交换机的远程管理配置、VLAN 配置和 IP 地址配置、端口配置、DHCP 服务配置。

## ▶ 任务操作

### 1. 远程管理配置

配置远程登录和管理密码。

```
<H3C>system-view                                    //进入系统视图
[H3C]sysname SW                                     //配置设备名称
[SW]user-interface vty 0 4                          //进入虚拟链路
[SW-line-vty0-4]protocol inbound telnet             //配置协议为 telnet
[SW-line-vty0-4]authentication-mode scheme          //配置认证模式为 AAA
[SW-line-vty0-4]quit                                //退出
[SW]local-user jan16                                //创建 jan16 用户
[SW-luser-manage-jan16]password simple Jan16@123456//配置密码 Jan16@123456
[SW-luser-manage-jan16]service-type telnet          //配置用户类型为 telnet 用户
[SW-luser-manage-jan16]authorization-attribute user-role level-15  //配置
用户等级为 15
[SW-luser-manage-jan16]quit                         //退出
```

### 2. VLAN 配置和 IP 地址配置

创建各部门使用的 VLAN，配置设备的 IP 地址，即无线用户网段网关和设备管理网段网关地址。

```
[SW]vlan 10                                          //创建 VLAN 10
[SW-vlan10]name User                                 //将 VLAN 命名为 User
[SW-vlan10]quit                                      //退出
[SW]vlan 99                                          //创建 VLAN 99
[SW-vlan99]name Mgmt                                 //将 VLAN 命名为 Mgmt
[SW-vlan99]quit                                      //退出
[SW]interface Vlan-interface 10                      //进入 Vlan-interface 10 接口
[SW-Vlan-interface10]ip address 192.168.10.254 24   //配置 IP 地址
[SW-Vlan-interface10]quit                            //退出
[SW]interface Vlan-interface 99                      //进入 Vlan-interface 99 接口
[SW-Vlan-interface99]ip address 192.168.99.254 24   //配置 IP 地址
[SW-Vlan-interface99]quit                            //退出
```

### 3. 端口配置

配置与 AP 互联的端口为 trunk 模式。

```
[SW]interface GigabitEthernet 1/0/1                  //进入 G1/0/1 端口视图
[SW-GigabitEthernet1/0/1]port link-type trunk        //配置端口链路模式为 trunk
[SW-GigabitEthernet1/0/1]port trunk pvid vlan 99     //配置端口默认 VLAN
[SW-GigabitEthernet1/0/1]port trunk permit vlan 10 99//配置端口放行 VLAN 列表
[SW-GigabitEthernet1/0/1]quit                        //退出
```

### 4. DHCP 服务配置

开启核心设备的 DHCP 服务，创建用户的 DHCP 地址池。

```
[SW]dhcp enable                                      //开启 DHCP 服务
[SW]dhcp server ip-pool vlan10                       //创建 VLAN 10 的地址池
[SW-dhcp-pool-vlan10]network 192.168.10.0 mask 255.255.255.0//配置分配的 IP
地址段
[SW-dhcp-pool-vlan10]gateway-list 192.168.10.254     //配置分配的网关地址
[SW-dhcp-pool-vlan10]quit                            //退出
```

## ▶ 任务验证

（1）在交换机上使用“display ip interface brief”命令，查看交换机的 IP 地址信息，如下所示。

```
[SW]display ip interface brief
*down: administratively down
(s): spoofing
Interface                  Physical   Protocol  IP Address      Description
Vlan10                        up        up       192.168.10.254  Vlan-inte...
Vlan99                        up        up       192.168.99.254  Vlan-inte...
```

可以看到两个 Vlan-interface 接口都已经配置了 IP 地址。

（2）在交换机上使用“display vlan brief”，查看 VLAN 信息，如下所示。

```
[SW]display vlan brief
Brief information about all VLANs:
Supported Minimum VLAN ID: 1
Supported Maximum VLAN ID: 4094
Default VLAN ID: 1
VLAN ID   Name                         Port
1        VLAN 0001                      FGE1/0/29  FGE1/0/30  GE1/0/1
                                       GE1/0/2  GE1/0/3  GE1/0/4  GE1/0/5
                                       GE1/0/6  GE1/0/7  GE1/0/8  GE1/0/9
                                       GE1/0/10  GE1/0/11  GE1/0/12
                                       GE1/0/13  GE1/0/14  GE1/0/15
                                       GE1/0/16  GE1/0/17  GE1/0/18
                                       GE1/0/19  GE1/0/20  GE1/0/21
                                       GE1/0/22  GE1/0/23  GE1/0/24
                                       XGE1/0/25  XGE1/0/26  XGE1/0/27
                                       XGE1/0/28
10       User                           GE1/0/1
99       Mgmt                          GE1/0/1
```

# 任务 6-2　微企业 AP 的配置

## ▶ 任务描述

扫一扫，
看微课

微企业 AP 的配置包括远程管理配置、VLAN 配置和 IP 地址配置、端口配置、WLAN 配置。

## ▶ 任务操作

### 1. 远程管理配置

配置远程登录和管理密码。

```
<H3C>system-view                                  //进入系统视图
[H3C]sysname AP                                   //配置设备名称
[AP]user-interface vty 0 4                        //进入虚拟链路
[AP-line-vty0-4]protocol inbound telnet           //配置协议为telnet
[AP-line-vty0-4]authentication-mode scheme        //配置认证模式为AAA
[AP-line-vty0-4]quit                              //退出
[AP]local-user jan16                              //创建jan16用户
[AP-luser-manage-jan16]password simple Jan16@123456//配置密码Jan16@123456
[AP-luser-manage-jan16]service-type telnet        //配置用户类型为telnet用户
[AP-luser-manage-jan16]authorization-attribute user-role level-15 //配置用户等级为15
[AP-luser-manage-jan16]quit                       //退出
```

### 2. VLAN 配置和 IP 地址配置

创建 VLAN，配置 IP 地址作为 AP 管理地址。

```
[AP]vlan 10                                       //创建VLAN 10
[AP-vlan10]name User                              //将VLAN命名为User
[AP-vlan10]quit                                   //退出
[AP]vlan 99                                       //创建VLAN 99
[AP-vlan99]name Mgmt                              //将VLAN命名为Mgmt
[AP-vlan99]quit                                   //退出
[AP]interface Vlan-interface 99                   //进入Vlan-interface 99接口
[AP-Vlan-interface99]ip address 192.168.99.1 24//配置IP地址
[AP-Vlan-interface99]quit                         //退出
[AP]ip route-static 0.0.0.0 0 192.168.99.254      //配置默认路由
```

### 3. 端口配置

配置与上联交换机互联的以太网物理端口为 trunk 模式。

```
[AP]interface GigabitEthernet 1/0/1                 //进入G1/0/1端口视图
[AP-GigabitEthernet1/0/1]port link-type trunk       //配置端口链路模式为trunk
[AP-GigabitEthernet1/0/1]port trunk pvid vlan 99 //配置端口默认VLAN
[AP-GigabitEthernet1/0/1]port trunk permit vlan 10 99//配置端口放行VLAN列表
[AP-GigabitEthernet1/0/1]quit                       //退出
```

### 4. WLAN 配置

创建无线服务模板，配置 SSID 名称和 VLAN。

```
[AP]wlan service-template 2                       //创建无线服务模板2
[AP-wlan-st-2]ssid Jan16                          //配置SSID名称
[AP-wlan-st-2]vlan 10                             //配置VLAN
```

```
[AP-wlan-st-2]quit                                            //退出
```

## ▶ 任务验证

在 AP 上使用“display wlan service-template 2”命令，查看无线服务模板 2 的信息，如下所示。

```
[AP]display wlan service-template 2
Service template name            SSID                          Status
2                           Jan16                          Disabled
```

可以看到已经创建了“Jan16”SSID，且无线服务模板状态为“Disabled”。

# 任务 6-3　微企业无线安全的配置

## ▶ 任务描述

扫一扫，
看微课

微企业无线安全的配置包括 WLAN 加密配置、无线射频卡配置、隐藏 SSID 配置和全局白名单配置。

## ▶ 任务操作

### 1. WLAN 加密配置

对 WLAN 开启 WPA2（RSN）加密、CCMP 加密套件、配置预共享密钥、PSK 密钥管理模式并开启无线服务模板。

```
[AP]wlan service-template 2                         //进入无线服务模板 2 视图
[AP-wlan-st-2]akm mode psk                          //配置为预共享密钥模式
[AP-wlan-st-2]preshared-key pass-phrase simple 12345678     //预共享密钥为
12345678
[AP-wlan-st-2]cipher-suite CCMP                     //使能 CCMP 加密套件
[AP-wlan-st-2]security-ie rsn                       //配置安全信息元素为 RSN
[AP-wlan-st-2]service-template enable               //开启无线服务模板
[AP-wlan-st-2]quit                                  //退出
```

### 2. 无线射频卡配置

进入无线射频卡接口并关联无线服务模板。

```
[AP]interface WLAN-Radio 1/0/2                    //进入无线射频卡接口 1/0/2
[AP-WLAN-Radio1/0/2]service-template 2            //关联无线服务模板 2
[AP-WLAN-Radio1/0/2]quit                          //退出
```

### 3. 隐藏 SSID 配置

将无线 SSID 调整为非广播模式。

```
[AP]wlan service-template 2                       //进入无线服务模板 2 视图
[AP-wlan-st-2]beacon ssid-hide                    //隐藏 SSID
[AP-wlan-st-2]quit                                //退出
```

### 4. 全局白名单配置

启用白名单功能，配置白名单列表，允许合法用户接入。

```
[AP]whitelist global enable                       //启用白名单功能
[AP]whitelist mac-address 94e6-f7b9-d1fb          //配置白名单列表
```

## ▶ 任务验证

（1）在 AP 上使用“display wlan service-template 2 verbose”命令，查看无线服务模板 2 的全部信息，如下所示。

```
[AP]display wlan service-template 2 verbose
 Service template name                            : 2
 Description                                      : Not configured
 SSID                                             : Jan16
 SSID-hide                                        : Enabled
 User-isolation                                   : Disabled
 Service template status                          : Enabled
 Maximum clients per BSS                          : Not configured
 VLAN ID                                          : 10
 AKM mode                                         : PSK
 Security IE                                      : RSN
 Cipher suite                                     : CCMP
…
```

可以看到“Jan16”SSID 的安全信息元素已经变为“RSN”，密码套件变为“CCMP”，并且 SSID-hide 处于“Enabled”状态。

（2）在 AP 上使用“display wlan whitelist”命令，查看白名单信息，如下所示。

```
[AP]display wlan whitelist
Total number of clients:1
```

```
MAC addresses:
 94e6-f7b9-d1fb
```

可以看到已经在白名单中添加了 MAC 地址“94e6-f7b9-d1fb”。

## 项目验证

（1）PC1 连接隐藏的安全网络，输入“Jan16”，单击“下一步”按钮，如图 6-4 所示。

（2）PC1 输入网络安全密钥，单击“下一步”按钮，如图 6-5 所示。

图 6-4　PC1 连接隐藏的安全网络

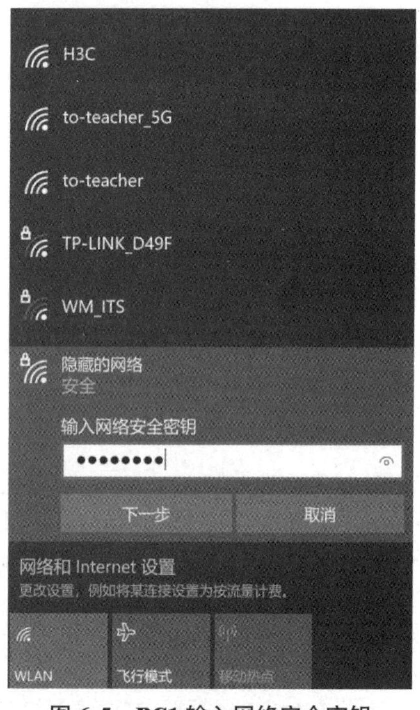


图 6-5　PC1 输入网络安全密钥

（3）按【Windows+X】组合键，在弹出的菜单中选择“Windows PowerShell”选项，打开“Windows PowerShell”窗口，使用“ipconfig”命令查看获取的 IP 地址信息，如图 6-6 所示。

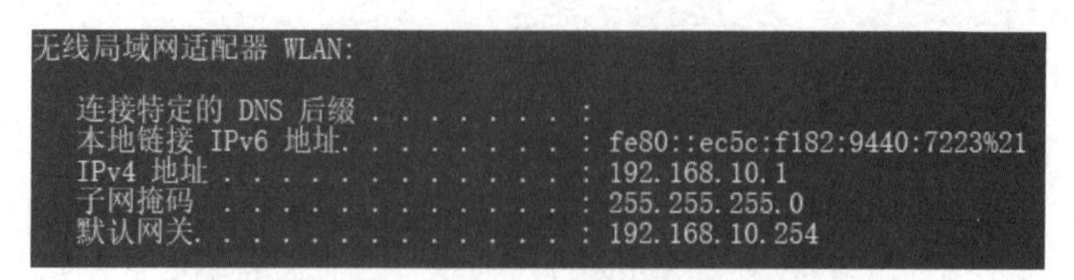


图 6-6　使用“ipconfig”命令查看获取的 IP 地址信息

（4）PC2 连接 SSID，弹出“无法连接到这个网络”的提示，如图 6-7 所示。因为 PC2

并没有在白名单中，所以无法连接到 SSID。

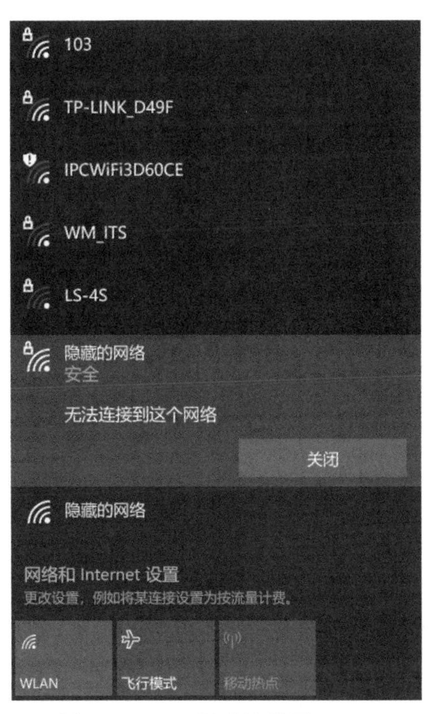


图 6-7　PC2 无法连接到 SSID

## 项目拓展

（1）在 WLAN 架构体系中，与无线网卡连接的设备为（　　）。

A．AP　　B．AC　　C．AS　　D．SW

（2）如果 AP 安装位置的四周有特殊物品，如微波炉、无绳电话等其他干扰源，一般要求 AP 至少离开此类干扰源（　　）米。

A．0.5 ~ 1　　B．1 ~ 2　　C．2 ~ 3　　D．3 ~ 4

（3）无线 AP 和 PC 之间有一定的有效距离，室内约为（　　）米，室外约为（　　）米。

A．150；300　　B．300；150　　C．100；120　　D．50；100

（4）WLAN 的黑/白名单配置可以基于（　　）进行配置。（多选）

A．WIDS 模式　　B．MAC 地址　　C．SSID　　D．IP 地址

# 项目 7　常见无线 AP 产品类型的典型应用场景

## 项目描述

随着无线城市等项目的逐步推进，无线信号覆盖项目在各行业全面铺开，我国将逐步实现城市无线全覆盖、城镇重点区域全覆盖。

部署无线网络是为了让用户能随时随地使用手机或笔记本电脑等设备上网，拥有良好的上网体验。目前，在家庭、办公室、公共场所、车站、会议室、体育馆等场所基本实现了无线信号覆盖。那么，在这些场所覆盖无线信号，使用的无线产品是不是都一样呢？显然，针对不同的无线信号覆盖范围、人员密度、工作环境、接入带宽等需求，即不同的应用场景，厂商推出了不同的无线产品来解决无线信号覆盖问题。

在实际工作中，面对客户无线网络部署项目的具体需求，网络工程师需要根据无线应用场景选择合适的无线产品进行项目规划与设计，因此，网络工程师需要熟悉不同类型的无线产品和应用场景。无线网络主要涉及以下产品。

（1）接入控制器（Access Controller，AC）。

（2）无线 AP 包括放装型无线 AP、面板式无线 AP、室外无线 AP、终结者 AP、轨道交通场景专用无线 AP。

（3）有源以太网（Power Over Ethernet，POE）供电设备，包括 POE 交换机、POE 电源注入器。

综合各类无线项目经验，本项目将重点介绍以下典型无线网络部署应用场景。

（1）高校场景。

（2）酒店场景。

（3）医疗场景。

（4）轨道交通场景。

# 项目相关知识

## 7.1　无线 AC

无线 AC 是一种网络设备，用来集中化控制无线 AP，是无线网络的核心，负责管理无线网络中的所有无线 AP。对无线 AP 的管理包括下发配置、修改相关配置参数、射频智能管理、接入安全控制等。无线 AC 产品（H3C WX3510H）外观如图 7-1 所示。

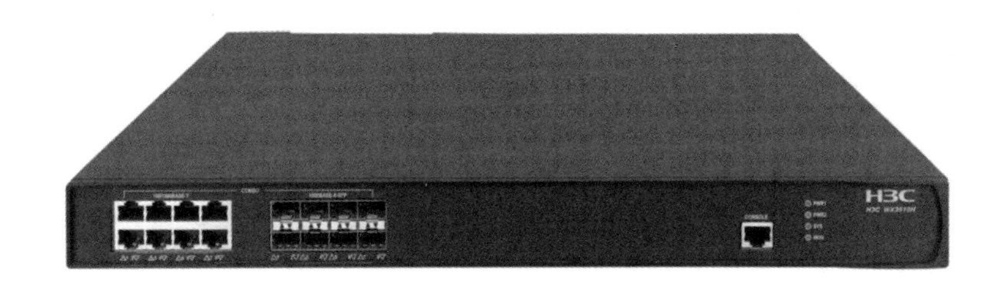


**图 7-1　无线 AC 产品（H3C WX3510H）外观**

无线 AC 可以管理多台 AP，通常根据管理 AP 的数量、接入带宽、转发能力等指标的差异，厂商有多种型号供用户选择，新华三常见的无线 AC 产品及主要参数如表 7-1 所示。

**表 7-1　新华三常见的无线 AC 产品及主要参数**

| 产品型号 | 吞吐量 | 功耗 | 最大 AP 管理数量 |
|---|---|---|---|
| WX3024H-F | 2Gbit/s | 40 ~ 70W | 128 |
| WX3510H | 4Gbit/s | 86 ~ 160W | 256 |
| WX5510E | 10Gbit/s | 86 ~ 160W | 512 |

## 7.2　放装型无线 AP

放装型无线 AP 是 WLAN 市场上通用性非常强的产品之一。放装型无线 AP 产品（H3C WA6320）外观如图 7-2 所示。H3C WA6320 采用业界领先的新一代 802.11ax 协议，采用双频 4 流设计，整机接入速率最高可达 1.775Gbit/s，所有射频均支持 MU-MIMO。其中，5GHz 射频采用两条空间流设计，支持 1.2Gbit/s 的接入速率；2.4GHz 射频采用两条空间流设计，支持 0.575Gbit/s 的接入速率，非常适合室内放装场景使用。

针对用户接入数量、最高速率等性能指标，厂商推出了不同性能的产品，新华三的放装型无线 AP 产品如表 7-2 所示。

图 7-2　放装型无线 AP 产品（H3C WA6320）外观

表 7-2　新华三的放装型无线 AP 产品

| 产品型号 | 功耗 | 功率 | 最高速率 | 无线协议 | 推荐/最大接入数量 |
|---|---|---|---|---|---|
| WA6320 | ≤12.95W | 27dBm | 1.775Gbit/s | 802.11ax/ac/a/b/g/n | 128/512 |
| WA5320 | <12.95W | 25dBm | 1267Mbit/s | 802.11ac/a/b/g/n | 64/256 |
| WA4320 | <12.95W | 23dBm | 866Mbit/s | 802.11ac/a/b/g/n | 32/128 |

放装型无线 AP 一般安装在室内，在有吊顶环境的室内部署时，通常采用吊顶安装，在其他环境中通常采用壁挂式安装。

## 7.3　面板式无线 AP

面板式无线 AP 是一款 Fat/Fit 一体化迷你型无线接入点，它采用国标 86mm 面板设计。常见的面板式无线 AP 外观如图 7-3 所示。

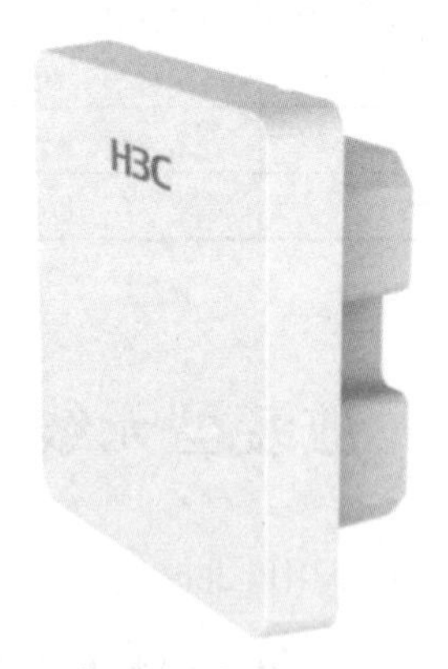


图 7-3　常见的面板式无线 AP 外观

在无线网络建设中，常常会遇到一些单位已经部署了有线网络，由于无线网络的部署需要进行综合布线，施工较为麻烦，且有可能破坏原有的室内外装饰，因此，很多用户都希望能利用原有的有线网络进行无线扩容，这既能满足增加无线信号覆盖的需求，同时能确保原有有线网络的正常使用。

POE 也称为基于局域网的供电系统，它可以利用已有的以太网线缆传输数据，同时能提供直流供电。由于它在部署弱电系统时可以避免部署强电，因此广泛应用于 IP 电话、网络摄像机、无线 AP 等基于 IP 的终端中。

由此，基于 POE 技术，可以利用原有有线网络来部署无线网络，整个安装过程只需要以下 3 步就能快速实现无线信号覆盖。

（1）更换楼层配线间的交换机为 POE 交换机或增加 POE 电源注入器。

（2）拆除房间内原有的有线网络的接口面板。

（3）将原有网线插在面板式无线 AP 上。

它打破了以往无线网络建设的老旧方式，无须部署新的网线，有效利用了既有的网络，将网络新建对酒店、办公场所等实际环境的影响降到最低。

面板式无线 AP 的性能和它的大小成正比，属于仅供少量用户在较小区域接入的无线产品，针对酒店、办公室、宿舍等不同应用场所，厂商推出了不同类型的产品，新华三的面板式无线 AP 产品如表 7-3 所示。

**表 7-3　新华三的面板式无线 AP 产品**

| 产品型号 | 功耗 | 功率 | 最高速率 | 无线协议 | 推荐/最大接入数量 |
|---|---|---|---|---|---|
| WA6320H | ≤12.95W | 20dBm | 1.775Gbit/s | 802.11ax/ac/a/b/g/n | 128/512 |
| WA5320H | <12.95W | 20dBm | 1267Mbit/s | 802.11ac/a/b/g/n | 32/128 |
| WA4320H | <12W | 20dBm | 867Mbit/s | 802.11ac/a/b/g/n | 32/128 |

## 7.4　室外无线 AP

室外无线 AP 一般采用全密闭防水、防尘、阻燃外壳设计，适合在极端的室外环境中使用，可有效避免室外恶劣天气和环境的影响，可满足中国北方寒冷天气与南方潮湿天气环境对设备的苛刻要求。

室外无线 AP 适合部署在体育场、校园、企业园区、运营热点等室外环境中，一般采用抱杆式安装。室外无线 AP 包括室外 AP 主机、AP 天线、防雷器等，如图 7-4 所示。

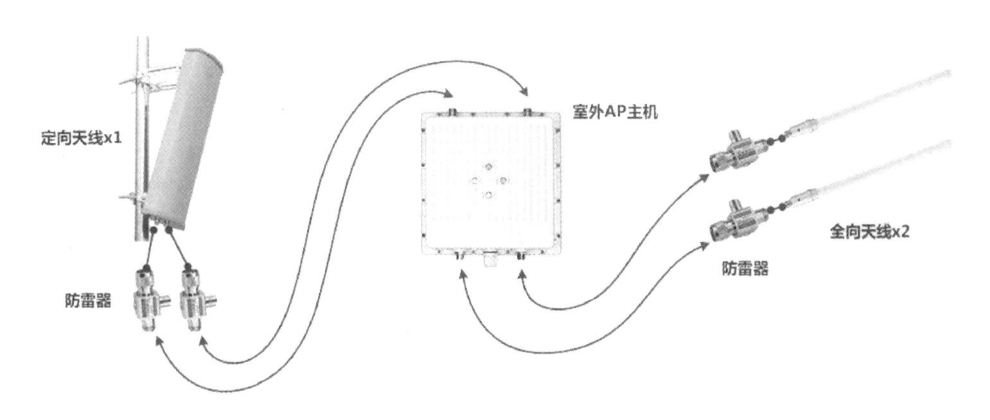


**图 7-4　室外无线 AP 的构成**

室外无线 AP 可以部署在楼顶或楼宇中部，结合全向天线和定向天线一起使用。在楼顶安装室外无线 AP 如图 7-5 所示，在楼宇中部安装室外无线 AP 如图 7-6 所示。

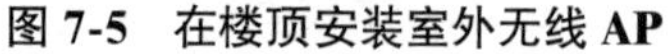

**图 7-5　在楼顶安装室外无线 AP**

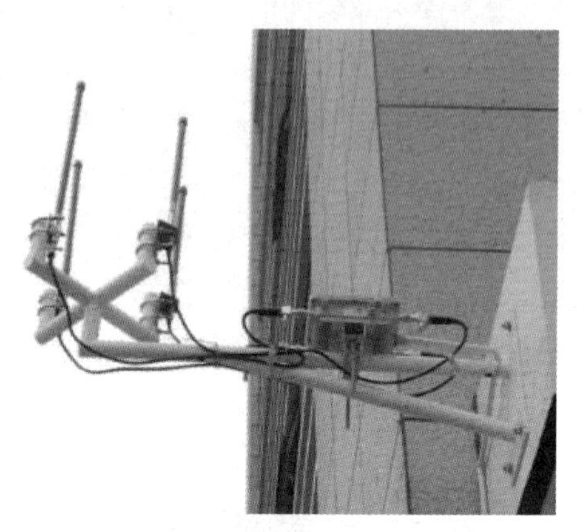

**图 7-6　在楼宇中部安装室外无线 AP**

针对推荐/最大接入数量、最高速率等性能指标，厂商推出了不同性能的产品，新华三的室外无线 AP 产品如表 7-4 所示。

**表 7-4　新华三的室外无线 AP 产品**

| 产品型号 | 功耗 | 功率 | 最高速率 | 无线协议 | 推荐/最大接入数量 |
|---|---|---|---|---|---|
| WA6630X | ≤48.6W | 27dBm | 5.375Gbit/s | 802.11ax/ac/a/b/g/n | 128/512 |
| WA5630X | 7.5 ~ 55W | 27dBm | 2600Mbit/s | 802.11ac/a/b/g/n | 64/256 |
| WA4320X | 30W | 27dBm | N/A | 802.11ac/a/b/g/n | 32/128 |

# 7.5　无线终结者 AP

在一些高密度覆盖的项目中，如果部署 3 个以上 AP，那么 AP 间的相互干扰将导致无线网络的访问性能下降。在宿舍或酒店进行无线信号覆盖时，用户在走廊部署了 4 台 AP，如图 7-7 所示，这将导致以下问题。

（1）走廊是一个相对密闭的空间，无线信号除了可以直接覆盖，还可以通过有效反射覆盖整个走廊。由于这 4 台 AP 至少有两个处于同一个频段（2.4GHz），因此，这两个同频段的 AP 发射的信号将高度重叠并导致严重的信号冲突。

（2）房间内的用户接入走廊 AP 时需要穿过厚重的墙壁，信号较弱，用户接入速率较低，如果同时接入的用户数量较多，那么用户接入速率将更低。

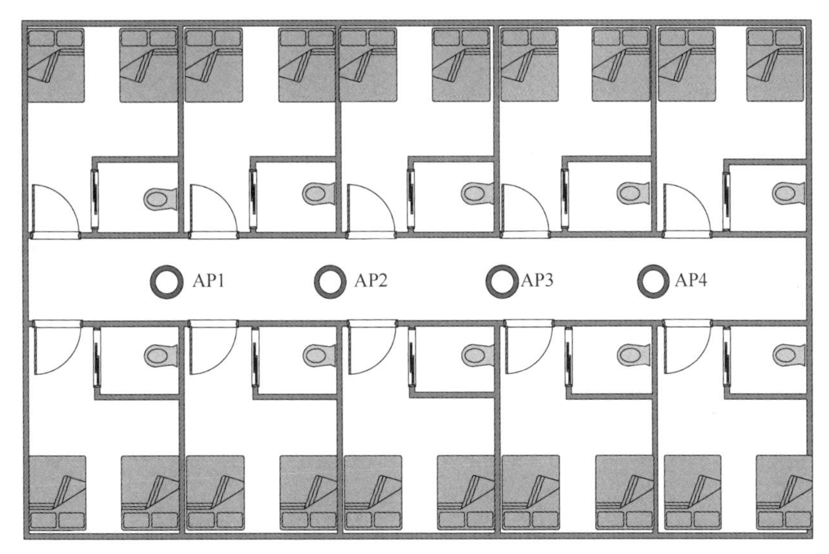


**图 7-7　宿舍或酒店放装型无线 AP 点位设计示意图**

由此可知，在宿舍、酒店等大面积长条形无线信号覆盖场景中，在走廊部署 3 个以上的放装型无线 AP 是不合理的，如果采用面板式无线 AP，改为在每个房间里部署一个面板式无线 AP，那么就可以避免出现走廊信号冲突、房间信号弱、吞吐量低等问题。

在无线信号覆盖上，新华三无线终结者方案类似面板式 AP，它由无线终结者（Wireless Terminator，WT）、无线终结单元（Wireless Terminator Unit，WTU）和 AC 组成，无线终结者支持 POE 供电，可以直连多个无线终结单元部署到室内。无线终结者和无线终结单元之间使用网线连接，AC 以管理 AP 的方式直接管理无线终结者、无线终结单元，集中处理业务转发。新华三无线终结者 AP 的 H3C WTU630H 无线终结单元是新华三技术有限公司（H3C）自主研发的新一代 802.11ax AP 产品，采用整机双频四流设计。WTU630H 支持壁挂、吸顶及 86 盒等多种安装方式，适用于学校宿舍、医院病房、酒店房间等密集场所，可解决在这些场景中采用传统 AP 布放方式信号质量不佳的问题，并大大降低安装成本及实施时所带来的运营成本，满足未来入室场景终端及应用需求。无线终结者产品如图 7-8 所示，无线终结单元产品如图 7-9 所示。

**图 7-8　无线终结者产品**

**图 7-9　无线终结单元产品**

针对推荐/最大接入数量、最高速率等性能指标，厂商推出了不同性能的产品，新华三的分布式无线 AP 产品如表 7-5 所示。

**表 7-5　新华三的分布式无线 AP 产品**

| 产品型号 | 功耗 | 功率 | 最高速率 | 无线协议 | 推荐/最大接入数量 |
|---|---|---|---|---|---|
| 无线终结者 AP 本体 WT1024-X-HI（无线终结者） | N/A | N/A | N/A | 802.11ac/a/b/g/n | 1024/4096 |
| 无线终结单元 WTU630H | ≤12.95W | 20dBm | 1.775Gbit/s | 802.11ax/ac/a/b/g/n | 128/512 |
| 无线终结单元 WTU430H | <12W | 20dBm | N/A | 802.11ac/a/b/g/n | 32/128 |

# 7.6　轨道交通场景专用无线 AP

在地下轨道交通系统中，需要将控制信号、多媒体等信息实时、准确地传递给高速移动的列车，以保障列车安全运行，并为乘客提供多种网络服务。将 MESH 组网和 MLSP 技术应用于地下轨道交通，通过主备链路能够很好地在车载 MP 和轨旁 MP 之间完成 Mesh 链路建立、维护及平滑切换，保障流量稳定传输。在轨道交通场景中的 V5 环境下已经有成熟的案例，为了顺应技术的发展，11AC WAVE2 在 V7 平台下也开发了不少设备，包括 WA6628E-T、WA5620E-T、WA4320-TI。轨道交通场景专用无线 AP 产品外观如图 7-10 所示。

**图 7-10　轨道交通场景专用无线 AP 产品外观**

针对推荐/最大接入数量、最高速率等性能指标，厂商推出了不同性能的产品，新华三的轨道交通场景专用无线 AP 如表 7-6 所示。

**表 7-6　新华三的轨道交通场景专用无线 AP**

| 产品型号 | 功耗 | 功率 | 最高速率 | 无线协议 | 推荐/最大接入数量 |
|---|---|---|---|---|---|
| WA6628E-T | ≤40W | 27dBm | 5.955Gbit/s | 802.11ax/ac/a/b/g/n | 128/512 |
| WA5620E-T | <25W | 23dBm | N/A | 802.11ac/a/b/g/n | 64/256 |
| WA4320-TI | <8W | 20dBm | N/A | 802.11ac/a/b/g/n | 32/128 |

## 项目实践

随着 Wi-Fi 终端的普适化及 WLAN 建设规模的逐步增加，WLAN 越来越普及，业务需求呈现多样化。场景化解决方案是面向 WLAN 多样化的应用场景，有针对性地推出产品形态与部署方式。目前 WLAN 的主要应用场景有以下几类。

（1）校园：这类场景属于大型、综合性场景，通常包含教学楼、图书馆、食堂、学生公寓、教师宿舍、体育馆、操场等室内外场所。

（2）公共场所：此类场景的共性是人流具有临时性、汇聚密度较大，如地铁、汽车站、火车站、机场候机厅、图书馆、医院、大型体育馆、餐饮场所、游乐场所等。

（3）会展中心：这类场景是指以流动人员为主的、人流量较大的场所，包括高交会馆、人才中心等区域。

（4）商务办公楼：这类场景通常总体面积较大，建筑物高度适中，无线信号覆盖范围内包含会议室、餐厅、办公区等场所。

（5）宾馆酒店：在此类场景中，建筑物的高度和面积根据宾馆档次存在差异，需要重点覆盖客房、大堂、会议厅、餐厅、娱乐休闲场所。

（6）产业园区：通常包含大型工业区的厂房、办公楼、宿舍区等楼宇及室外区域，其场景特征与校园场景类似。

（7）住宅小区：此类场景通常楼层结构多样，楼内用户普遍安装有线网络，无线网络作为辅助手段对住宅区进行覆盖。

（8）商业区：此类场景涵盖的对象比较多，包括繁华商业区的街道、休息点、休闲娱乐场所、沿街商铺等对象，其特点是人口流动性强，和会展中心场景类似。

不同的 WLAN 场景具有不同用户和网络应用特点，在进行网络规划设计时应区别对待。不同 WLAN 场景的特点如表 7-7 所示。

**表 7-7　不同 WLAN 场景的特点**

| 场景类型 | 场景特点 |
|---|---|
| 校园 | 用户密度高，对网络质量的要求较高，并发用户数量多，内外网流量均较大 |
| 会展中心 | 用户密度极高，突发流量大，对网络质量的要求较高，并发用户数量多，用户相互隔离 |
| 酒店 | 用户密度低，并发用户数量少，持续流量较小，覆盖区域小，用户相互隔离 |
| 休闲场所 | 用户密度低，对网络质量的要求较高，持续流量小，用户相互隔离 |
| 公共场所 | 用户密度高，并发用户数量多，持续流量小，用户相互隔离 |
| 产业园区 | 用户密度高，并发用户数量少，持续流量小，用户相互隔离 |
| 商务办公楼 | 用户密度高，对网络质量的要求高，持续流量大，内外网流量均较大 |

针对不同的无线应用场景特点，需要选择不同类型、性能、功能的 AP 产品，接下来将介绍几个典型应用场景的 AP 部署方案。

# 任务 7-1　高校场景

高校需要部署的区域主要有教师办公室、普通教室、阶梯教室、图书馆、大礼堂、学生宿舍、校园户外区域等。本任务将选择几个典型场景进行分析并提出 AP 部署建议。

## 1. 教师办公室

教师办公室场景如图 7-11 所示。

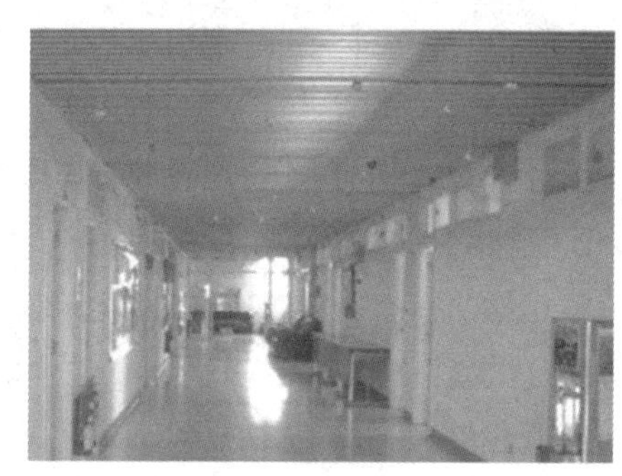

**图 7-11　教师办公室场景**

（1）场景特点。

① 建筑格局：主要分为两种格局，多窗通透型和无窗封闭型（窗户在房间内侧，对着室内走廊）。

② 应用类型：门户网站、办公自动化、视频点播等。

③ 终端类型：智能手机及笔记本电脑。

④ 并发数量：通常每个办公室在 15 人以下，限速 4Mbit/s。

（2）推荐方案。

① 多窗通透型部署方案：采用放装部署方式，将 AP 在每两间办公室中间吸顶安装于横梁上，若是双边办公室，则考虑在对门 4 间办公室中间安装。但是要注意，走廊不能安装超过 3 台 AP，若超过，则将 AP 安装到室内。

② 无窗封闭型部署方案：采用面板式 AP，每个办公室安装 1 台。

③ AP 选型：该场景部署属于低密度部署，放装型 AP 根据无线接入性能可以选择 WA6320、WA5320 等，面板式 AP 根据需求可以选择 WA6320H、WA5320H 等。

④ 供电方案：POE 供电。可以选择 POE 交换机 S5120-28P-HPWR-SI 或 S3100V2-8TP-PWR-EI，如果预算充足，建议统一用 S5120-28P-HPWR-SI，便于后续扩容。

⑤ 注意事项：采用放装型 AP 吊顶安装时，需要考虑吊顶材质，若为无机复合板、石膏板，则衰减较小，可安装于吊顶内；若为铝制板，则衰减较大，建议安装于天花板下。

### 2. 普通教室

普通教室场景如图 7-12 所示。

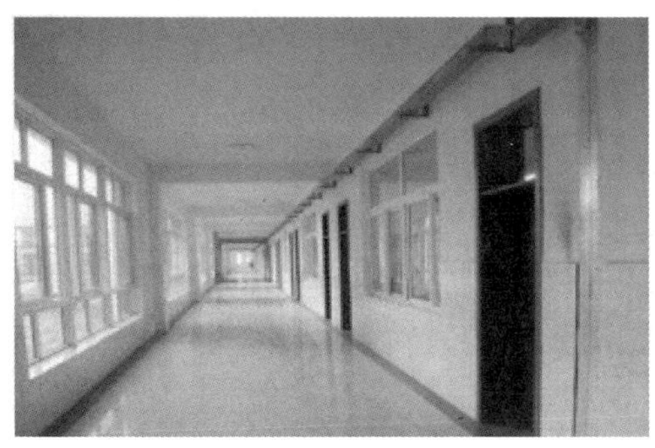
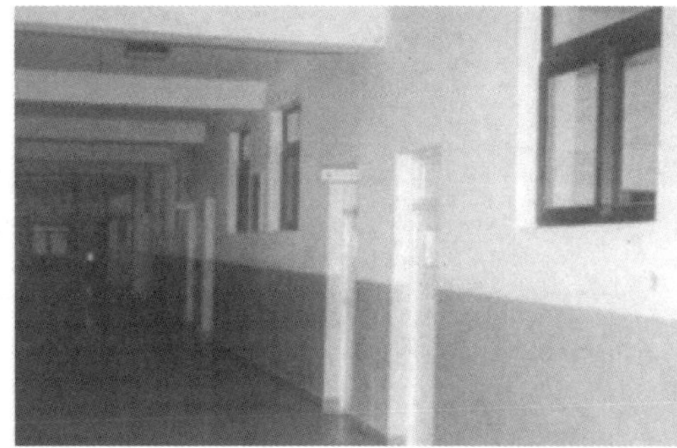

**图 7-12　普通教室场景**

（1）场景特点。

① 建筑格局：有玻璃大窗，教室通透，有 40 ~ 80 个座位。

② 应用类型：QQ、微信、门户网站、搜索引擎、校园信息化系统等。

③ 终端类型：以智能手机为主，还有少量笔记本电脑。

④ 并发数量：通常按座位数的 50% ~ 60%计算，限速 2Mbit/s。

⑤ 其他需求：ACL（Access Control List，访问控制列表）等特殊需求需要和校方确认。

（2）推荐方案。

① 部署方案：该场景部署属于高密度部署，可以采用放装型 AP，每两间教室部署 1 台 AP，吸顶安装于两间教室中间的墙壁上，或者在走廊部署，但要注意，走廊部署数量不能超过 3 台。

② AP 选型：放装型 AP 根据无线接入性能可以选择 WA6320、WA5320 等。

③ 供电方案：POE 供电，可以选择 POE 交换机 S5120-28P-HPWR-SI 或 S3100V2-8TP-PWR-EI，如果预算充足，建议统一用 S5120-28P-HPWR-SI，便于后续扩容。

④ 注意事项：如果教室的窗户较小、教室相对封闭，那么建议增强信号覆盖效果实地测试。

### 3. 阶梯教室、图书馆

阶梯教室场景如图 7-13 所示，图书馆场景如图 7-14 所示。

（1）场景特点。

① 建筑格局：空间开阔，阶梯教室的座位数为 100 ~ 300，图书馆不同区域的座位数量不同，还有柱子和书架等障碍物。

② 应用类型：QQ、微信、门户网站、搜索引擎、校园信息化系统等。

③ 终端类型：智能手机、笔记本电脑。

④ 并发数量：阶梯教室通常按座位数的 50%计算，图书馆按座位数的 60%～70%计算，限速 2Mbit/s。

图 7-13 阶梯教室场景

图 7-14 图书馆场景

（2）推荐方案。

① 部署方案：该场景部署属于高密度部署，可以采用放装型 AP。每间教室部署 1～3 台 AP，图书馆优先考虑阅读区的信号覆盖。

② AP 选型：放装型 AP 根据无线接入性能可以选择 WA6320、WA5320 等。

③ 供电方案：POE 供电，可以选择 POE 交换机 S5120-28P-HPWR-SI 或 S3600V2-52TP-PWR-EI，如果预算充足，建议统一用 S5120-28P-HPWR-SI，便于后续扩容。

④ 注意事项：采用放装型 AP 吊顶安装时，需要考虑吊顶材质，若为无机复合板、石膏板，则衰减较小，可安装于吊顶内；若为铝制板，则衰减较大，建议安装于天花板下。

### 4. 大礼堂

大礼堂室内场景如图 7-15 所示。

图 7-15 大礼堂室内场景

（1）场景特点。

① 建筑格局：空间非常宽敞，座位密集，有 600～800 个座位。

② 应用类型：QQ、微信、门户网站等。

③ 终端类型：以智能手机为主。

④ 并发数量：通常按座位数的 50% ~ 60%计算，限速 2Mbit/s。

（2）推荐方案。

① 部署方案：该场景部署属于高密度部署，可以采用放装型 AP，根据大礼堂的大小应部署 3 台以上 AP，AP 安装位置可以是吊顶，也可以是座位下方。

② AP 选型：放装型 AP 根据无线接入性能可以选择 WA6320 等高配置产品。

③ 供电方案：POE 供电，可以选择 POE 交换机 S5120-28P-HPWR-SI 或 S3100V2-8TP-PWR-EI，如果预算充足，建议统一用 S5120-28P-HPWR-SI，便于后续扩容。

④ 注意事项：在该方案中，每台 AP 周围都有大量的用户接入，且 AP 之间可能负载不均，同时，由于 AP 间距较小，AP 间会产生较大的同频干扰。因此在部署中，可以调整 AP 的发射功率，减小 AP 的覆盖范围，降低同频干扰，同时应设置 AP 接入用户数量的上限，并开启负载均衡。

### 5. 学生宿舍

学生宿舍场景如图 7-16 所示。

图 7-16　学生宿舍场景

（1）场景特点。

① 建筑格局：房间密集，混凝土墙体厚，相对封闭。

② 应用类型：门户网站、网游、视频、下载、搜索引擎、校园信息化系统等。

③ 终端类型：智能手机、笔记本电脑。

④ 并发数量：每个房间 4 ~ 8 人，每个用户限速 3 ~ 4Mbit/s。

（2）推荐方案。

① 部署方案：该场景部署属于高密度部署，宿舍通常为狭长形，不适合采用走廊放装型无线 AP 部署，可以采用无线终结者方案。如果预算充足，也可以采用面板式无线 AP，每间宿舍放置 1 台面板式 AP。

② AP 选型：根据无线接入性能可以选择 WT1024-X-HI（无线终结者 AP 本体）和 WTU430H（无线终结单元）。

③ 供电方案：POE 供电，可以选择 POE 交换机 S5120-28P-HPWR-SI 或 S5120-9P-PWR-SI，如果预算充足，建议统一用 S5120-28P-HPWR-SI，便于后续扩容。

### 6. 校园户外区域

教学楼广场和体育场如图 7-17 所示。

（1）场景特点。

① 建筑格局：空旷。

② 应用类型：社交软件 QQ、微信，以及手机新闻软件等。

③ 终端类型：智能手机。

④ 并发数量：并发人数不定，通常以信号覆盖为主，实际上，长时间逗留在该区域上网的人数不多。

图 7-17 教学楼广场和体育场

（2）推荐方案。

① 部署方案：该场景部署属于无线信号覆盖优先项目，以信号覆盖为主，接入用户数较少，考虑到是户外覆盖项目，通常采用室外 AP，并将室外 AP 安装于楼顶或周边较高的灯杆上，在目标覆盖区域中央与室外 AP 之间的视距内无遮挡物，按照全向天线半径 150m、定向天线半径 200m 的距离水平波瓣 60° 参考指标进行覆盖。

② AP 选型：室外 AP 根据无线接入性能可以选择 WA6630X、WA5630X 等室外 AP，并根据 AP 位置和覆盖区域选择定向天线或全向天线。

③ 供电方案：采用 POE 电源注入器或楼层 POE 交换机供电。

④ 注意事项：选择室外 AP 安装位置时，应尽可能选择相对较高的位置，从上往下覆盖，且尽可能确保目标覆盖区域中央与室外 AP 之间的视距内无遮挡物，否则覆盖效果将大打折扣。

## 任务 7-2 酒店场景

酒店需要部署的区域主要有客房、大堂、会议室等。本任务将选择两个典型场景进行分析并提出 AP 部署建议。

### 1. 客房

酒店走廊及室内场景如图 7-18 所示。

**图 7-18　酒店走廊及室内场景**

（1）场景特点。

① 建筑格局：房间密集，靠近走廊侧无窗，卫生间通常位于入门左右侧，基本每个房间都有有线网络接口。

② 应用类型：各类应用均有可能。

③ 终端类型：智能手机、平板电脑、笔记本电脑。

④ 并发数量：每个房间 1～2 人，限速 4Mbit/s。

（2）推荐方案。

① 部署方案：面板式 AP。若预算充足，则建议在每个房间部署 1 台 AP；若预算不足，则需要进行现场实测，每台 AP 通常最多可兼顾相邻的两个房间。

② AP 选型：面板式 AP，如 WA6320H、WA5320H。

③ 供电方案：POE 供电，可以选择 POE 交换机 S5120-28P-HPWR-SI 或 S3100V2-8TP-PWR-EI，如果预算充足，建议统一用 S5120-28P-HPWR-SI，便于后续扩容。

④ 注意事项：选取 WA6320H 安装点位时，需要避免安装在电视机后面或被其他电器、金属遮挡，若 1 台 AP 同时覆盖两个房间，则建议在另一个房间做现场测试，以确保信号覆盖质量。

### 2. 大堂

酒店大堂内景如图 7-19 所示。

（1）场景特点。

① 建筑格局：空旷，包括前台、休息区等。

② 应用类型：社交软件 QQ、微信，以及手机新闻软件等。

③ 终端类型：智能手机、平板电脑、笔记本电脑等。

④ 并发数量：并发数量不定，主要供休息区人员上网，以信号覆盖为主。

图 7-19 酒店大堂内景

（2）推荐方案。

① 部署方案：该场景部署属于无线信号覆盖优先项目，以信号覆盖为主，接入用户数量较少，可以采用放装型 AP，要求外观美观、AP 安装位置前方无遮挡，根据酒店大堂面积选择合适的 AP 数量即可。

② AP 选型：采用放装型 AP，如 WA6320、WA5320 等。

③ 供电方案：POE 供电，可以选择 POE 交换机 S5120-28P-HPWR-SI 或 POE 电源注入器。

# 任务 7-3 医疗场景

医院需要部署的区域主要有住院区、手术室、门诊区、办公区等。本任务将选择两个典型场景进行分析并提出 AP 部署建议。

## 1. 住院区

住院区内景如图 7-20 所示。

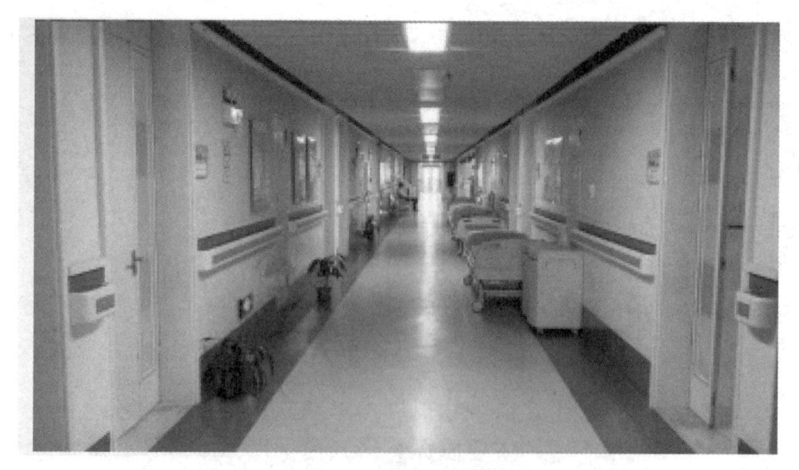

图 7-20 住院区内景

（1）场景特点。

① 建筑格局：房间密集，靠近走廊侧无窗，卫生间通常位于入门左右侧。

② 应用类型：移动医护查房系统，对带宽的要求不高，但对丢包敏感。

③ 终端类型：平板电脑居多，还有少量笔记本电脑。

④ 并发数量：每个科室 8～10 台平板电脑，2～3 台小推车笔记本电脑，并发率约为 60%～70%。

（2）推荐方案。

① 部署方案：若院方无病人上外网的需求，则考虑使用华为零漫游一代解决方案；若院方有病人上外网的需求，则考虑使用华为零漫游二代解决方案。通常一个病区部署一套解决方案即可满足医护业务所需。

② AP 选型：

- 无线终结者 AP 本体选择 WT1024-X-HI。
- 无线终结单元选择 WTU430H、WTU630H。

③ 供电方案：POE 供电，可以选择 POE 交换机 S5120-28P-HPWR-SI 或 S3100V2-8TP-PWR-EI，如果预算充足，建议统一用 S5120-28P-HPWR-SI，便于后续扩容。

④ 注意事项：移动医护查房系统对带宽的要求不高，但对丢包敏感，丢包会导致平板电脑移动医护软件业务卡顿，因此在方案选型时应避免出现漫游丢包问题，采用多 AP 部署方式容易出现该问题。此外，平板电脑对信号的要求较高（-60dBm 以上），因此远端单元要尽可能伸到病房中间，开通测试时，应尽量采用医用 PDA（Personal Digital Assistant，掌上电脑）设备进行测试。

### 2. 手术室

手术室内景如图 7-21 所示。

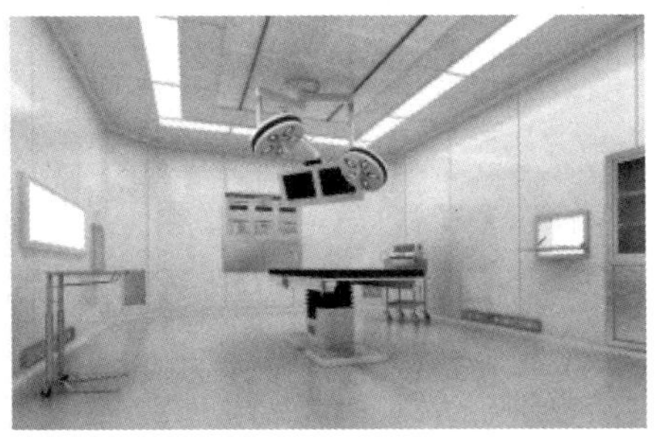
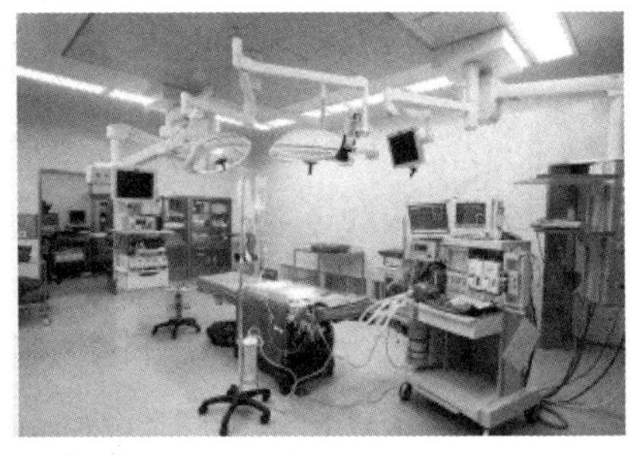

**图 7-21　手术室内景**

（1）场景特点。

① 建筑格局：房间密闭性高，对防菌、安全级别的要求很高，不允许施工动作。

② 应用类型：医疗无线应用。

③ 终端类型：医疗无线终端。

④ 并发数量：每个房间 1 或 2 台。

（2）推荐方案。

① 部署方案：面板式 AP，在原有网线接口的基础上进行面板式替换，尽可能减少施工对原环境的影响。

② AP 选型：面板式 AP，如 WA6320H。

③ 供电方案：POE 供电，可以选择 POE 交换机 S5120-9P-PWR-SI 或 S5120-28P-HPWR-SI，如果预算充足，建议统一用 S5120-28P-HPWR-SI，便于后续扩容。

# 任务 7–4　轨道交通场景

轨道交通场景需要部署的区域主要有地铁站厅和站台、隧道、地铁车厢、电梯、办公区等。本任务将选择几个典型场景进行分析和 AP 部署建议。

## 1. 地铁站厅和站台

地铁站厅和站台内景如图 7-22 所示。

图 7-22　地铁站厅和站台内景

（1）场景特点。

① 建筑格局：站厅区域空旷，障碍物少，AP 覆盖面积广。站台区域一般比较空旷，有利于信号传输，且区域较小，通常一台 AP 即可完美覆盖。这样的区域处于两侧电梯中间，一般一个站台约有 2 ~ 4 个这样的区域。

② 应用类型：在线视频、社交软件、新闻门户网站等。

③ 终端类型：手机、平板电脑、少量笔记本电脑。

④ 并发数量如下。

- 标准车站站台、站厅的网络容量：每个用户应具备 1Mbit/s 的网络带宽。每个车站站厅按照旅客 200 人同时接入和并发应用，因此该站厅应具备最大 200Mbit/s 的设计带宽。

- 大型车站站台、站厅的网络容量：每个用户应具备 1Mbit/s 的网络带宽。每个车站站厅按照旅客 400 人同时接入和并发应用，因此该站厅应具备最大 400Mbit/s 的设计带宽。
- 大型换乘车站站台、站厅的网络容量：每个用户应具备 1Mbit/s 的网络带宽。每个车站站厅按照旅客 600 人同时接入和并发应用，因此该站厅应具备最大 600Mbit/s 的设计带宽。

（2）推荐方案。

① 部署方案：该场景的无线信号覆盖效果好，人员密度高，站厅可部署 2 或 3 台 AP，站台各区域部署 1 台 AP。

② AP 选型：可针对不同站台部署 3 种不同性能的放装型 AP，如 WA6320、WA5320、WA4320。

③ 供电方案：POE 供电，可以选择 POE 交换机 S5120-28P-HPWR-SI 或 POE 电源注入器。

④ 注意事项：由于目前多数 CBTC（Communication Based Train Control System，基于通信的列车自动控制系统）、PIS（Passenger Information System，乘客信息系统）均采用 2.4GHz 频段，因此在 AP 频段规划中，特别是 2.4GHz 频段，使用前请注意，要向相关部门申请频段使用权，以满足信号覆盖要求。为了避免与其他系统干扰，部署 AP 时应尽量远离站台的屏蔽门。

### 2. 隧道

地铁隧道内景如图 7-23 所示。

**图 7-23　地铁隧道内景**

（1）场景特点。

① 建筑格局：隧道环境潮湿，粉尘多，轨道旁安装有很多带电设备，电压为 220V。

② 应用类型：用于车地桥接。

（2）推荐方案。

① 部署方案：地铁车厢在运行中和线路上的 AP 互联，根据项目测试经验，建议按如表 7-8 所示的地铁隧道 AP 部署原则进行部署。

**表 7-8　地铁隧道 AP 部署原则**

| 线路属性 | 最佳部署距离 | 极限距离 |
|---|---|---|
| 直道 | 160 ~ 200m | 300m |
| $R\leq$400m 的弯道 | 100 ~ 110m | 140m |
| 400m$<R\leq$800m 的弯道 | 110 ~ 130m | 160m |
| $R>$800m 的弯道 | 按直道处理 | 按直道处理 |

注：$R$ 为弯道的曲率半径。

② AP 选型：轨道交通无线接入点 WA6628E-T 或 WA5620E-T。

③ 供电方案：采用 POE 电源注入器供电或采用电源直接供电。

④ 注意事项：地铁隧道 AP 部署原则上要与 CBTC、PIS、民用通信系统等保持 15 ~ 30m 的间距，AP 安装位置要求无漏水、无滴水。禁止安装在隧道的凹槽位置。

### 3. 地铁车厢

地铁车厢内景及 AP 部署示意图如图 7-24 所示。

…　地铁车厢1　地铁车厢2　…

**图 7-24　地铁车厢内景及 AP 部署示意图**

（1）场景特点。

① 建筑格局：地铁车厢空旷，人员密集。

② 运用类型：在线视频、社交软件、新闻门户网站等。

③ 终端类型：手机、平板电脑、少量笔记本电脑。

④ 并发数量：每节车厢按照旅客 100 人同时接入和并发应用，每个用户应具备 1Mbit/s 的内网带宽，车厢接入用户按照 50%并发访问外网，每个接入用户有 200kbit/s 的外网访问带宽。每辆列车应具备 60Mbit/s 的外网访问带宽，再加上车载服务器的数据同步及后续可能的服务扩展和扩容要求，要求每辆列车的带宽应在 400Mbit/s 以上。

（2）推荐方案。

① 部署方案：AP 一般安装在列车两边的挡板里。

② AP 选型：WA6628E-T 或 WA5620E-T，一节车厢安装 1 台 AP。

③ 供电方案：使用车内工业交换机对 AP 进行 POE 供电。

④ 注意事项：车厢覆盖，每节车厢安装 1 台 AP，每台 AP 的天线被均匀布放在车厢两边的挡板里面，需要考虑挡板对信号衰减的影响情况。

### 4. 电梯

电梯内景如图 7-25 所示。

**图 7-25　电梯内景**

（1）场景特点。

① 建筑格局：电梯井垂直封闭，电梯通常为封闭铁皮，对信号的屏蔽性较强。观光电梯通常为透明玻璃材质，信号穿透效果相对较好。电梯载重人数为 10～13 人。

② 应用类型：社交软件 QQ、微信，手机新闻软件，多媒体广告等。

③ 终端类型：智能手机、多媒体广告终端。

④ 并发数量：多媒体终端 1 个，智能手机 5 或 6 个。

（2）推荐方案。

① 部署方案：在电梯场景无法对电梯进行布线，可以采用 AP 桥接部署。将根桥 AP 安装于电梯井顶端，将非根桥 AP 安装于电梯顶端，使用 5GHz 射频卡进行桥接，使用 2.4GHz 射频卡对电梯内进行信号覆盖。

② AP 选型：WA6628E-T 或 WA5620E-T。

③ 供电方案：采用 POE 电源注入器供电。

④ 注意事项：电梯井层数不超过 22 层，若高于 22 层，则建议进行实地测试，验证部署效果。

## 项目拓展

（1）学校新建了一个羽毛球馆，可容纳 5000 名观众，以下适合部署在球馆内的 AP 类型是（　　）。

A．放装型 AP　　B．面板式 AP　　C．分布式 AP　　D．室外 AP

（2）下列不适用于室外无线 AP 的是（　　）。

A．AP 主机　　B．AP 天线　　C．防雷器　　D．面板式 AP

（3）当无线客户端检测不到信号时，可能的原因有（　　）。（多选）

A．客户端设置错误

B．AP 信号弱

C．AP 配置有误

D．AP 与网卡的工作模式不同

（4）在酒店场景应用中，用户进行无线上网的典型特征或要求是（　　）。（多选）

A．用户密度低　　B．并发用户数量少

C．覆盖区域小　　D．要求用户相互隔离

（5）在校园网场景中，用户进行无线上网的典型特征或要求是（　　）。（多选）

A．用户密度高　　B．并发用户数量高

C．内网流量较大　　D．外网流量较大

（6）对于室内无线信号覆盖，为了美观，可以选择的天线类型是（　　）。

A．杆状天线　　B．抛物面天线　　C．吸顶天线　　D．平板天线

# 项目8　会展中心无线网络的建设评估

## 项目描述

某会展中心应参展活动需求搭建无线网络环境，以便支持会展活动。展会区域为5000m$^2$的开阔空间，分为两个展区，展会的人流量预计为300人/小时，接入密度较大。同时，会展中心还提供无线视频直播服务，该应用对AP的吞吐性能有较高要求。为此，主办单位决定在展会区域使用无线网络进行网络覆盖。Jan16公司派工勘工程师到会展中心进行现场勘察，并输出项目建设评估方案。

部署一个新建无线网络项目，首先需要到现场进行勘察，获取需要进行无线信号覆盖的建筑的平面图，具体涉及以下工作任务。

（1）获取建筑平面图。

（2）确定覆盖目标。

（3）AP选型。

## 项目相关知识

### 8.1　建筑平面图

获取建筑平面图有以下方法。

（1）向基建等部门获取电子建筑平面图（一般为VSD或CAD格式）。

（2）向信息化等部门获取图片格式的建筑平面图。

（3）向档案中心等部门获取建筑平面图纸。

（4）找到楼层消防疏散图。楼层消防疏散图用于标注楼层的消防通道，它一般张贴在楼层最明显的位置，在无法直接获得建筑平面图的情况下，可以先对它进行拍照，然后在它的基础上进行建筑平面图的绘制。

（5）手绘草图。若以上几种方法都行不通，则只能到客户现场进行现场测绘。进行现场测绘需要准备好激光测距仪、卷尺、笔、纸等工具。

通常情况下，都需要对获取的建筑平面图进行进一步处理，使其成为适合网络工程使用的图纸。网络工程图纸的特点如下。

（1）建筑平面图需要有完整的尺寸标注，精确度在20cm以内。

（2）需要绘制完整的墙、窗户、门、柱子、消防管等影响无线信号覆盖及与综合布线工程有关的建筑物。

（3）必要时，还需要标注建筑物吊顶、弱电井、弱电间、原有弱电布线的情况。

（4）可以不绘制桌椅、楼梯、卫生间等与网络工程无关的建筑物。

## 8.2 覆盖区域

结合现场勘测和建筑平面图纸，明确无线网络的主要覆盖区域和次要覆盖区域，重点针对用户集中上网区域进行覆盖规划。覆盖区域一般分为以下3类。

（1）主要覆盖目标。用户集中上网区域，如宿舍房间、图书室、教室、酒店房间、大堂、会议室、办公室、展厅等人员集中场所。这些覆盖目标的信号强度要求为-65～-45dBm。

（2）次要覆盖目标。对无上网需求区域不做重点覆盖，如卫生间、楼梯、电梯、过道、厨房等区域。这些覆盖目标的信号强度要求为不低于-75dBm。

（3）特殊覆盖目标。对于客户指定的覆盖区域或不允许覆盖的区域，信号强度要求依客户的具体需求而定。

## 8.3 无线网络的用户接入数量

在评估无线网络的用户接入数量时，一般以场景满载人数的60%～70%（经验值）进行估算。工程师基于大量的工程经验针对以下不同场景提出了计算方法。

（1）基于座位：如教室、图书馆、大礼堂等场景，可以按座位全部坐满为满载进行评估，即座位数为满载人数。校园阶梯教室场景如图8-1所示。

**图8-1　校园阶梯教室场景**

（2）基于床位：酒店、学生宿舍等场景一般以一个床位两台终端（手机+笔记本）进行估算，满载数量为床位数量的 2 倍；学生宿舍场景、酒店走廊及室内场景如图 7-16 和图 7-18 所示。

（3）其他计算方法：按照人流量进行估算，一般选择人流量较多的时候作为参考，满载为高峰时期该场景所能容纳的人数。地铁站台就是典型的根据高峰时期人数进行估算的场景。地铁站厅和站台内景如图 7-22 所示。

## 8.4　用户无线上网的带宽

用户使用的无线应用不同，所需要的带宽也不同，工程师需要根据用户使用无线应用的情况对用户无线上网的平均带宽进行评估。下面列举了常见网络应用所需要的带宽。

（1）流畅浏览网页所需带宽：搜狐首页约为 1MB，京东首页约为 1.4MB，按 5s 打开网页计算，浏览搜狐首页需要 1.6Mbit/s 的带宽，浏览京东首页需要 2.2Mbit/s 的带宽。由于用户并不会持续打开网页，据统计，流畅浏览大部分网页需要的带宽约为 512kbit/s。

（2）互联网视频所需带宽：可以参考优酷、土豆等网站给出的建议，即 1Mbit/s 选择标清，2Mbit/s 选择高清。

（3）即时通信（Instant Message，IM）应用所需带宽：以微信为例，纯文字聊天 1 条信息约为 1KB，1s 的语音文件约为 2KB；后台保持状态每小时约消耗 50 ~ 60KB 的流量；图片情况需要根据图片大小而定，13s 的视频压缩文件大约消耗 270KB 的流量。以此推算，512kbit/s 的带宽足以满足微信的聊天需求。

（4）网络游戏所需带宽：《魔兽世界》约需要 2Mbit/s 的带宽；对于其他网络游戏，如《穿越火线》，只要有 100kbit/s 的带宽就可以流畅地玩了。

## 8.5　AP 选型

在获得无线信号覆盖目标的建筑平面图、无线网络的用户接入数量和用户无线上网的带宽后，我们可以先根据用户建筑环境特点和自身预算确定 AP 产品类型，主要有放装型 AP、面板式 AP、室外 AP 等类型。如果预算紧张，可以用一个面板式 AP 覆盖两个房间，或者在走廊放置 1 ~ 3 台放装型 AP，覆盖整个楼层。关于 AP 产品类型与部署场景内容，可以参考项目 7。

选定 AP 产品类型后，再根据用户接入数量和吞吐量的要求选择 AP 产品型号和数量。

# 任务 8-1 获取建筑平面图

## ▶ 任务描述

由于会展中心负责人未能提供会展中心的建筑平面图纸，所以工勘工程师需要在现场快速草绘一张会展中心的图纸，记录相关数据，之后采用绘图软件 Visio 绘制建筑平面图。

## ▶ 任务操作

### 1. 绘制会展中心现场草图

工勘工程师经前期电话沟通，已知会展中心负责人手上并没有该建筑的任何图纸，因此，工勘工程师经预约，在约定时间携带激光测距仪、笔、纸、卷尺等设备到达了现场，边绘制草图边开展现场调研工作。

经 1h 左右的时间，工勘工程师已经草绘了一张会展中心的图纸，如图 8-2 所示。

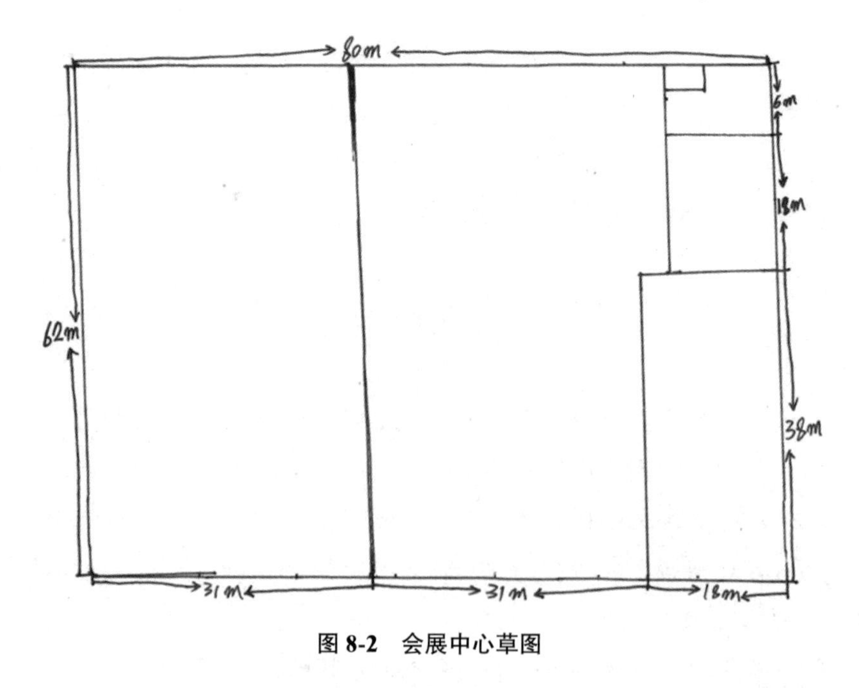


图 8-2 会展中心草图

同时，工勘工程师在现场环境调研确认现场环境，并反馈给无线网络工程师，具体调研结果如下。

（1）两个展区均有铝制板吊顶。

（2）会议室及办公室没有吊顶。

（3）展区人流量主要集中在展台附近。

## 2. 绘制电子图纸

根据在现场绘制的草图在 Visio 中绘制电子建筑平面图。

（1）打开 Visio，并进行页面设置，将绘图比例设置为 1∶350，如图 8-3 所示。

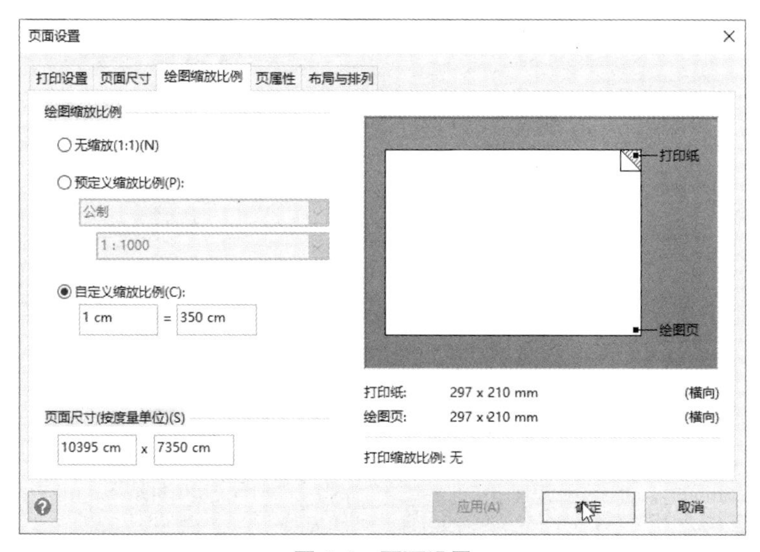


图 8-3　页面设置

（2）根据草图绘制墙体，如图 8-4 所示。

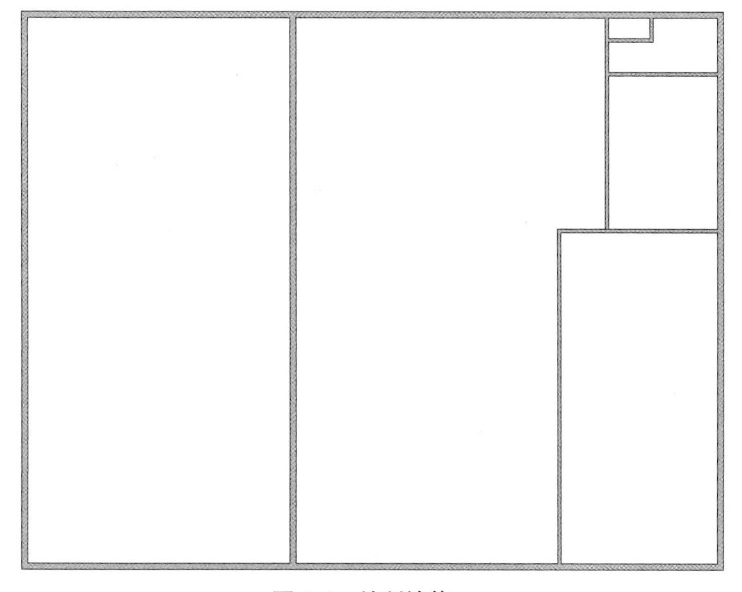

图 8-4　绘制墙体

（3）在墙体上绘制门窗，如图 8-5 所示。

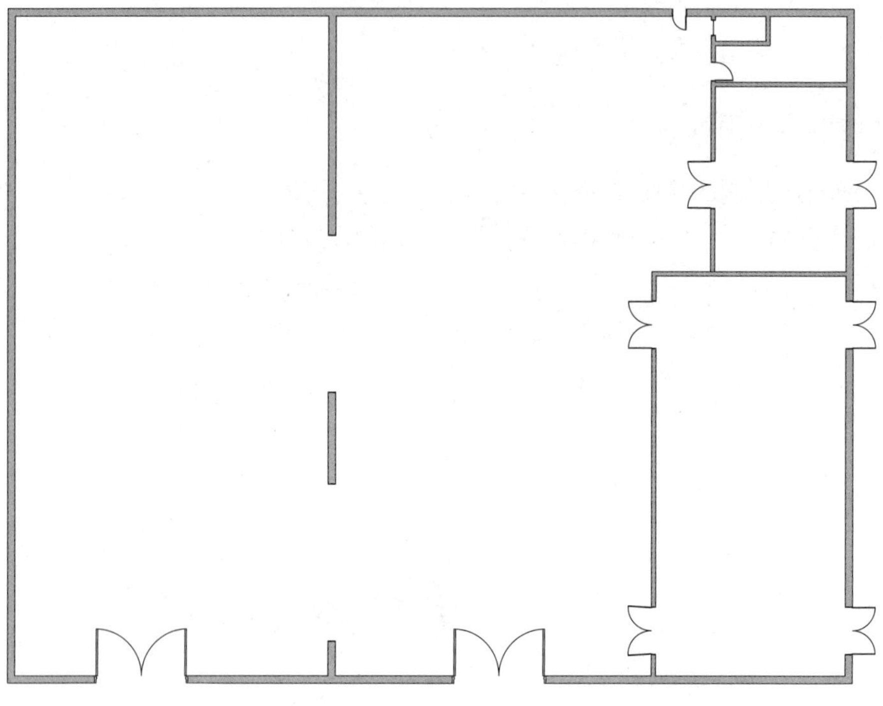

**图 8-5　绘制门窗**

（4）绘制桌椅、讲台等室内用品，如图 8-6 所示。

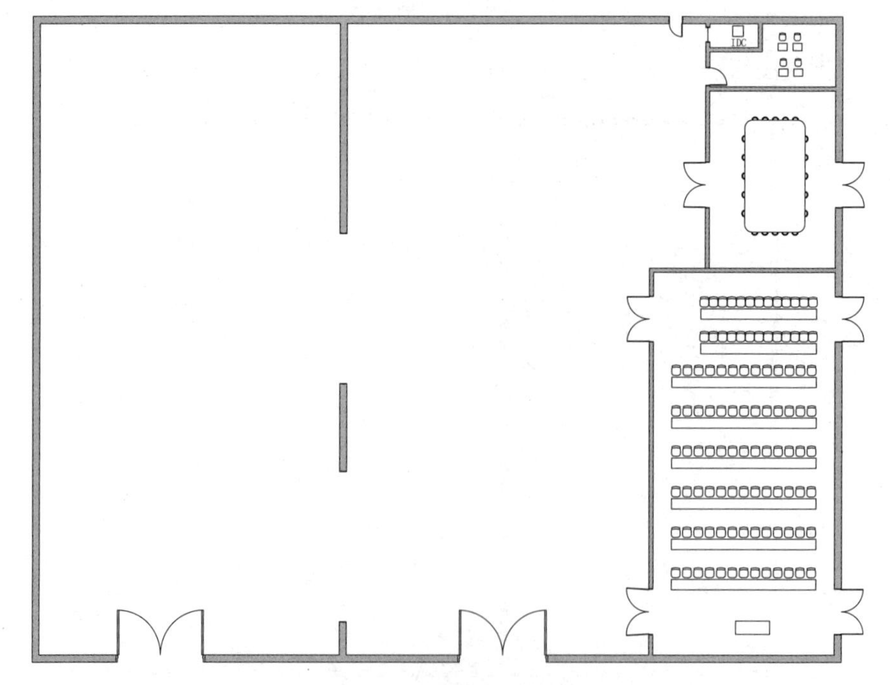


**图 8-6　绘制室内用品**

（5）使用标尺对主要墙体的距离进行标注，如图 8-7 所示。

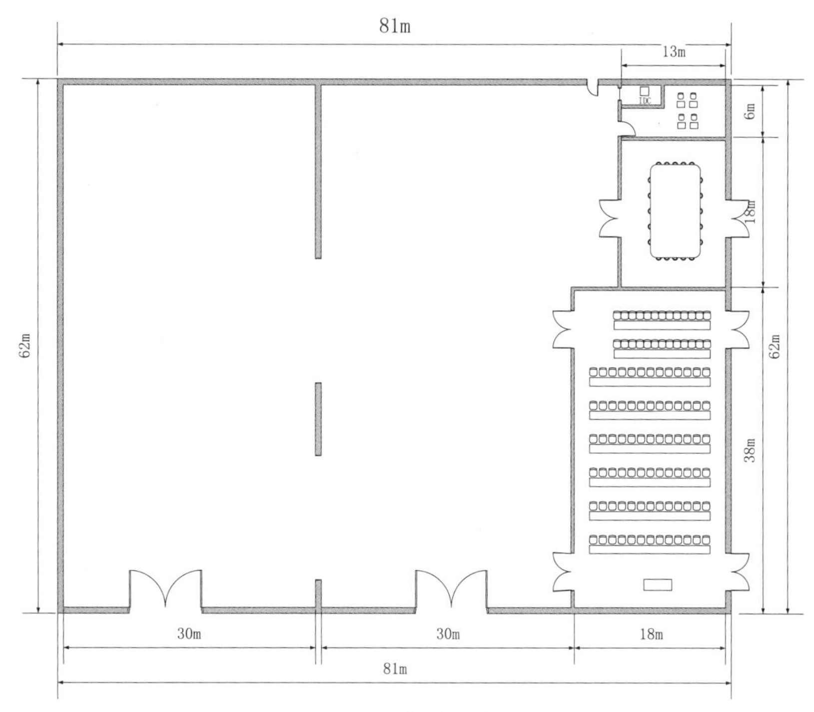


图 8-7　标注距离

（6）使用文本框对每个房间或区域进行标注，完成电子建筑平面图的绘制，如图 8-8 所示。

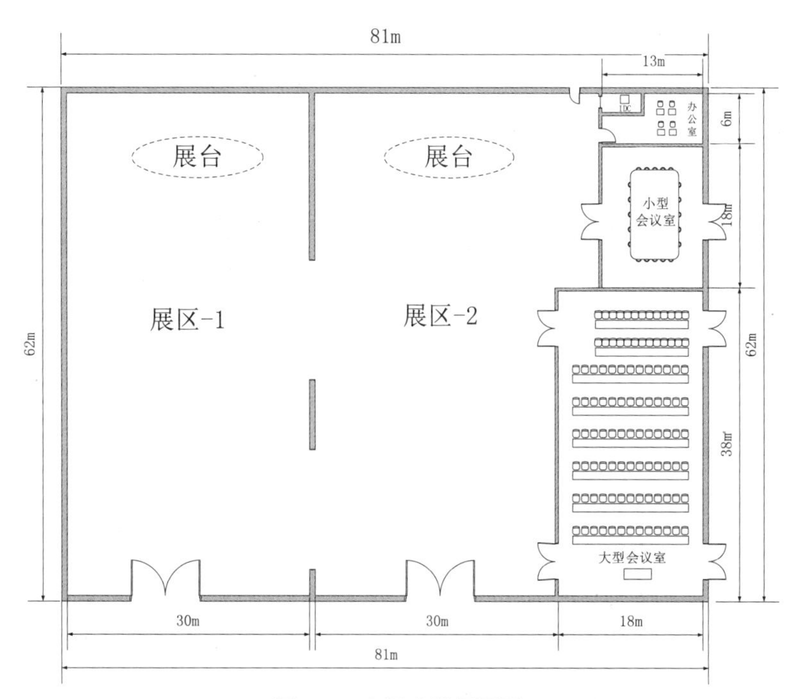


图 8-8　电子建筑平面图

# 任务 8-2　确定覆盖目标

## ▶ 任务描述

针对建筑平面图，确定覆盖区域、重点覆盖区域及其他需求；对会展中心无线网络的用户接入数量、网络吞吐量进行评估。

## ▶ 任务操作

### 1. 确定覆盖区域

通过对会展中心进行现场勘察及后续的建筑平面图绘制，已得到本项目的电子建筑平面图，如图 8-8 所示。

在本项目中，无线信号覆盖范围为整个会展中心，包括两个展区、两个会议室及一个会展中心办公室，属于全覆盖项目。

### 2. 对无线网络的用户接入数量进行评估

从项目背景中得知，展会区域为 5000m² 的开阔空间，分为两个展区，展会人流量预计为 300 人/小时。根据展区业务特征和以往的经验，展区最多可容纳 2000 人，预计高峰期参展人数在 900 左右。会展中心各时段预计参展人数如表 8-1 所示。

**表 8-1　会展中心各时段预计参展人数**

| 时间 | 预计参展人数 |
| --- | --- |
| 9:00—10:00 | 300 |
| 10:00—11:00 | 600 |
| 11:00—13:00 | 900 |
| 13:00—14:00 | 600 |
| 14:00—15:00 | 900 |
| 15:00—16:00 | 600 |
| 16:00—17:00 | 300 |

无线网络工程师最终同会展中心信息部负责人确认，本次无线信号覆盖将按以往经验，按高峰期参展人数的 70%计算无线网络的用户接入数量，并针对每个区域进行了细化统计，会展中心各区域 AP 的用户接入数量如表 8-2 所示，最终确定用户接入数量约为 640。

表 8-2　会展中心各区域 AP 的用户接入数量

| 无线信号覆盖区域 | 用户接入数量 |
| --- | --- |
| 展区-1 | 250 |
| 展区-2 | 250 |
| 大型会议室 | 100 |
| 小型会议室 | 30 |
| 办公室 | 6 |

### 3. 对无线网络的吞吐量进行评估

通过和会展中心信息部沟通，展会将在两个会议室和两个展台区域提供视频直播服务，在其他区域则为用户提供实时通信、微信视频、搜索引擎、门户网站等应用接入服务。

根据业务调研结果，参考以往业务应用接入所需带宽的推荐值，与会展中心信息部确认后，会展中心为视频直播服务提供不低于 10Mbit/s 的无线接入带宽，为参展用户提供最高 512kbit/s 的无线接入带宽，为办公区域用户提供最高 2Mbit/s 的无线接入带宽。会展中心各区域无线接入带宽需求如表 8-3 所示。

表 8-3　会展中心各区域无线接入带宽需求

| 无线信号覆盖区域 | 用户接入数量 | AP 接入带宽 |
| --- | --- | --- |
| 展区-1 | 250 | 140Mbit/s |
| 展区-2 | 250 | 140Mbit/s |
| 大型会议室 | 100 | 65Mbit/s |
| 小型会议室 | 30 | 25Mbit/s |
| 办公室 | 6 | 12Mbit/s |

会展中心的无线信号需要为视频直播、参展用户及办公用户提供不同的无线接入带宽，无线网络工程师决定设置多个 SSID，每个 SSID 限制不同的传输速率。最终确定各 SSID 信息，如表 8-4 所示。

表 8-4　SSID 信息

| 接入终端 | SSID | 是否加密 | 最低传输速率 | 最高传输速率 |
| --- | --- | --- | --- | --- |
| 视频直播 | Video-wifi | 是 | 10Mbit/s | 不限速 |
| 参展用户 | Guest-wifi | 否 | N/A | 512kbit/s |
| 办公用户 | Office-wifi | 是 | N/A | 2Mbit/s |

# 任务 8-3　AP 选型

## ▶ 任务描述

确定覆盖目标后，需要根据建筑特点、覆盖目标、用户接入数量及吞吐量等进行 AP 选型。

## ▶ 任务操作

### 1. AP 类型选择

从项目背景得知，展会区域为 5000m$^2$ 的开阔空间，分为两个展区。因此，选用适合在室内大开间高密度部署的放装型 AP。

### 2. AP 型号选择

无线网络工程师已经通过任务 8-2 得知展会的用户接入数量约为 640，整体接入带宽为 400Mbit/s 左右。结合如表 8-5 所示的新华三的放装型无线 AP 产品可以得知本项目无线信号覆盖以用户接入数量为主。因此，无线网络工程师将在展区-1 部署 3 台 WA6320，在展区-2 部署 3 台 WA6320，在大型会议室部署 1 台 WA6320，在小型会议室及办公室部署 1 台 WA4320，来满足无线信号的覆盖需求及带点数需求。会展中心各区域的 AP 部署数量如表 8-6 所示。

**表 8-5　新华三的放装型无线 AP 产品**

| 产品型号 | 功耗 | 功率 | 最高速率 | 无线协议 | 推荐/最大接入数量 |
|---|---|---|---|---|---|
| WA6320 | ≤12.95W | 27dBm | 1.775Gbit/s | 802.11ax/ac/a/b/g/n | 128/512 |
| WA5320 | <12.95W | 25dBm | 1267Mbit/s | 802.11ac/a/b/g/n | 64/256 |
| WA4320 | <12.95W | 23dBm | 866Mbit/s | 802.11ac/a/b/g/n | 32/128 |

**表 8-6　会展中心各区域的 AP 部署数量**

| 无线信号覆盖区域 | AP 接入数量 | AP 接入总带宽 | AP 型号 | 数量 |
|---|---|---|---|---|
| 展区 1 | 250 | 140Mbit/s | WA6320 | 3 |
| 展区 2 | 250 | 140Mbit/s | WA6320 | 3 |
| 大型会议室 | 100 | 65Mbit/s | WA6320 | 1 |
| 小型会议室 | 30 | 25Mbit/s | WA4320 | 1 |
| 办公室 | 6 | 12Mbit/s | | |

# 项目验证

经项目建设评估后，需要整理每个任务的输出物，包括建筑平面图、SSID 信息、会展中心各区域的 AP 部署数量等。电子建筑平面图如图 8-8 所示，SSID 信息如表 8-4 所示，会展中心各区域的 AP 部署数量如表 8-6 所示。

## 项目拓展

（1）以下属于获取建筑平面图的途径的有（　　）。（多选）

A. 向基建等部门获取电子建筑平面图（一般为 VSD 或 CAD 格式）

B. 向信息化等部门获取图片格式的建筑平面图

C. 向档案中心等部门获取建筑平面图纸

D. 找到楼层消防疏散图

（2）确定覆盖区域时，覆盖区域一般分为（　　）。（多选）

A. 主要覆盖目标

B. 次要覆盖目标

C. 特殊覆盖目标

D. 无须覆盖目标

（3）重点区域的信号覆盖强度要求是(　　)。

A. −40 ~ −65 dBm　　B. −50 ~ −75 dBm

C. −40 ~ −75 dBm　　D. −40 ~ −80 dBm

# 项目 9　会展中心无线网络的规划设计

## 项目描述

某会展中心应参展活动需求需要搭建无线网络环境，以便支持会展活动。现已获取会展中心的建筑平面图，并完成了无线网络项目的建设评估，下一步需要进行无线网络的规划设计。

无线网络的规划设计具体涉及以下工作任务。

（1）AP 点位设计。

（2）AP 信道规划。

## 项目相关知识

## 9.1　AP 点位设计与信道规划

使用 WSS 无线工勘进行 AP 点位设计及信道规划，具体包含以下几个步骤。

（1）创建无线网络工程。

（2）导入建筑图纸。

（3）根据场景和用户需求选择合适的产品（已在建设评估阶段的“AP 选型”中完成）。

（4）根据现场和需求调研情况，进行 AP 点位设计。

（5）通过信号模拟仿真（按信号强度）调整和优化 AP 位置，实现重点区域高质量无线信号覆盖。

（6）进行 AP 信道规划，并通过信号模拟仿真（按信道冲突）调整 AP 信道和功率，实现高质量无线信号覆盖。

WSS 无线工勘是一款模拟仿真软件，它只能针对墙体、窗户等少量障碍物进行无线信号衰减模拟。考虑到无线信号覆盖场景的复杂性，还需要了解常见障碍物对无线信号衰减的影响情况，如表 9-1 所示。

表 9-1　常见障碍物对无线信号衰减的影响情况

| 障碍物 | 衰减程度 | 例子 |
|---|---|---|
| 开阔地 | 无 | 演讲厅、操场 |
| 木制品 | 少 | 内墙、办公室隔断、门、地板 |
| 石膏 | 少 | 内墙（新的石膏比老的石膏对无线信号的影响大） |
| 合成材料 | 少 | 办公室隔断 |
| 石棉 | 少 | 天花板 |
| 玻璃 | 少 | 没有色彩的窗户 |
| 金属色彩的玻璃 | 少 | 带有色彩的窗户 |
| 人体 | 中等 | 大群的人 |
| 水 | 中等 | 潮湿的木头、玻璃缸、有机体 |
| 砖块 | 中等 | 内墙、外墙、地面 |
| 大理石 | 中等 | 内墙、外墙、地面 |
| 陶瓷制品 | 高 | 陶瓷瓦片、天花板、地面 |
| 混凝土 | 高 | 地面、外墙、承重梁 |
| 镀银 | 非常高 | 镜子 |
| 金属 | 非常高 | 办公桌、办公隔断、混凝土、电梯、文件柜、通风设备 |

2.4GHz 无线信号带宽低，电磁波传输距离远，穿透障碍物的能力较强；5.8GHz 无线信号带宽高，电磁波传输距离近，而且穿透障碍物的能力较差。以 2.4GHz 电磁波为例，穿过常见建筑障碍物产生的穿透损耗的经验值如下。

- 墙（砖墙厚度 100 ~ 300mm）：20 ~ 40dB。
- 楼层地板：30dB 以上。
- 木制家具、门和其他木板隔墙阻挡：2 ~ 15dB。
- 厚玻璃（12mm）：10dB。

在衡量 AP 信号穿过墙壁等障碍物的穿透损耗时，需要考虑 AP 信号的入射角度：对于一面 0.5m 厚的墙壁，当 AP 信号和覆盖区域之间以 45° 角入射时，相当于约 0.7m 厚的墙壁；以 30° 角入射时，相当于超过 1m 厚的墙壁。所以要获取更好的接收效果，应尽量使 AP 信号垂直（90° 角）穿过墙壁或天花板。

## 9.2　无线工勘存在的风险及应对策略

### 1. 覆盖风险

覆盖风险是指部署 AP 后，信号强度可能无法满足客户应用需求。覆盖风险会严重影响用户的业务和体验，所以在工勘阶段应确保解决重点区域的无线信号质量问题。如果用户未给出无线信号强度的具体要求，工程师可以根据如表 9-2 所示的不同客户类型的重点覆盖区域信号强度指标进行规划设计。表 9-2 中的信号强度指标为工程经验值。

表 9-2　不同客户类型的重点覆盖区域信号强度指标

| 序号 | 客户类型 | 信号强度指标 | 说明 |
|---|---|---|---|
| 1 | 教育行业 | −75dBm | −75dBm 对于手机用户来说，视频体验不会太好 |
| 2 | 金融行业 | −70dBm | 对实时性的要求高，对无线质量的要求较高 |
| 3 | 医疗行业 | −65dBm | PDA 设备对信号的要求高 |

## 2. 未知 Sta 风险

用户使用的重要 Sta 是未知的设备，如一些医用的 PDA，因此无法判断其性能，进而无法判断其信号强度要求。目前已知的无线 Sta 的信号强度要求如表 9-3 所示。

表 9-3　目前已知的无线 Sta 的信号强度要求

| 无线 Sta 类型 | 信号强度要求 |
|---|---|
| 笔记本电脑或非关键应用的手机 | −75dBm |
| 重要的笔记本电脑，少量手机 | −70dBm |
| 关键应用的手机或 PDA | −65dBm |

如果承载用户关键应用的手机或 PDA 并非常见的手机或 PDA，那么必须进行实地测试，如果经测试，−65dBm 的信号强度不能满足用户应用需求，那么可以将信号强度指标提高到−60dBm，甚至更高，直到满足需求为止。

## 3. 带点数风险

带点数是指 AP 的用户接入数量。AP 基于共享式的无线网络进行通信，用户接入数量越多，每个 Sta 的带宽越低，如果过载，那么可能导致 Sta 接入速率较低和丢包率较高，用户的上网体验较差。

例如，在广州地铁，用户可以很方便地接入地铁 Wi-Fi，享受免费的上网服务。由于每列地铁的接入带宽是有限的，在平时，用户接入地铁 Wi-Fi，每个 Sta 的上网速率在 512kbit/s 左右，但在上下班高峰期，如果所有乘客都接入地铁 Wi-Fi，那么用户接入数量将过载，乘客会感受到上网速度极慢，甚至时断时续。这是典型的由 AP 带点数过大带来的用户接入风险。为解决该问题，通常采取的策略是限制每台 AP 的最高用户接入数量。地铁 Wi-Fi 通过限制 AP 的带点数确保接入用户的上网质量，虽然不能满足更多用户的接入需求，但提高了接入用户的上网体验和业务接入质量。

因此，带点数风险主要是指评估 AP 携带 Sta 的数量是否超过要求，常见的场景和解决方案如下。

（1）AP 覆盖范围内的带点数在业务高峰期可能超过 AP 上限，导致 Sta 上网拥塞。在这种情况下，如果预算充裕，那么可以通过增加 AP 数量解决问题；如果预算紧张，那么可以通过设置 AP 接入上限解决问题。

（2）无法统计 AP 覆盖范围内的 Sta 用户数量，仅根据经验值进行部署，这可能导致 AP 用户接入数量过载。在这种情况下，可以通过设置 AP 接入上限解决问题。

### 4. 射频干扰风险

射频干扰风险是指来自其他射频系统或同频大功率设备的干扰。因此在工勘阶段，工程师要在无线网络部署现场和甲方确认无线射频环境，主要内容如下。

（1）是否存在其他无线 Wi-Fi 系统。

（2）是否存在其他工作在 2.4GHz 和 5.8GHz 频段的业务系统和大功率基站设备。

（3）是否有微波炉等大功率设备。

在工勘阶段就了解现场射频环境有利于及时调整和优化无线网络解决方案，规避风险。

### 5. 未知应用风险

在无线工勘阶段，如果无线网络工程师仅依靠经验评估客户的应用和流量，并基于此来规划无线网络，那么极有可能导致新建的无线网络无法承载客户的业务应用，或者是工程师做了初步调研但忽略或低估了一些客户的常见应用，若这些应用所需要的流量大且持续时间较长，则将导致新建无线网络无法承载客户业务应用。

因此，在工勘阶段网络工程师同甲方一起确认客户业务需求和进行流量评估非常重要，可以大大降低未知应用风险。与流量有关的风险必须在工勘阶段确认。

### 6. 同频干扰风险

当 AP 工作的频段中有其他设备进行工作时，就会产生同频干扰。同频干扰风险主要存在以下情况。

（1）AP 被非 WLAN 设备干扰，会导致 AP 丢包重传，因为干扰设备不遵守冲突检测退避机制。其中，较常见且影响较大的非 WLAN 设备为微波炉。

（2）在一台 AP 处检测到的另一台同频 AP 的信号强度高于−75dBm，且工作在同一信道，即可认为这两台 AP 互相同频干扰。同频干扰通常很难避免，而且会导致双方都因为退避而损失一部分流量。在这种情况下，可以通过优化 AP 频道或调整 AP 功率来降低同频干扰。

### 7. 隐藏节点风险

隐藏节点同样是由 WLAN 系统中的冲突检测与退避机制造成的。冲突检测与退避机制的基础就是两个发送端必须能互相“听”到，也就是在对方的覆盖范围之内，当两个数据发送端互相“听”不到的时候，这两个数据发送端就成了隐藏节点。

通常，隐藏节点分为以下 3 种情形。

（1）Sta 之间互为隐藏节点。

Sta 之间互为隐藏节点常见于 AP 的部署范围过大的情况，如图 9-1 所示。两个 Sta 在发送数据时不能侦测到对方是否占用信道，这导致 AP 会同时收到两个 Sta 的数据包，显然 AP 收到的是非有效数据（两个 Sta 信号的叠加）。

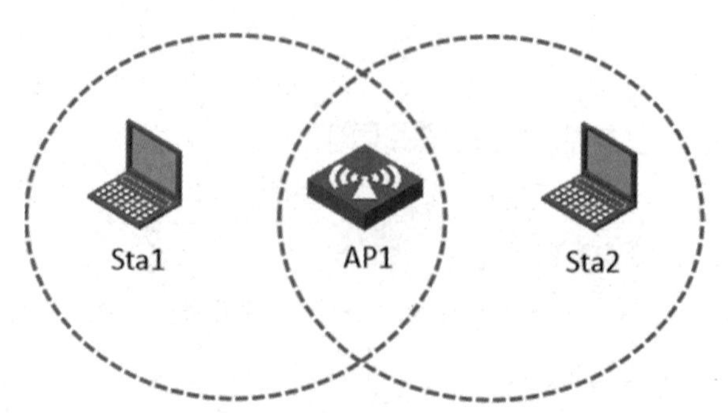


图 9-1　两个 Sta 互为隐藏节点示意图

普通 Sta 应用通常以下行流量为主，所以隐藏节点发送信号的概率较低，对一般业务应用的危害较小；但如果 Sta 有大量的迅雷、BT、P2P 等应用，那么它们会产生大量的上行流量，严重时会导致网络出现速率降低或丢包的问题。目前，禁用相关应用与限速是比较有效的优化手段。

（2）AP 之间互为隐藏节点。

当 Sta 位于两台 AP 中间时，AP1 和 AP2 同时为 Sta 提供服务时会出现两台 AP 互为隐藏节点的情况。两台 AP 互为隐藏节点示意图如图 9-2 所示。

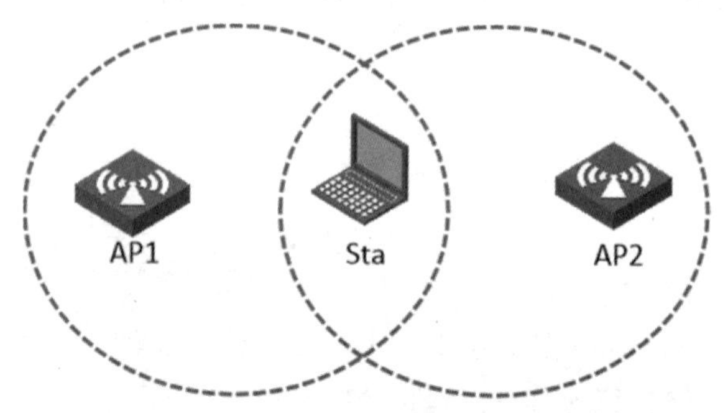


图 9-2　两台 AP 互为隐藏节点示意图

在实际部署中，Sta 通常会选择其中一台 AP 为其提供无线接入服务，其位于两台 AP 中间时的情况通常是 Sta 在移动，且触发了 AP 漫游，所以，在实际部署中不太容易出现两台 AP 互为隐藏节点的情况。

（3）AP 与 Sta 互为隐藏节点。

AP 的下行流量较大，发送信号的概率高，所以很容易与 Sta 冲突。AP 和 Sta 互为隐藏节点示意图如图 9-3 所示。在走廊部署放装型 AP 时，当 AP1 与 Sta1 发送数据时，Sta2 和 AP4 也在发送数据，这时，AP4 同时收到这两路信号，因相互干扰而无法正常接收 Sta2 发送的信号。

AP 与 Sta 互为隐藏节点的危害较大，由于其不仅有隐藏节点问题，还存在同频干扰问题，所以推荐通过以下两种优化方案来解决。

- 在不影响用户业务接入质量的情况下，适度降低两台 AP 的功率，减小冲突域。

- 改用分布式或面板式解决方案替代放装型无线网络解决方案，这样同频干扰和隐藏节点问题均可以得到有效解决。

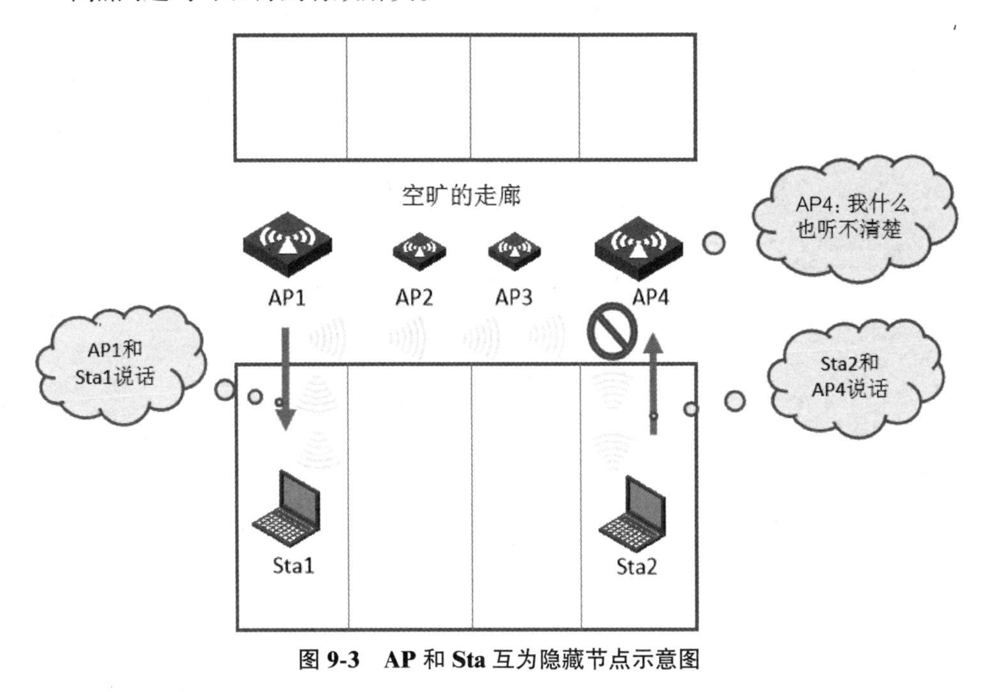


图 **9-3**　**AP** 和 **Sta** 互为隐藏节点示意图

## 项目实践

# 任务 9-1　AP 点位设计

## ▶ 任务描述

使用 H3C 无线工勘平台导入建筑平面图，并进行 AP 点位设计。

## ▶ 任务操作

### 1. 登录 H3C 无线工勘平台

在浏览器输入网址后打开 H3C 无线工勘平台（H3C 云简网络）登录页面，如图 9-4 所示，输入用户名和密码，单击“登录”按钮。

图 9-4 “登录”页面

## 2. 进入无线工勘平台

登录成功后在无线工勘平台主页单击“添加工程”按钮，如图 9-5 所示。

图 9-5 无线工勘平台主页

### 3. 创建新项目

单击“添加工程”按钮后，在弹出的“添加工程”对话框中填写工程名称、工程描述，如图 9-6 所示。单击“保存”按钮，完成新项目创建。

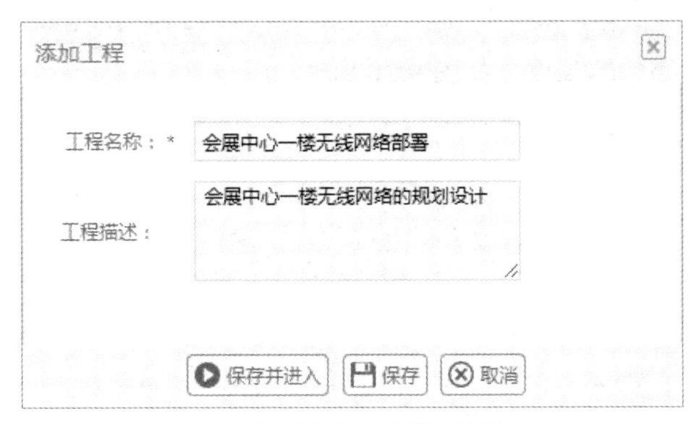


**图 9-6　“添加工程”对话框**

### 4. 新建楼栋

完成新项目创建后，单击名称为“会展中心一楼无线网络部署”的工程，然后单击“操作”栏的加号图标，打开“添加方案”对话框。在“方案名称”文本框中输入“会展中心一楼无线网络的规划设计”，在“楼层信息”文本框中输入“一楼”。单击“行业分类”下拉按钮，选择“场馆类”选项，单击“环境名称”下拉按钮，选择“会展中心”选项，如图 9-7 所示。单击“选择文件”按钮，导入“会展中心.jpg”。单击“保存”按钮完成添加方案。

**图 9-7　“添加方案”对话框**

### 5. 设置比例尺

单击方案操作中的齿轮图标“设计方案”进入工勘设计模式，需要选择页面左上角的校准比例尺，弹出“校准比例尺-I”页面，选择“水平校准”选项，如图 9-8 所示。用鼠标在标有长度处画一条直线，设置比例尺，如图 9-9 所示，松开鼠标后，弹出“校准比例尺-II”页面，输入实地测量的长度，如图 9-10 所示。

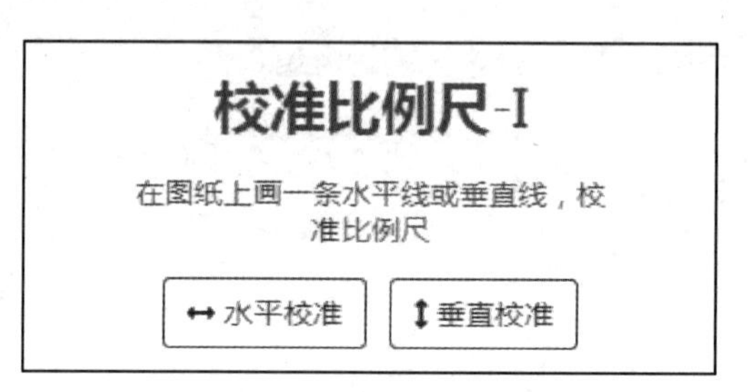


**图 9-8　校准比例尺-I**

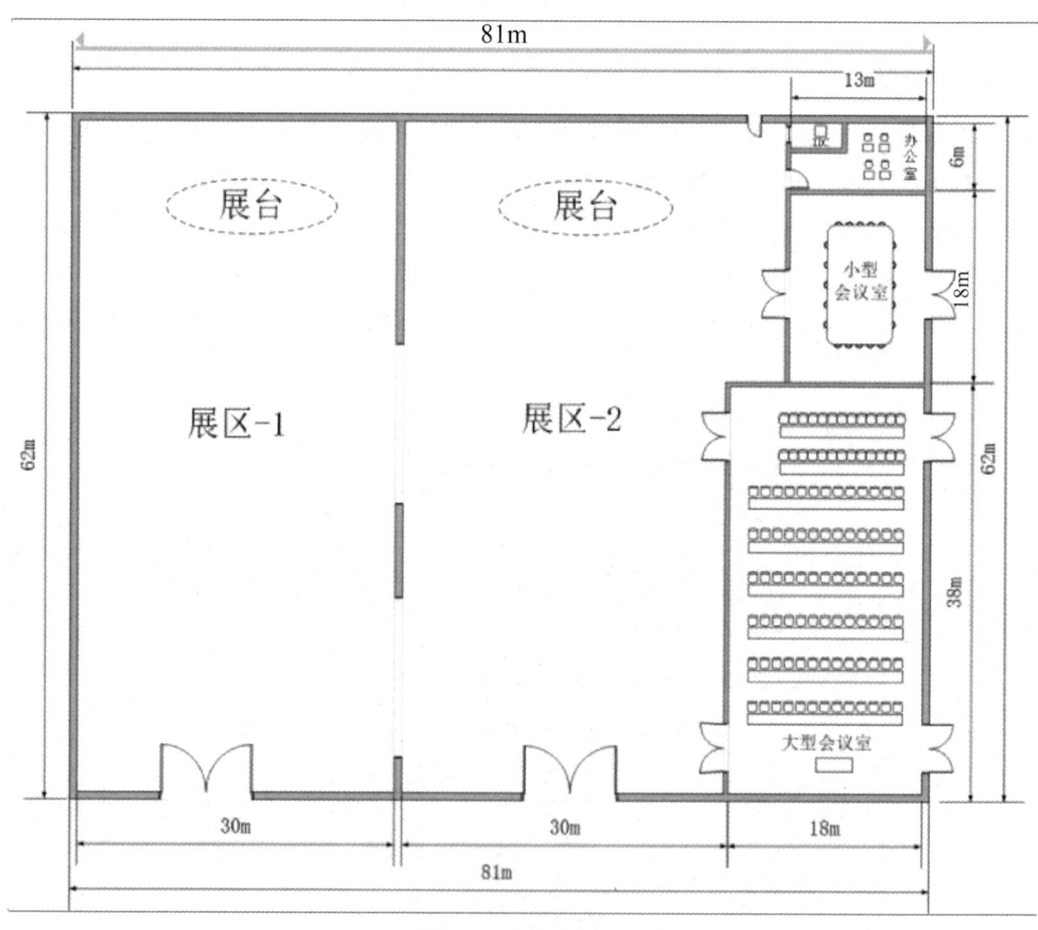


**图 9-9　设置比例尺**

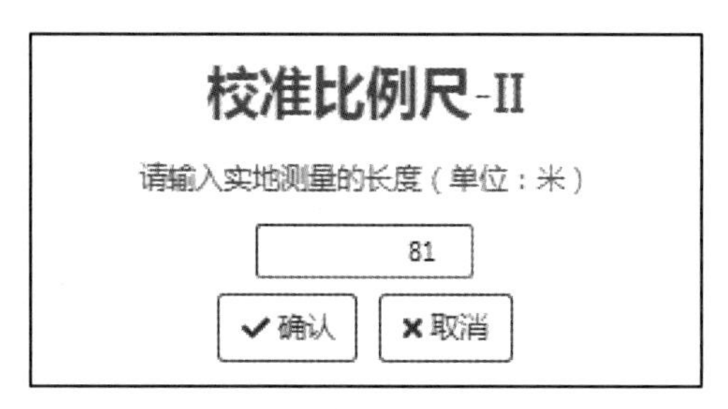


图 9-10　校准比例尺-II

## 6. 绘制障碍物

进行环境设置，如图 9-11 所示。用户可通过页面左侧的“障碍物设置”手动设置墙体、窗户等障碍物，也可以通过右侧的“障碍物识别”工具进行识别。

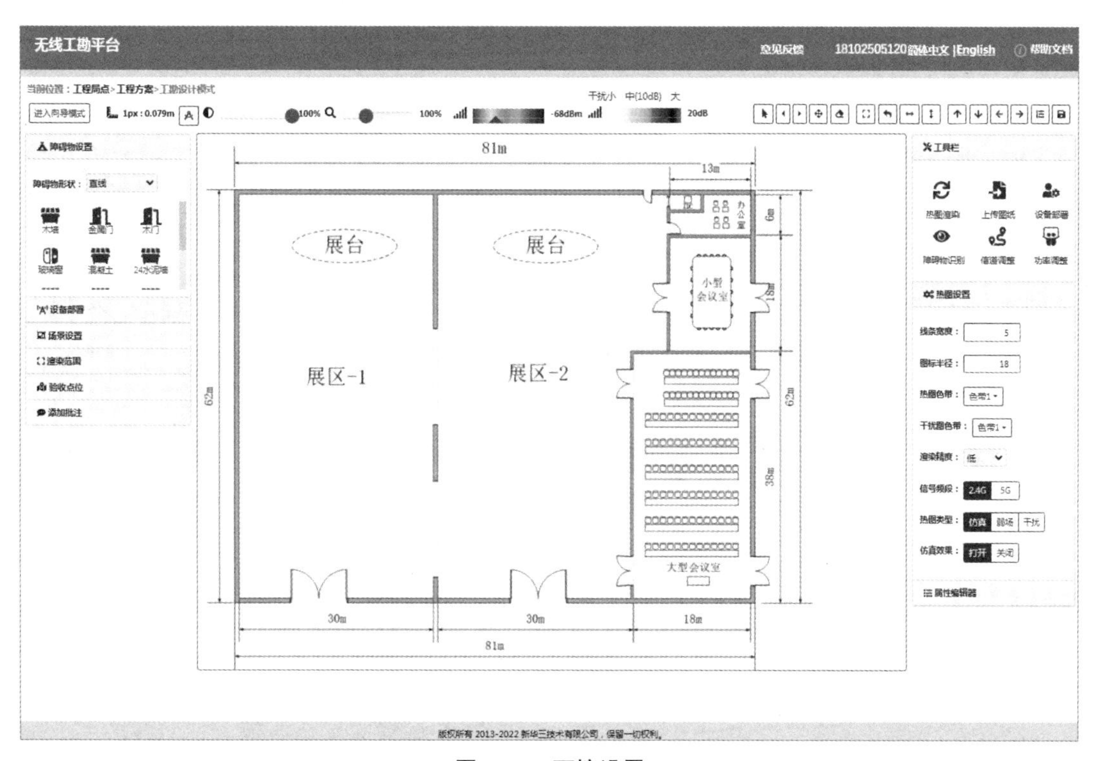


图 9-11　环境设置

## 7. 识别障碍物

单击“障碍物识别”按钮，弹出“障碍物属性”对话框，如图 9-12 所示。单击“障碍物类型”下拉按钮，选择“24 水泥墙”选项，“是否清除障碍物”选择“是”，单击“确定”按钮完成障碍物识别。

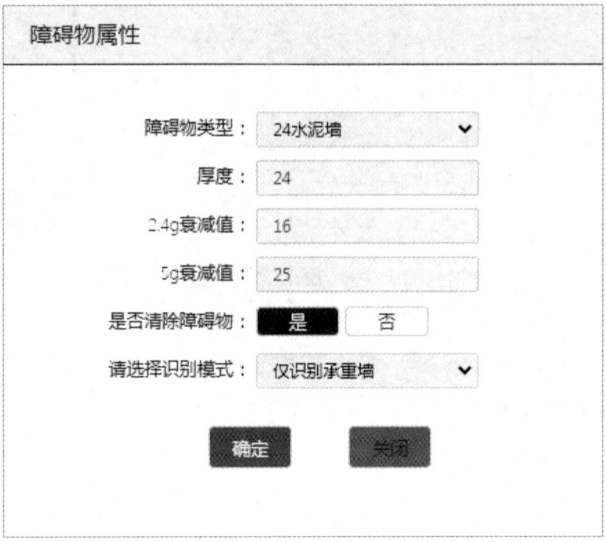

障碍物属性
障碍物类型：
24水泥墙
厚度：
24
2.4g衰减值：
16
5g衰减值：
25
是否清除障碍物：
是
否
请选择识别模式：
仅识别承重墙
确定
关闭

图 9-12 “障碍物属性”对话框

## 8. 手动调整障碍物

自动识别可能会造成对障碍物的错误识别，手动调整障碍物如图 9-13 所示。

无线工勘平台
展台
展台
展区-1
展区-2
小型会议室
大型会议室
81m
13m
30m
30m
18m
81m

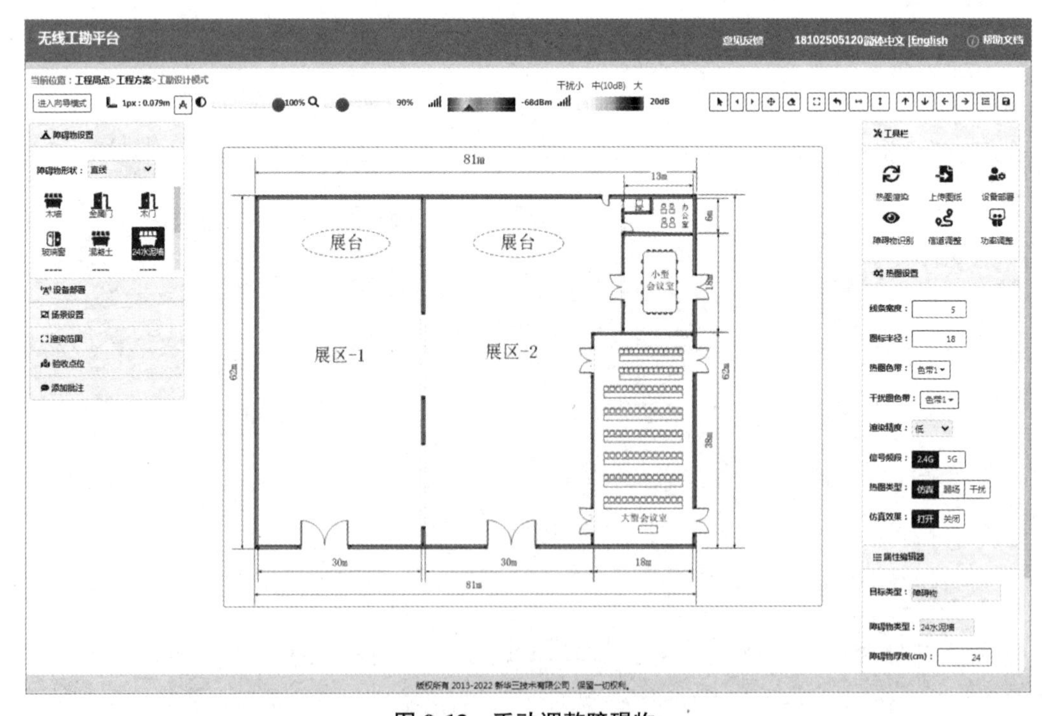

图 9-13 手动调整障碍物

## 9. 设备布放

单击“设备部署”进行 AP 点位设计。工程师通过对现场环境调研发现，展厅有铝制天花板吊顶，因此 AP 可采用吊顶安装方式；会议室及办公室没有吊顶，建议采用壁挂式安装方式。同时，考虑展区人群基本集中在展台附近，因此在进行 AP 点位设计时在展台附近部署 2 台 AP，在入口处部署 1 台 AP。

## ▶ 任务验证

AP 点位设计参考图如图 9-14 所示。

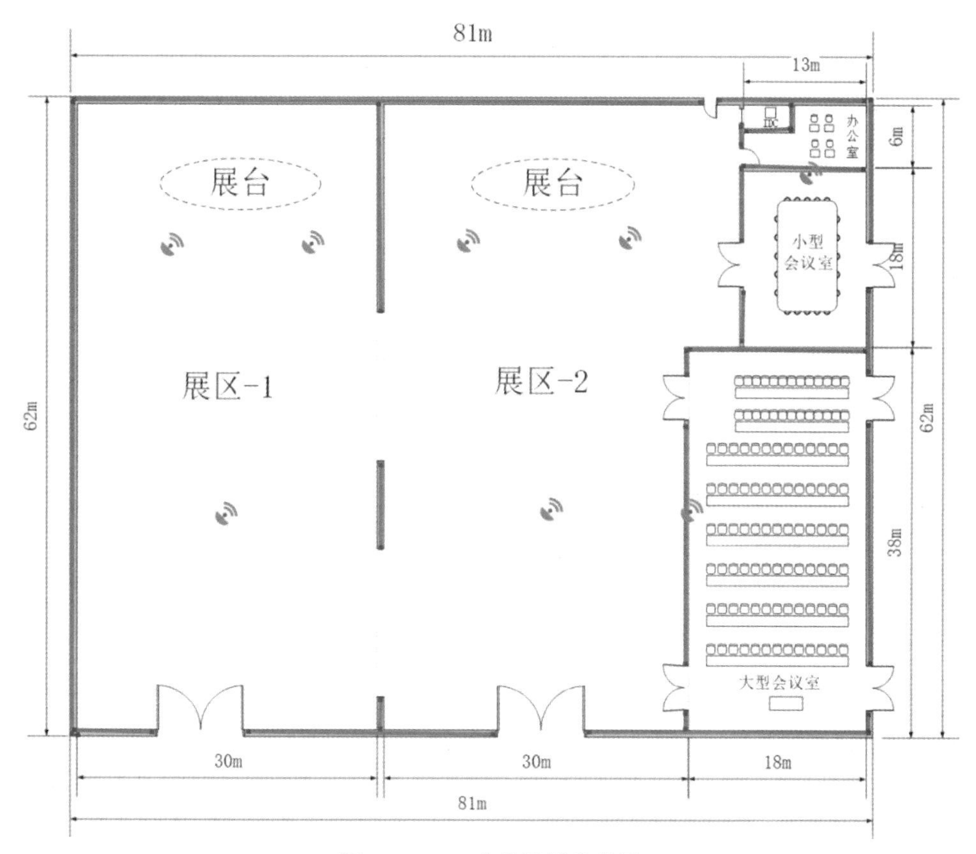


**图 9-14　AP 点位设计参考图**

# 任务 9-2　AP 信道规划

## ▶ 任务描述

因为部署的 AP 数量较多，所以需要进行合理的信道规划，避免 AP 之间出现同频干扰。

## ▶ 任务操作

### 1. 调整信道

工勘软件增加的 AP 默认都工作在信道 1，用户还需要针对现场 AP 部署密度进行信道和功率调整。选中 AP，在页面的右下角可以看到属性编辑器，可对 AP 的功率和 Radio 信道进行调整，如图 9-15 所示。

属性编辑器

目标类型：设备

设备名称：AP-1

设备型号：WA6320

设备类型：放装型

2.4G功率(dB)：13

5G功率(dB)：20

5G频宽(M)：80

2.4G协议：802.11ax

5G协议：802.11ax

Radio1信道：36

Radio2信道：149

Radio3信道：1

安装高度(m)：2.5

馈线衰减：0

天线类型：内置天线

安装姿态：X : 0°, Y : 0°, Z : 0°

更改　删除

**图 9-15　对 AP 的功率和 Radio 信道进行调整**

## 2. 打开仿真图

无线网络工程师需要根据 1、6、11 原则对 AP 进行信道调整。同时，考虑到展台附近的 AP 距离较近，属于高密度部署场景，在信号覆盖已满足需求的情况下，可以通过降低 AP 的功率来减少同频干扰的区域。调整完 AP 的信道和功率后，选择“渲染范围”，框选渲染范围，如图 9-16 所示；在“热图设置”对话框中选择“仿真弱场图”复选框，如图 9-17 所示，可以按信号强度、速率、信道冲突等方式查看 AP 覆盖效果。

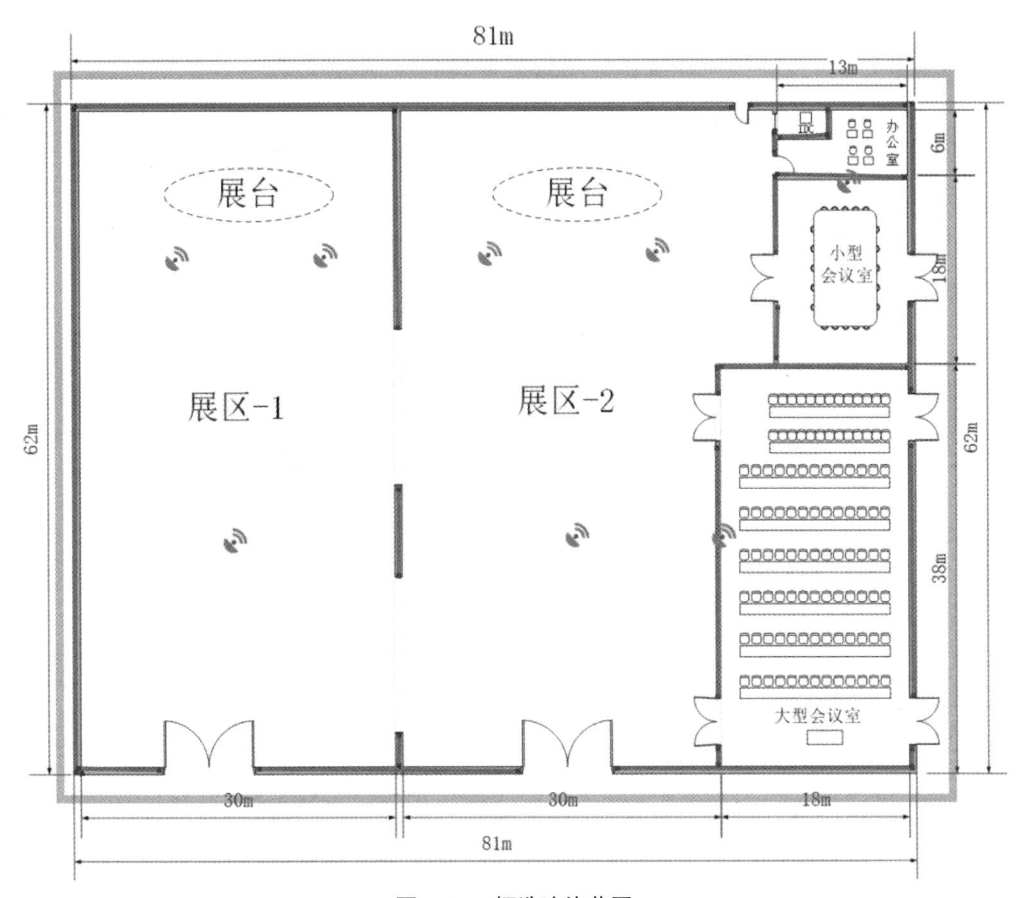


图 9-16　框选渲染范围

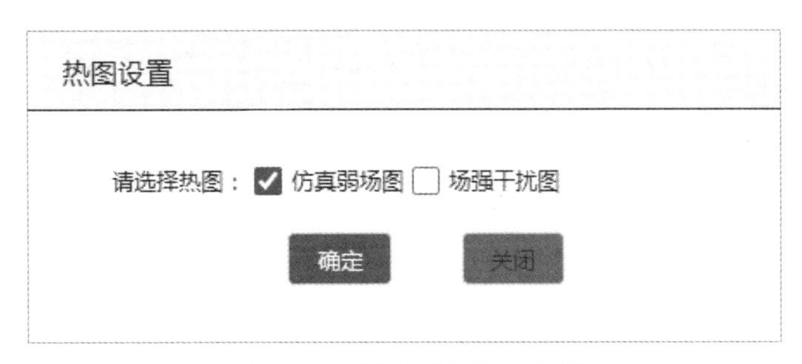


图 9-17　“热图设置”对话框

## ▶ 任务验证

图 9-18 所示为按信号强度（2.4GHz）显示的信号覆盖热图。结果显示，该会展中心的重点区域实现了信号强度为-70dBm 的信号全覆盖，展台区域的 AP 功率较低，在一定程度上降低了信道冲突的风险。

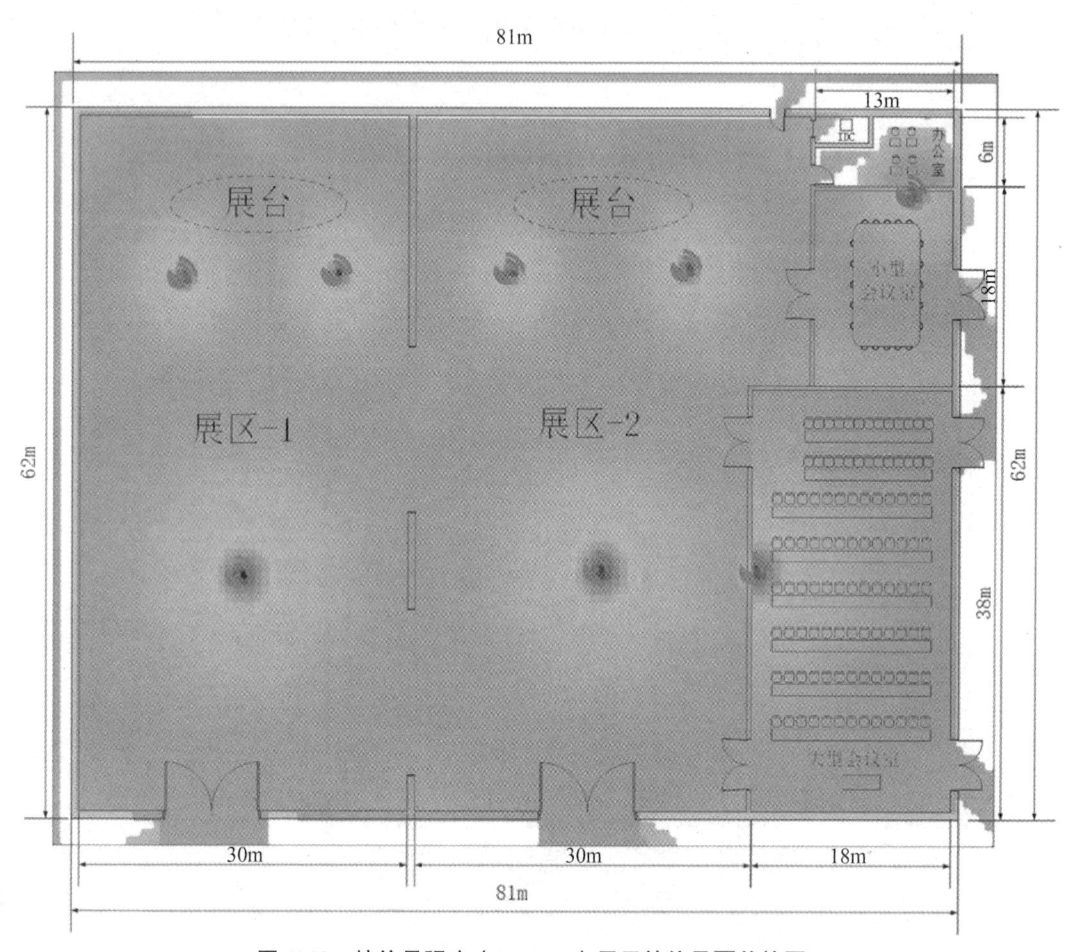


**图 9-18　按信号强度（2.4GHz）显示的信号覆盖热图**

# 项目验证

通过工勘系统确定 AP 点位后，工程师需要输出一份 AP 点位与信道确认图纸，同会展中心网络管理部进行确认，如图 9-19 所示。

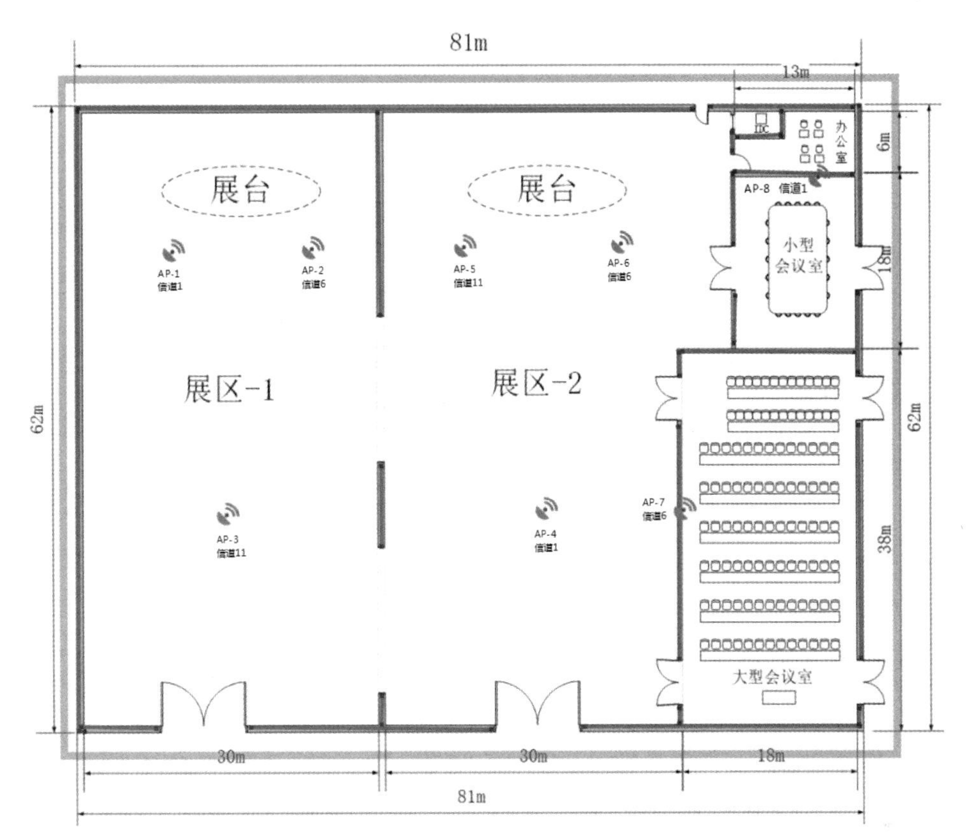


图 9-19　AP 点位与信道确认图纸

## 项目拓展

（1）以下介质对电磁波衰减程度最高的是（　　）。

A．石膏　　B．金属　　C．混凝土　　D．砖石

（2）在无线工勘中，我们需要注意的风险有（　　）。（多选）

A．覆盖风险　　B．同频干扰风险　　C．隐藏节点风险　　D．带点数风险

E．未知 Sta 风险　　F．射频干扰风险　　G．特殊应用风险

（3）为了避免干扰，以下信号规划方案合理的有（　　）。（多选）

A．1、6、11　　B．2、7、12　　C．3、8、13　　D．4、10、14

（4）以下材质对信号衰减影响最小的是（　　）。

A．石棉　　B．人体　　C．砖墙　　D．金属

# 项目 10　会展中心无线工勘报告输出

## 项目描述

某会展中心应参展活动需求搭建无线网络环境，以便支持会展活动。现已完成无线网络的规划设计，下一步需要到现场进行无线复勘，确认规划设计方案通过后，即可导出无线工勘报告。具体涉及以下工作任务。

（1）无线复勘。

（2）输出无线工勘报告。

## 项目相关知识

### 10.1　无线复勘的必要性

通过 WSS 无线工勘工具看到的无线信号覆盖质量有可能在现场部署时与实际情况不一致，存在一定的无线信号覆盖质量隐患。特别是在预算紧张的项目中，有些区域可能覆盖信号较弱。因此，对于符合以下情况的无线网络规划项目，建议工程师到现场进行无线复勘。

（1）1 台 AP 覆盖较大面积的区域，且现场有较多的障碍物。

（2）使用墙面式 AP 覆盖两个房间时，需要对非 AP 安装房间进行信号测试。

工程师到工程现场进行无线复勘，主要涉及以下几个步骤。

（1）确定 AP 测试点：选择信号覆盖可能存在隐患的 AP 点位，并就该 AP 点位选择 2 或 3 个最远端的测试点。

（2）实地测试：配置好 AP，先将 AP 用支架固定在 AP 实际部署位置，然后使用工勘专用电源为 AP 供电，AP 上电并发射信号后，分别使用手机和笔记本电脑测试无线信号强度。如果客户经常使用定制设备连接 Wi-Fi，如 PDA，那么建议增加该定制设备进行测试。

（3）调整与优化：若实地测试结果不佳，则需要通过调整 AP 部署位置、调整 AP 功率、增加 AP 数量等方式进行改善，优化后再进行测试，直到测试通过为止。将优化后的结果记录到 AP 点位设计图中。

## 10.2　无线工勘报告内容

无线复勘通过后，确定 AP 点位设计图，并输出无线工勘报告。无线工勘报告包括以下内容。

（1）无线工勘报告（通过 WSS 无线工勘平台输出）。

（2）无线工勘报告分析（对无线工勘报告进行摘要解析，以 PowerPoint 演示文稿的形式展现给客户）。

（3）AP 点位图（简要标注 AP 名称、点位、信道、编号等）。

（4）AP 点位图说明（对 AP 点位进行具体说明）。

（5）AP 信息表（包括 AP 名称、点位、信道、功率等，以 Excel 工作表的形式保存）。

（6）物料清单（AP、馈线、天线等）。

（7）安装环境检查表（对 AP 安装环境进行检查并登记）。

## 任务 10-1　无线复勘

### ▶ 任务描述

扫一扫，看微课

无线网络工程师完成了 AP 点位图初稿，为确保实际部署 AP 后，其信号能覆盖整个会展大厅，现需要测试工程师携带工勘测试专用工具箱到现场进行无线复勘，测试实际部署后的信号强度。

工勘测试专用工具箱中包括工勘专用电源、工勘专用 AP、工勘专用支架、手机、笔记本电脑、工勘专用测试 App、工勘专用测试软件、配置线等。

### ▶ 任务操作

#### 1. 无线复勘

（1）在 AP 点位图上选择测试点，并指定 AP 覆盖范围的 2 或 3 个最远端测试点进行测试。针对目标 AP，测试工程师选择了两个最远端测试点进行测试。测试点位图如图 10-1 所示。

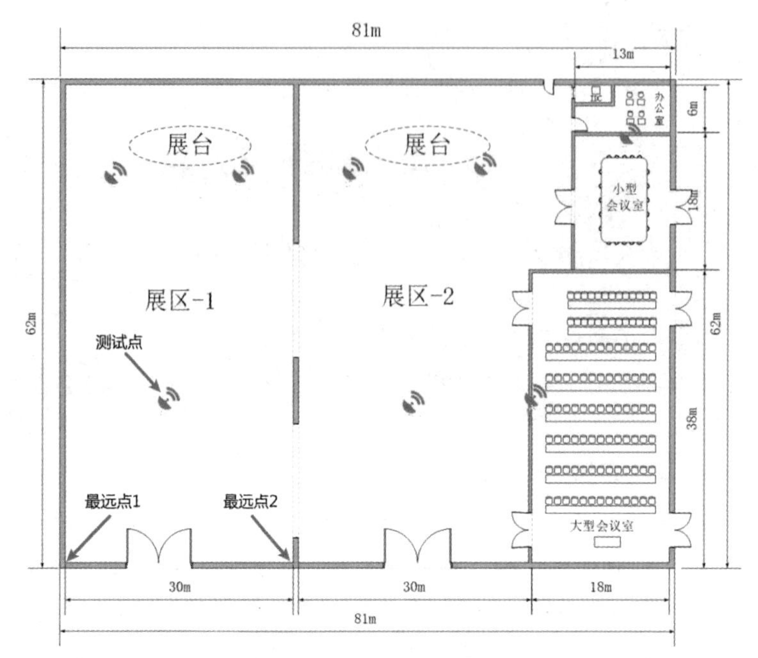


**图 10-1　测试点位图**

（2）使用工勘专用移动电源为 AP 供电，按 AP 规划对 AP 进行配置，将 AP 支架设在 AP 点位设计图对应的位置（AP 实际安装位置）。

（3）在最远端测试点处使用手机（安装 Cloudnet）测试 AP 信号强度，如图 10-2 所示；使用笔记本电脑（安装 WirelessMon）测试 AP 信号强度，如图 10-3 所示。

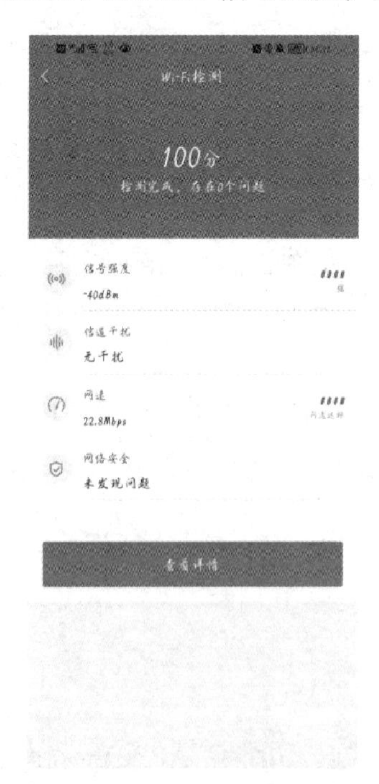


**图 10-2　使用手机（安装 Cloudnet）测试 AP 信号强度**

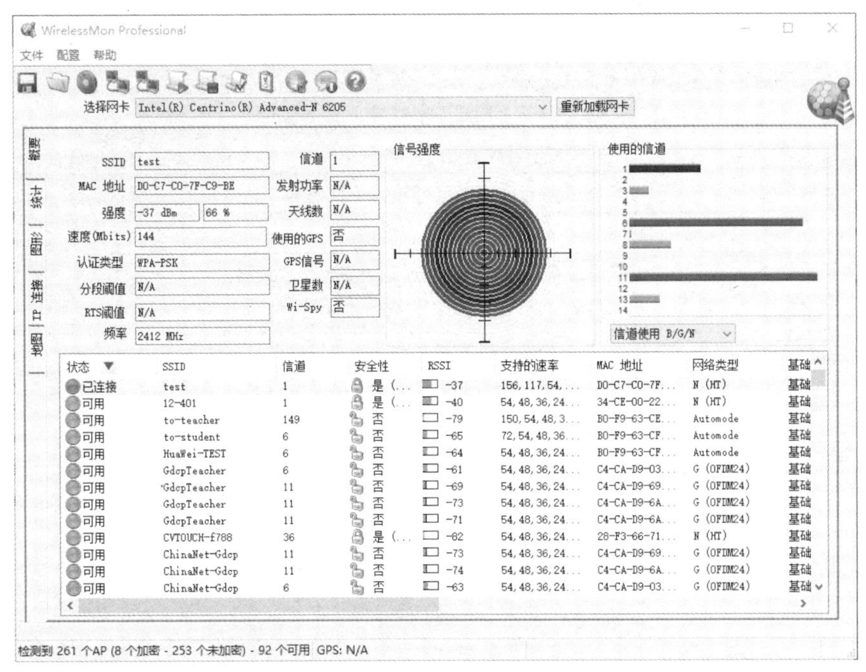


**图 10-3　使用笔记本电脑（安装 WirelessMon）测试 AP 信号强度**

在记录手机和笔记本电脑的测试数据时，应选择测试软件信号相对平稳的数值，并登记在无线复勘登记表中，如表 10-1 所示。

**表 10-1　无线复勘登记表**

| AP 编号 | 测试位置 | 手机信号强度 | 笔记本电脑信号强度 |
| --- | --- | --- | --- |
| AP-1 | 展区-1 展台西南角 | -40dBm | -35dBm |
| AP-2 | 展区-1 展台东南角 | -43dBm | -40dBm |
| … | … | … | … |

在工勘现场测试中，如果测试点的数据不合格，那么应当根据现场情况适当调整 AP 点位或 AP 功率，直到测试点数据合格为止，同时，根据调整的 AP 信息（点位、功率等）修订原来的设计文档。

## 2. 现场环境检查

测试工程师在现场进行无线复勘的同时，还需要检查安装环境并进行记录，确保 AP 能够根据点位图进行安装和后期维护，并登记检查结果。现场环境检查表如表 10-2 所示。

**表 10-2　现场环境检查表**

| 序号 | 检查方法 | 检查内容 | 检查结果 | 是否通过 |
| --- | --- | --- | --- | --- |
| 1 | 现场检查 | 安装环境是否存在潮湿、易漏地点 | 否 | 是 |
| 2 | | 安装环境是否干燥、防尘、通风良好 | 是 | 是 |
| 3 | | 安装位置附近是否有易燃物品 | 否 | 是 |
| 4 | | 安装环境是否有阻挡信号的障碍物 | 否 | 是 |

续表

| 序号 | 检查方法 | 检查内容 | 检查结果 | 是否通过 |
|---|---|---|---|---|
| 5 | 现场检查 | 安装位置是否便于网线、电源线、馈线的布线 | 是 | 是 |
| 6 | | 安装位置是否便于维护和更换 | 是 | 是 |
| 7 | | 安装环境是否有其他信号干扰源 | 否 | 是 |
| 8 | | 安装环境是否有吊顶 | 是 | 是 |
| 9 | | 采用壁挂方式，安装环境附近是否有桥架、线槽 | 是 | 是 |
| 10 | | 安装位置是否在承重梁附近 | 否 | 是 |
| 11 | 沟通确认 | 安装位置的墙体内是否有隐蔽线管及线缆 | 否 | 是 |

# 任务 10-2　输出无线工勘报告

## ▶ 任务描述

扫一扫，看微课

无线复勘是整个无线网络勘测与设计的最后环节。接下来，测试工程师需要输出无线工勘报告给用户做最终确认。输出无线工勘报告的要点如下。

（1）使用无线工勘，根据无线复勘的结果优化原 AP 规划方案。

（2）使用无线工勘导出无线工勘报告。

（3）在导出的无线工勘报告的基础上对无线工勘报告进行修订，要点如下。

- 根据用户的网络建设需求修改无线网络容量设计。
- 在物料清单中需要补充无线 AC、POE 交换机、馈线、天线等内容。

## ▶ 任务操作

### 1. 输出无线工勘报告

使用无线工勘平台优化原无线网络工程后，保存方案，单击“工程管理”选项，单击工程的右侧下载图标，设置报告配置，单击“确定”按钮，输出无线工勘报告，如图 10-4 和图 10-5 所示。

### 2. 制作无线工勘汇报 PowerPoint 演示文稿

无线工勘报告完成后，无线网络工程师需要向会展中心网络部汇报本次无线工勘的结果。为方便进行汇报，无线网络工程师需要对无线工勘报告及其他材料清单进行整理，制作一份无线工勘汇报 PowerPoint 演示文稿。

### 3. 物料清单优化

由于在无线工勘平台导出报告时，在物料清单中只输出无线 AP 数量，无线网络工程师需要将其他设备手动添加到无线工勘报告中。考虑到 AP 的供电，需要配备一台 POE 交换机。同时，会展中心无线信号覆盖拟用无线 AC 对 AP 进行统一管理，因此需要配备一台无线 AC。最终确定物料清单如表 10-3 所示。

图 10-4　下载无线工勘报告

图 10-5　设置报告配置

表 10-3　物料清单

| 楼层信息 | 设备类型 | 设备型号 | 数量 |
|---|---|---|---|
| 会展中心 | 无线 AP | WA6320 | 7 |
|  |  | WA4320 | 1 |
| 核心机房 | POE 交换机 | S5800 | 1 |
|  | 无线 AC | WX5510E | 1 |
| 合计 |  |  | 10 |

### 4. 制作 AP 点位图说明

AP 点位图已标注出 AP 的大致安装位置，为了方便施工人员到现场安装 AP，需要制作 AP 点位图说明，清晰地描述 AP 具体安装位置。AP 点位图说明如表 10-4 所示。

**表 10-4 AP 点位图说明**

| AP 名称 | 安装方式 | 安装位置 |
| --- | --- | --- |
| AP-1 | 吊顶 | 展区-1 展台西南角 |
| AP-2 | 吊顶 | 展区-1 展台东南角 |
| AP-3 | 吊顶 | 展区-1 正门向北 15 米 |
| AP-4 | 吊顶 | 展区-2 正门向北 15 米 |
| AP-5 | 吊顶 | 展区-2 展台西南角 |
| AP-6 | 吊顶 | 展区-2 展台东南角 |
| AP-7 | 壁挂 | 大型会议室西面墙正中 |
| AP-8 | 壁挂 | 小型会议室北面墙正中 |

### 5. 制作 AP 信息表

由于在工勘系统中已调整 AP 的功率、信道等信息，而安装设备后，在调试时不可能直接按照 AP 点位图或工勘系统来配置 AP 的功率和信道等，因此需要提前将 AP 相关信息整理到 AP 信息表中，如表 10-5 所示。

**表 10-5 AP 信息表**

| AP 名称 | 型号 | 信道 | 功率 | 安装区域 |
| --- | --- | --- | --- | --- |
| AP-1 | WA6320 | 1 | 13dBm | 展区-1 |
| AP-2 | WA6320 | 6 | 11dBm | 展区-1 |
| AP-3 | WA6320 | 11 | 20dBm | 展区-1 |
| AP-4 | WA6320 | 1 | 20dBm | 展区-2 |
| AP-5 | WA6320 | 11 | 13dBm | 展区-2 |
| AP-6 | WA6320 | 6 | 10dBm | 展区-2 |
| AP-7 | WA6320 | 6 | 15dBm | 大型会议室 |
| AP-8 | WA4320 | 1 | 10dBm | 小型会议室 |

## 项目验证

项目完成后，需要输出 WLAN 无线网络工勘设计方案，如下所示。

# WLAN 无线网络工勘设计方案
# 会展中心一楼无线网络部署

新华三集团

2022 年 5 月 26 日

目录



# 1 基础信息

<table>
<tr><td>项目名称</td><td>会展中心一楼无线网络部署</td><td>工勘单位</td><td>Jan16</td></tr>
<tr><td>工勘区域</td><td>会展中心一楼</td><td>工勘时间</td><td>2022 年 5 月 26 日</td></tr>
<tr><td rowspan="3">工勘部门</td><td></td><td rowspan="3">参与人员</td><td>张工</td></tr>
<tr><td></td><td>李工</td></tr>
<tr><td></td><td>刘工</td></tr>
<tr><td>工勘事由</td><td colspan="3">为了满足会展中心一楼无线网络全面覆盖的需求，对待建无线点位和布线进行技术勘测</td></tr>
</table>

# 2 会展中心一楼无线网络部署无线工勘概况

## 2.1　无线信号覆盖范围

无线信号覆盖范围为两个展区、两个会议室及一个办公室（室内全覆盖）。

## 2.2　项目材料清单

| 工勘结果（无线设备统计） | | | | | | | | |
|---|---|---|---|---|---|---|---|---|
| 楼栋信息 | 楼层信息 | 部署方案 | AP 型号 | 数量 | 天线型号 | 数量 | 馈线型号 | 数量 |
| | | | | | | | | |

| 总计（无线设备清单） | | |
|---|---|---|
| 设备型号 | 数量 | 备注 |
| WA4320 | 1 | |
| WA6320 | 7 | |

注：安装部署时根据实地情况可能会与表格数据存在差异。

| 方案无线设备清单 | | | | | | |
|---|---|---|---|---|---|---|
| 方案名称 | 设备型号 | AP 数量 | 天线类型 | 天线数量 | AP 数量合计 | 天线数量合计 |
| 会展中心一楼无线网络的规划设计 | WA4320 | 1 | 内置 | 0 | 8 | 0 |
| 会展中心一楼无线网络的规划设计 | WA6320 | 7 | 内置 | 0 | | |

# 3 规划设计原则

无线网络规划主要涉及 AP 的覆盖范围和覆盖范围内的信号强度，其中，覆盖半径和覆盖距离是覆盖范围的重要指标。

# 4 无线网络容量设计

单 AP（或射频卡）并发用户数量的多少是影响用户体验的一个重要因素，基于CSMA/CA 总线型的访问机制，并发用户数量越多，单个用户的带宽体验就越差。以放装型 11AC AP 为例，5GHz 单射频接入用户在 30 人以内为最佳，2.4GHz 射频接入用户在15 人以内为最佳。

# 5 会展中心一楼无线网络部署方案

## 5.1 主要场景介绍

展会区域为 5000m$^2$ 的开阔空间，分为两个展区，展会的人流量预计为 300 人/小时，接入密度较大。同时，展会提供无线视频直播服务，该应用对 AP 的吞吐性能有较高要求。

## 5.2 设备部署方案

### 5.2.1 会展中心一楼无线网络部署 ——会展中心一楼无线网络的规划设计

（1）场所实景图。

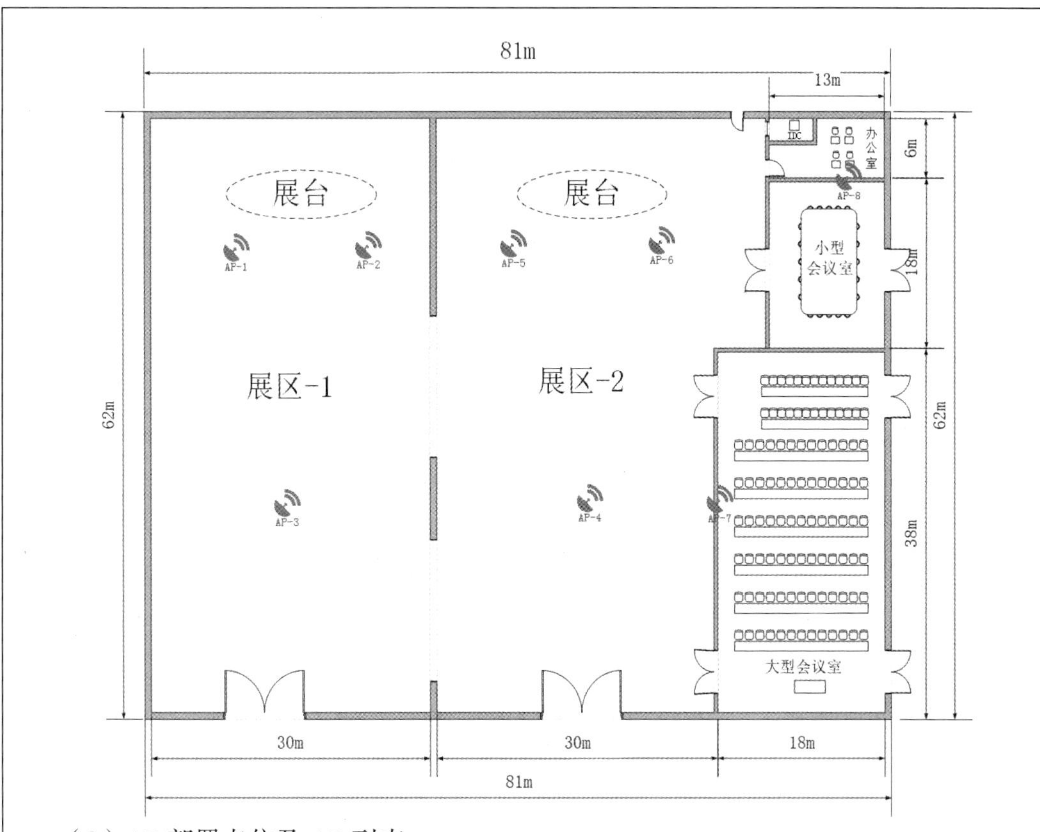


（2）AP 部署点位及 AP 列表。

| 覆盖范围区域 | 楼层 | AP 型号 | AP 名称 | AP 部署点位 | 5GHz 信道 | 2.4GHz 信道 | Radio1 | Radio2 | Radio3 |
|---|---|---|---|---|---|---|---|---|---|
| 会展中心一楼无线网络的规划设计 | 一楼 | WA6320 | AP-1 | | 20 | 13 | 36 | 149 | 1 |
| 会展中心一楼无线网络的规划设计 | 一楼 | WA6320 | AP-2 | | 20 | 11 | 40 | 153 | 6 |
| 会展中心一楼无线网络的规划设计 | 一楼 | WA6320 | AP-3 | | 20 | 20 | 44 | 157 | 11 |
| 会展中心一楼无线网络的规划设计 | 一楼 | WA6320 | AP-4 | | 20 | 20 | 48 | 161 | 1 |
| 会展中心一楼无线网络的规划设计 | 一楼 | WA6320 | AP-5 | | 20 | 13 | 52 | 165 | 11 |
| 会展中心一楼无线网络的规划设计 | 一楼 | WA6320 | AP-6 | | 20 | 10 | 60 | 149 | 6 |

续表

| 覆盖范围区域 | 楼层 | AP 型号 | AP 名称 | AP 部署点位 | 5GHz 信道 | 2.4GHz 信道 | Radio1 | Radio2 | Radio3 |
|---|---|---|---|---|---|---|---|---|---|
| 会展中心一楼无线网络的规划设计 | 一楼 | WA6320 | AP-7 | | 20 | 15 | 64 | 153 | 6 |
| 会展中心一楼无线网络的规划设计 | 一楼 | WA4320 | AP-8 | | 20 | 10 | 40 | 1 | N/A |

（3）AP 覆盖 2.4GHz 仿真图。

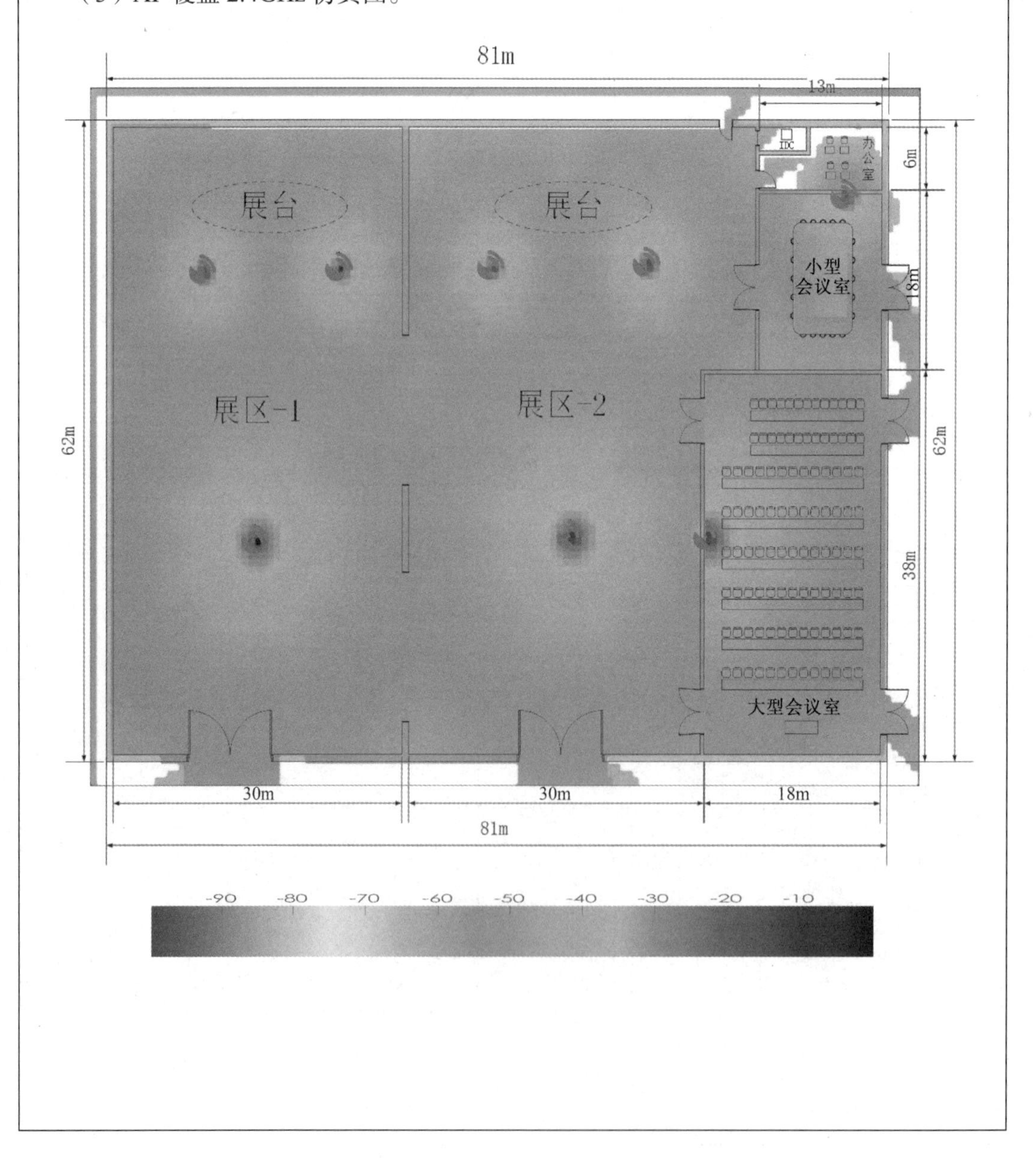

（4）AP 覆盖 5GHz 仿真图。

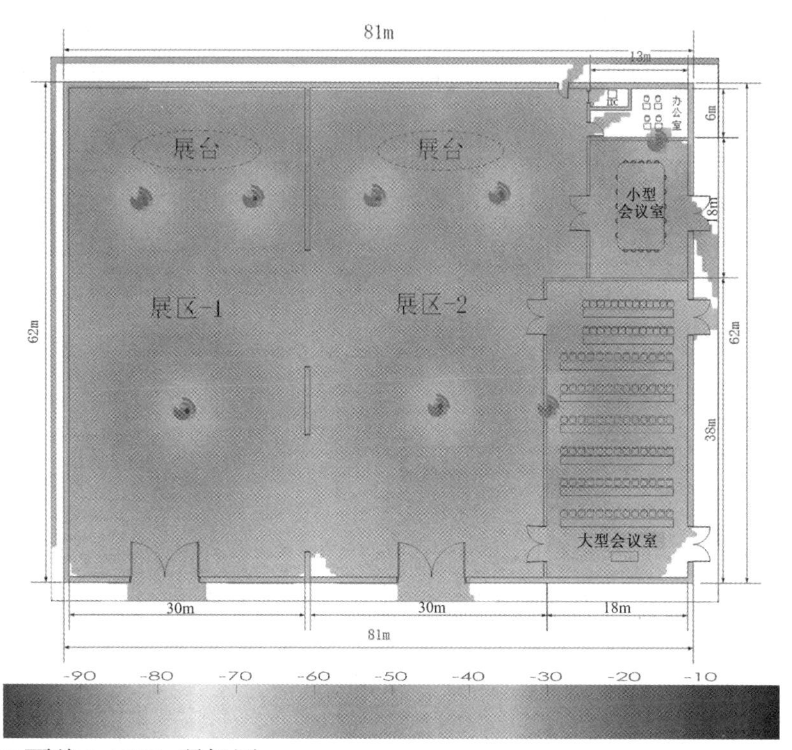


（5）AP 覆盖 2.4GHz 弱场图。

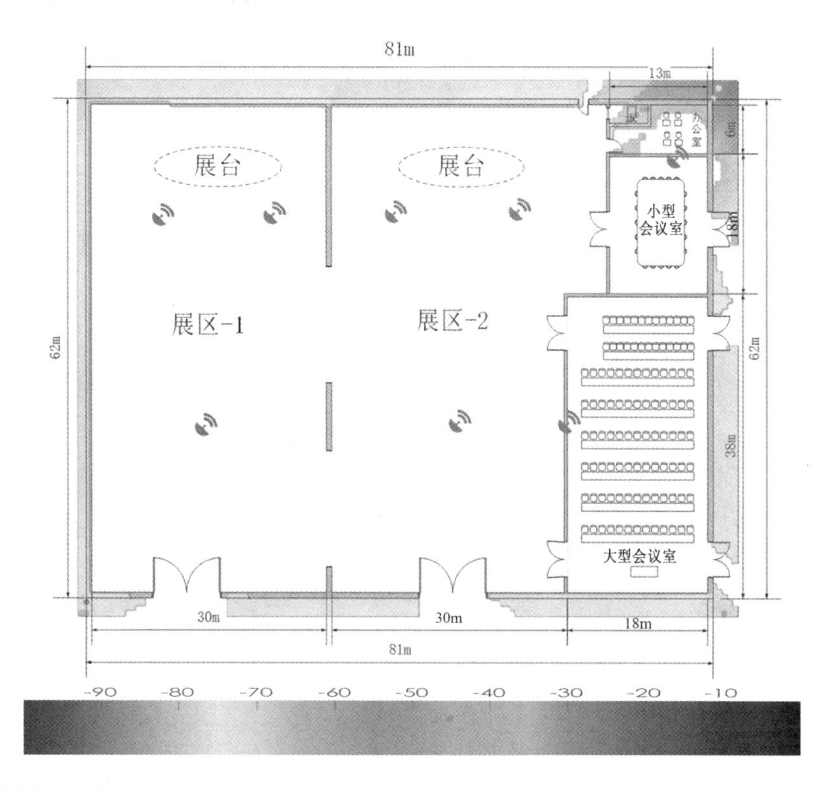

（6）AP 覆盖 5GHz 弱场图。

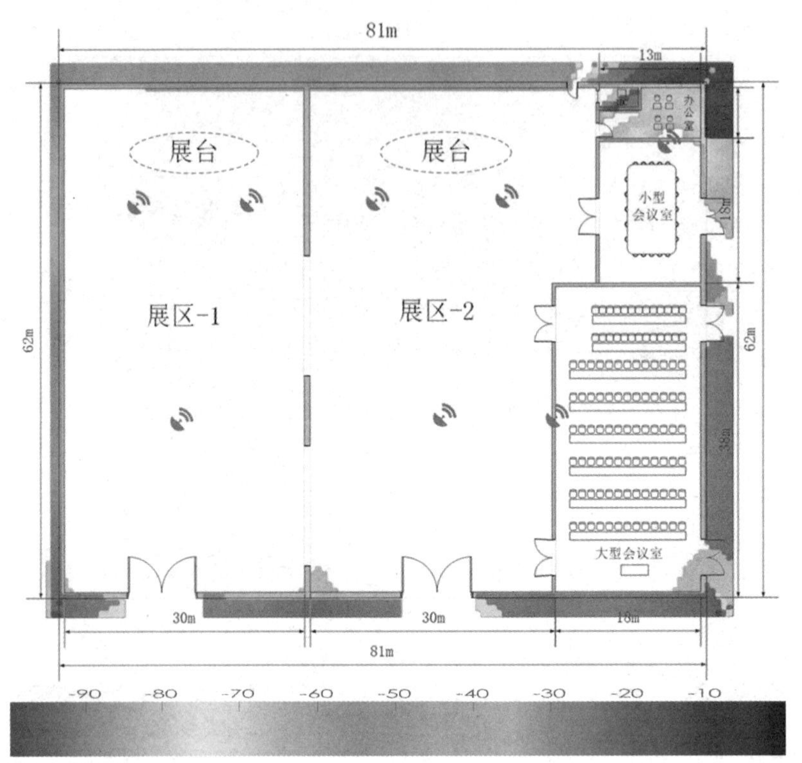


（7）验收点位图。

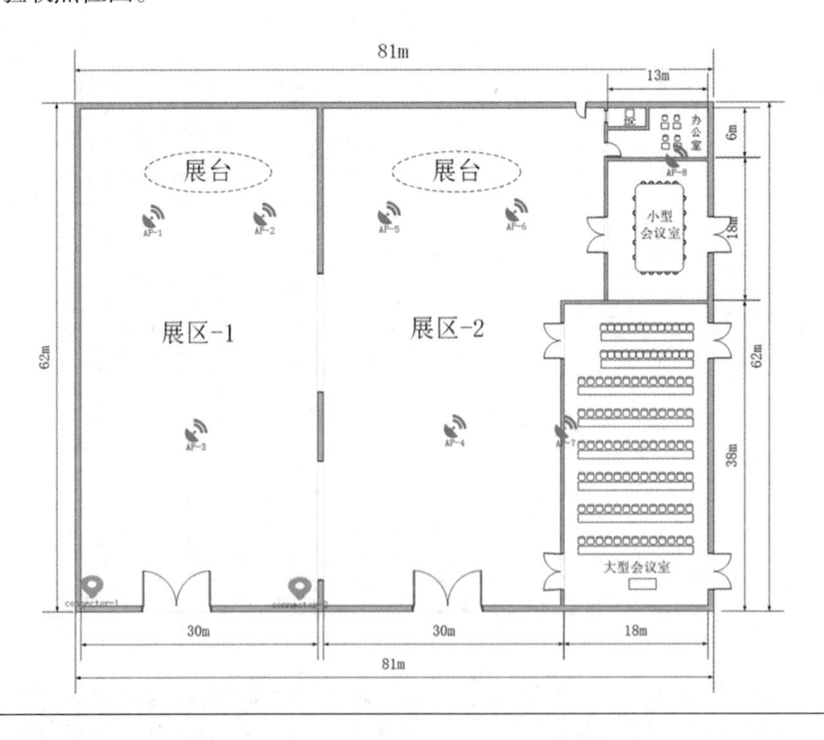

## 项目拓展

（1）无线工勘前期准备有（　　）。（多选）

A．获取并熟悉覆盖区域平面图

B．初步了解用户接入需求

C．初步了解用户现网情况

D．确定用户方项目接口人

E．勘测工具准备

F．勘测软件准备

（2）无线工勘报告包括（　　）。（多选）

A．无线工勘报告

B．无线工勘报告分析

C．AP 点位图

D．AP 点位图说明

E．AP 信息表

F．物料清单

G．安装环境检查表

# 项目 11　会展中心智能无线网络的部署

## 项目描述

某会展中心对 Jan16 公司提供的无线工勘报告非常满意，按无线工勘报告的设备清单先完成了对无线 AC、AP、交换机、POE 适配器等设备的采购，并将所有的 AP 都安装到指定位置，对设备进行调试。

鉴于对 Jan16 公司网络工程师专业性的高度认可，会展中心决定继续由 Jan16 公司进行设备的部署和调试。第一期拟将会展中心展区的两台 AP 先启用，并帮助会展中心的网络管理员熟悉无线网络的配置与管理工作。会展中心智能无线网络部署第一期项目网络拓扑如图 11-1 所示。

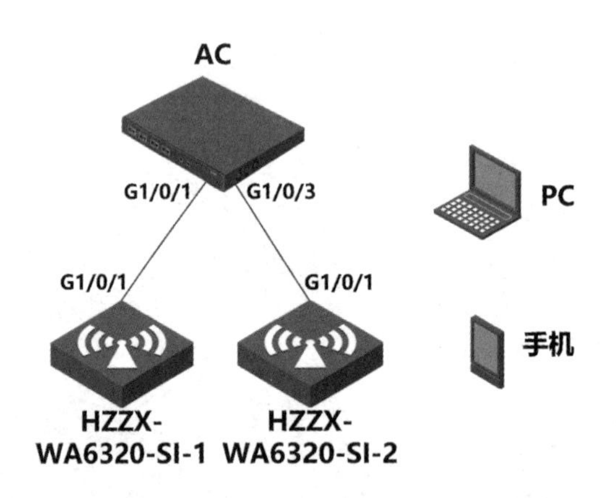


**图 11-1　会展中心智能无线网络部署第一期项目网络拓扑**

无线局域网的组网根据实际的应用场景可以采用不同的组网方式。对于大多数家庭和小型企业办公室来说，多采用无线路由器或 Fat AP 组网，但是对于大型的局域网来说就必须采用 Fit AP 组网。而智能无线网通常就是指 Fit AP 无线组网方式，它由 AC+AP 构成，会展中心智能无线信号覆盖项目正是采用的这种组网方式。

若进行智能无线网络的配置与管理，需要掌握以下知识。

（1）熟悉 Fat AP 和 Fit AP 的区别。

（2）熟悉 Fit AP 的工作原理。

（3）了解 CAPWAP 的基本原理。

（4）了解二层漫游与三层漫游。

（5）了解本地转发与集中转发。

会展中心智能无线网络部署一期项目由一台 AC 和两台 AP 构成，由于 WX2540H 有 4 个有线网接口，且从 AP 到 AC 的距离不超过 100m，因此本项目可以通过 AC+AP 的方式进行部署，具体实施包括以下两个步骤。

（1）会展中心无线网络的 VLAN 规划、端口互联规划、IP 规划、WLAN 规划等。

（2）会展中心无线网络的部署与测试。

## 11.1　Fat AP 和 Fit AP 的概述

### 1. Fat AP 在中大型网络应用中的劣势

Fat AP 适用于小型公司、办公室、家庭等无线信号覆盖场景。在中大型网络应用中，网络管理员需要部署几十台甚至几千台 Fat AP 来实现整个园区网络的无线信号覆盖，如一个一万人规模的学校需要的 Fat AP 数量在 2000 左右。在部署 Fat AP 时必须针对每台 Fat AP 进行配置和管理，包括 AP 命名、SSID、信道、ACL 等。试想一下，网络管理员面对这几千台 AP 都需要单点管理时，如何应对以下任务。

- 修改所有 AP 的黑/白名单。
- 修改所有 AP 的 SSID。
- 修改所有 AP 的 5GHz 工作频段。
- 每天检测出现故障的 AP 的数量及位置。
- 巡检 AP，并针对 AP 信道冲突进行优化。

……

面对大量需要管理的 AP，单点管理对于管理员而言压力巨大，同时暴露出了 Fat AP 在进行中大型网络部署时存在的弊端，举例如下。

- WLAN 建网需要对 AP 进行逐一配置，如网关 IP 地址、SSID 加密认证方式、QoS 服务策略等，这些基础配置工作需要大量的人工成本。
- 管理 AP 时需要维护一张 AP 的专属 IP 地址列表，维护工作量大。
- 查看网络运行状况、用户统计、在线更改服务策略和安全策略设定时，需要逐一登录到 AP 设备上才能完成相应的操作。
- 不支持无线三层漫游功能，用户的移动办公体验差。

- 升级 AP 软件需要手动逐一对设备进行升级，对 AP 设备进行重配置时需要进行全网重配置，维护成本高。

### 2. Fit AP

因为采用 Fat AP 进行中大规模组网管理比较繁杂，也不支持用户的无缝漫游，所以在中大规模组网中一般采用 AC+Fit AP 组网方式。AC+Fit AP 组网方式对设备的功能进行了重新划分，其中：

- AC 负责无线网络的接入控制、转发和统计，AP 的配置监控，漫游管理，AP 的网管代理、安全控制。
- Fit AP 负责 802.11 报文的加解密、802.11 的物理层功能、接受 AC 的管理、RF 空口的统计等简单功能。

### 3. Fat AP 和 Fit AP 组网比较

Fat AP 和 Fit AP 组网模式如图 11-2 所示。由图 11-2 可以看出，Fit AP 的管理功能全部交由 AC 负责，Fit AP 只负责信号传输，对于整网 Fit AP 的管理，只需要在 AC 上进行统一管理和配置即可，大大简化了 Fit AP 的管理工作。Fit AP 组网模式具有以下优点。

（1）集中管理，只需要在 AC 上配置，AP 零配置，管理简易。

（2）Fit AP 启动时自动从 AC 下载配置信息，AC 还可以对 AP 进行自动升级。

（3）支持射频环境监控，可基于用户位置部署安全策略，实现高安全性。

（4）支持二层漫游和三层漫游，适合中大规模组网。

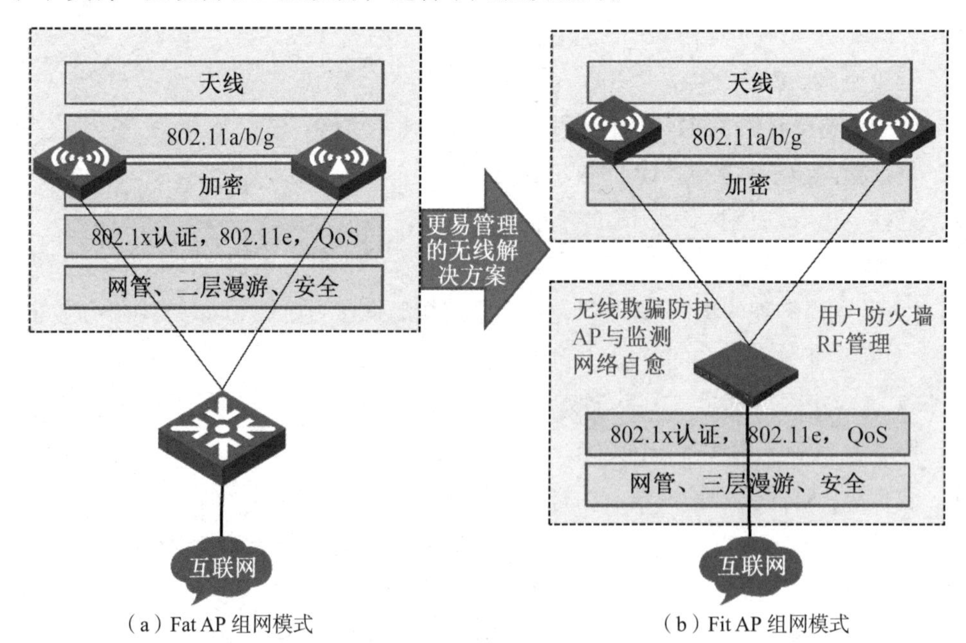


（a）Fat AP 组网模式　　（b）Fit AP 组网模式

**图 11-2　Fat AP 和 Fit AP 组网模式**

Fat AP 与 Fit AP 组网比较如表 11-1 所示。在中大规模组网部署应用的情况下，Fit AP 具有方便集中管理、三层漫游、基于用户下发权限等优势。因此，Fit AP 更适合 WLAN 的发展趋势。

**表 11-1　Fat AP 和 Fit AP 组网比较**

| 对比内容 | Fat AP | Fit AP |
| --- | --- | --- |
| 安全性 | 传统加密、认证方式、普通安全性 | 支持射频环境监控、基于用户位置部署安全策略、实现高安全性 |
| 网络管理 | 对每台 AP 下发配置文件 | 在 AC 上配置，AP 零配置 |
| 用户管理 | 类似有线网络，根据 AP 接入的有线端口区分权限，需要针对每台 AP 进行配置 | 采用无线虚拟专用组方式，根据用户名区分权限，整网统一管理 |
| 业务能力 | （1）支持二层漫游<br>（2）可实现简单数据接入 | （1）支持二层、三层漫游<br>（2）可通过 AC 增强业务 QoS、安全等功能<br>（3）可智能调整 AP 功率、信道 |
| LAN 组网规模 | 适合小规模组网，成本较低 | （1）存在多厂商间的兼容性问题，AC 和 AP 间采用 CAPWAP，但各厂商未能采用统一的 CAPWAP 隧道，因此组网时需要采用相同厂商的设备<br>（2）与原网络拓扑无关，适合大规模组网，成本较高 |

## 4. Fit AP 组网方式

根据 AP 与 AC 之间的组网方式，其组网架构可分为二层组网和三层组网两种组网方式。

（1）二层组网方式。

当 AC 与 AP 之间的网络为直连网络或二层网络时，此组网方式为二层组网方式。Fit AP 和 AC 属于一个二层广播域，Fit AP 和 AC 之间通过二层交换机互联。二层组网方式比较简单，适用于简单或临时的组网，能够进行比较快速的组网配置，但该方式不适用于大型组网架构。本项目中的会展中心只有一楼，且 AP 数量较少，非常适合采用这种组网方式。二层组网方式如图 11-3 所示。

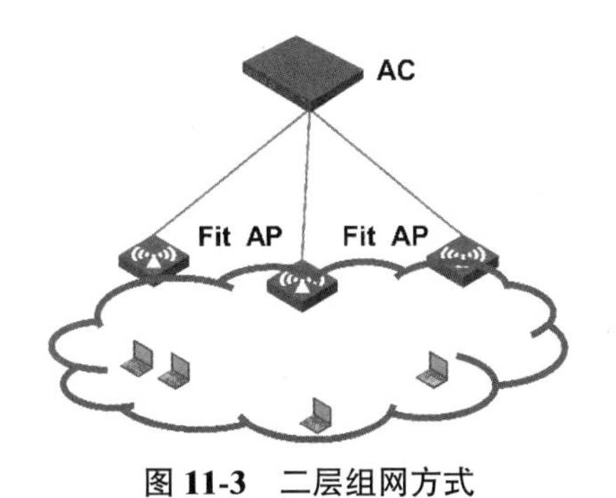


**图 11-3　二层组网方式**

（2）三层组网方式。

当 AP 与 AC 之间的网络为三层网络时，WLAN 组网为三层组网方式，在该方式下，

Fit AP 和 AC 属于不同的 IP 网段，Fit AP 和 AC 之间的通信需要通过路由器或三层交换机的路由转发功能来完成。

在实际组网中，一台 AC 可以连接几十台甚至几千台 AP，组网一般比较复杂。例如，在校园网络中，AP 可以部署在教室、宿舍、会议室、体育馆等场所，而 AC 部署在核心机房，这样 AP 和 AC 之间的网络就必须采用比较复杂的三层网络。三层组网方式如图 11-4 所示。

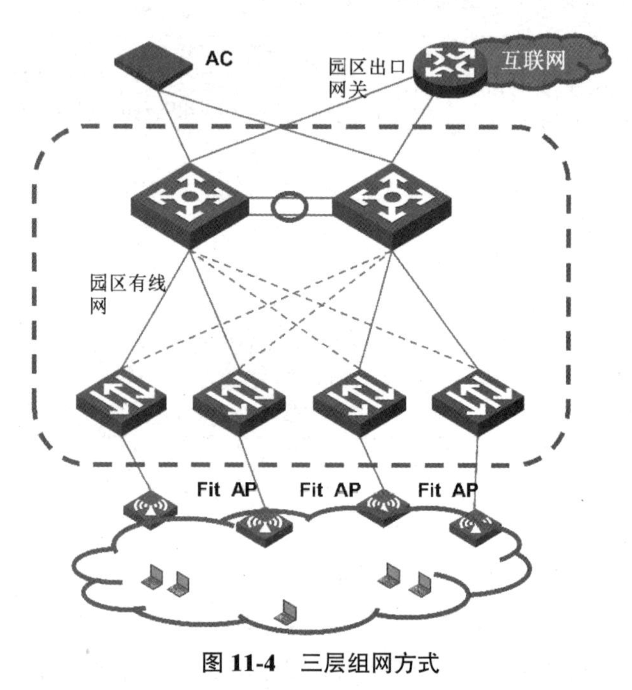


图 11-4　三层组网方式

## 11.2　CAPWAP 隧道技术

在 Fit AP 组网模式中，AC 负责 AP 的管理与配置，那么 AC 和 AP 如何相互发现和通信呢？在以 AC+Fit AP 为架构的 WLAN 网络下，AP 与 AC 间的通信接口的定义成为整个无线网络的关键。国际标准化组织及部分厂商为统一 AP 与 AC 间的通信接口制定了一些规范，其中，目前普遍使用的是 CAPWAP 协议。

CAPWAP 协议定义了 AP 与 AC 之间如何通信，为实现 AP 和 AC 之间的互通性提供了通用封装和传输机制。

### 1. CAPWAP 协议的基本概念

CAPWAP 协议用于 AP 和 AC 之间的通信交互，实现 AC 对其所关联的 AP 的集中管理和控制。该协议主要包括以下内容。

（1）AP 对 AC 的自动发现，以及对 AP 和 AC 的状态机的运行、维护。AP 启动后将通过 DHCP 自动获取 IP 地址，并基于用户数据报协议（User Datagram Protocol，UDP）主动联系 AC，AP 运行后将接受 AC 的管理与监控。

（2）AC 对 AP 进行管理、业务配置下发。AC 负责 AP 的配置管理，包括 SSID、VLAN、信道、功率等内容。

（3）Sta 的数据被封装在 CAPWAP 隧道进行转发。在集中转发模式下，Sta 发送的数据将被 AP 封装成 CAPWAP 报文，通过 CAPWAP 隧道发送到 AC，由 AC 负责转发。

## 2. CAPWAP 的集中转发与本地转发

从 Sta 数据报文转发的角度出发，可将 Fit AP 的架构进一步划分为两种：集中转发模式和本地转发模式。

（1）集中转发模式。

集中转发模式也称为隧道转发模式，在该转发模式里，所有 Sta 的数据报文和 AP 的控制报文都先通过 CAPWAP 隧道被转发到 AC，再由 AC 集中交换和处理，如图 11-5 所示。因此，AC 不但要对 AP 进行管理，还要作为 AP 流量的转发中枢。

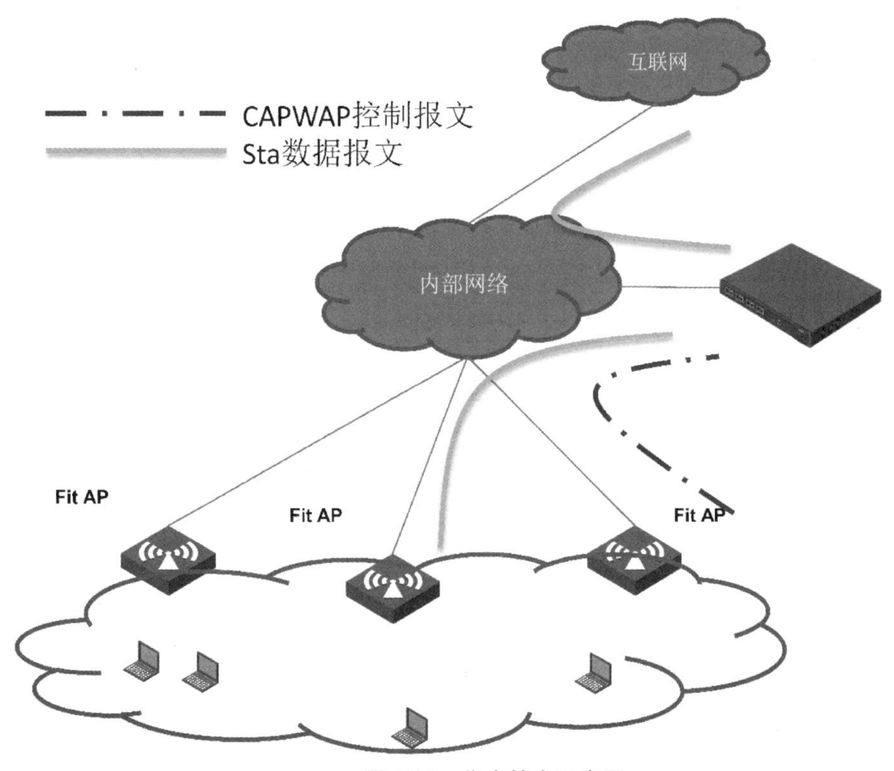


图 11-5　集中转发示意图

（2）本地转发模式。

在本地转发模式里，AC 只对 AP 进行管理，业务数据都由本地直接转发，即 AP 管理流被封装在 CAPWAP 隧道中转发给 AC，由 AC 负责处理，如图 11-6 所示。AP 的业务流不加 CAPWAP 封装，而直接由 AP 转发给上联交换设备，然后交换机进行本地转发。因此，对于用户的数据，其对应的 VLAN 对于 AP 来说不再透明，AP 需要根据用户所处的 VLAN 打上相应的 802.1Q 标签，然后转发给上联交换机，上联交换机则按 802.1Q 规则直接转发该数据包。

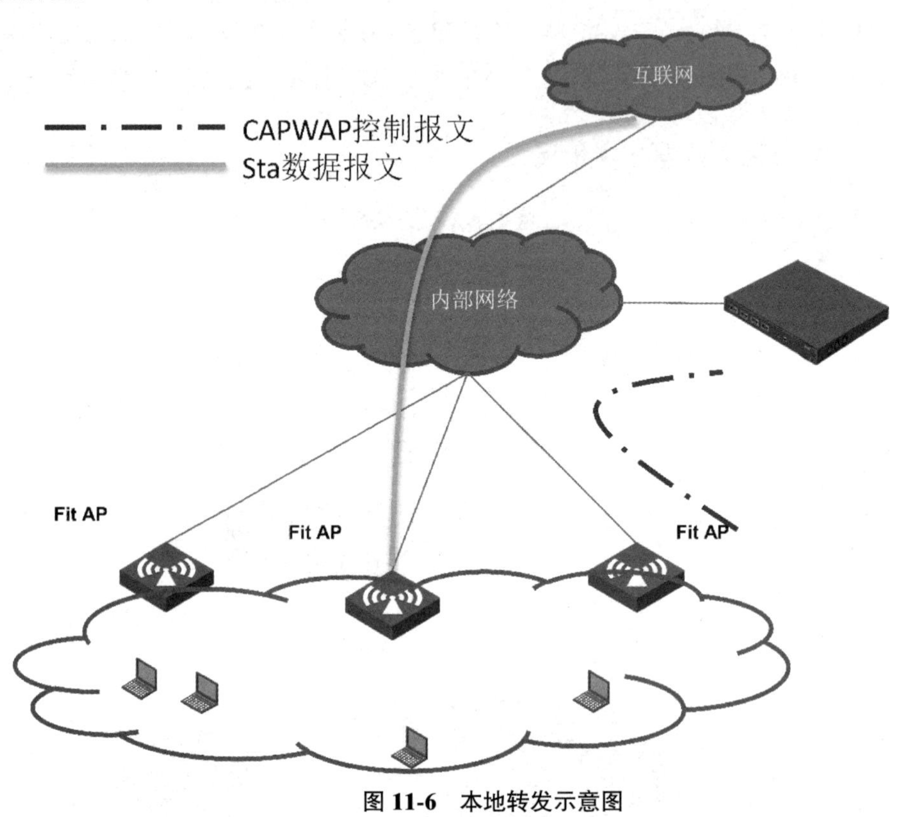


图 11-6　本地转发示意图

通过对比两种模式可以发现，随着 Sta 传输速率的不断提高，AC 的转发压力也随之增大。如果采用集中转发模式，那么对于 AC 的包处理能力和原有有线网络的数据转发都是较大的挑战。而采用本地转发模式后，AC 只对 AP 与 Sta 进行管理和控制，不负责 Sta 业务数据的转发，这既减轻了 AC 的负担，也降低了有线网络的网络流量。

### 3. 集中转发与本地转发的典型案例

（1）集中转发的典型案例。

在酒店无线网络应用场景中，客户的上网流量几乎都是访问外网的，以纵向流量为主，因此几乎所有的流量都是先发送到数据中心，再转发到外网。综合考虑客户的上网安全和网络流量特征，如果采用本地转发，那么在增加接入交换机和 AP 的包处理工作量的基础上并不能提升网络性能；而若采用集中转发，则有利于保证用户数据安全，同时可以充分利用 AC 的包处理能力提升网络性能。

（2）本地转发的典型案例。

在校园网基于无线网络开展互动教学的场景中，教师计算机和学生平板电脑在课室内部有大量的数据交互，且以横向流量为主。如果采用集中转发，那么这些数据都需要先从课室经由骨干网络发送到数据中心 AC，然后经由骨干网络转发回课室的各设备，这些数据相当于都必须由课室到数据中心的 AC 转一个来回，既耗费有线网络和无线 AC 的资源，同时数据延迟比较大。如果采用本地转发模式，那么将直接通过课室本地交换机处理这些交互数据，不仅会降低骨干网络负载，还有效解决了数据延迟的问题。

# 11.3 CAPWAP 隧道的建立过程

AP 启动后先要找到 AC，然后和 AC 建立 CAPWAP 隧道，它需要经历 AP 通过 DHCP 获得 IP（DHCP）、AP 通过“发现”机制寻找 AC（Discover）、AP 和 AC 建立 DTLS 连接（DTLS Connect）、在 AC 中注册 AP（Join）、固件升级（Image Data）、AP 配置请求（Configure）、AP 状态事件响应（State Event）、AP 工作（Run）、AP 配置更新管理（Update Config）等过程和状态，如图 11-7 所示。

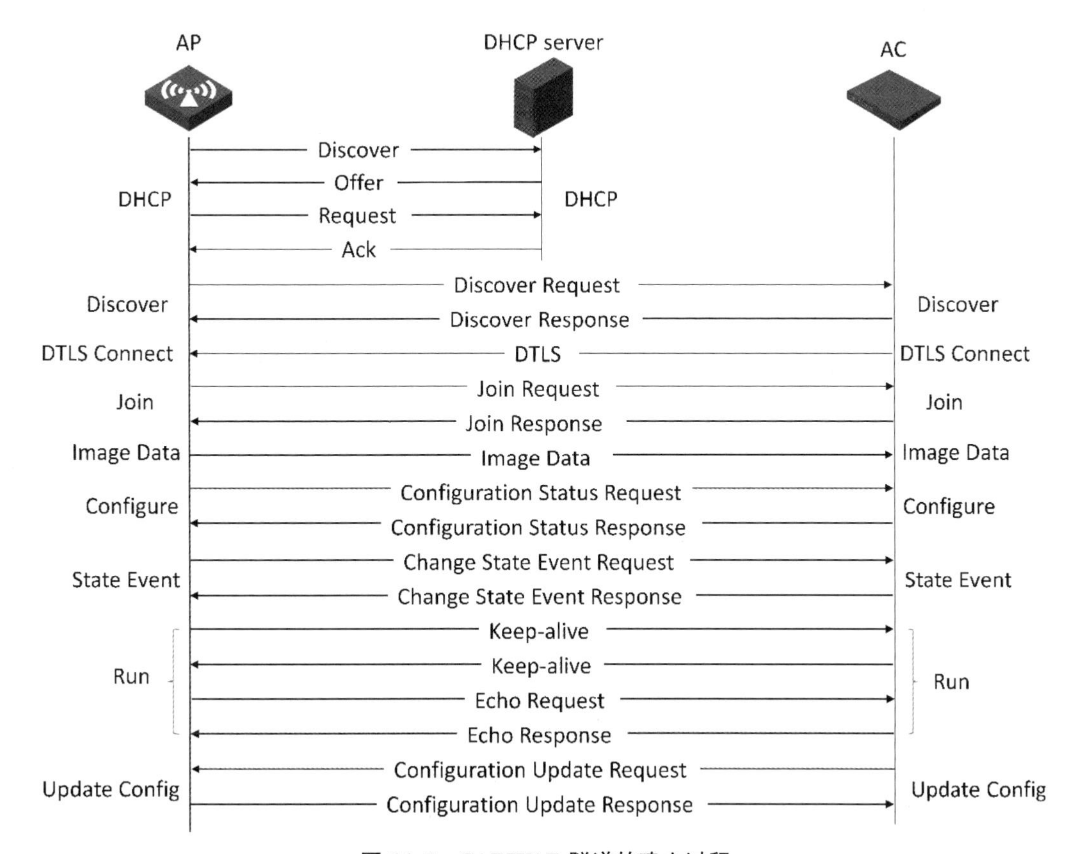


**图 11-7 CAPWAP 隧道的建立过程**

### 1. AP 通过 DHCP 获得 IP

AP 启动后，它首先作为一个 DHCP Client（客户端）寻找 DHCP Server（服务器），当它找到 DHCP Server 后将最终获得 IP 地址、租约、DNS、Option 字段信息等配置信息，其中，Option 字段信息包含了 AC 的地址列表，AP 获取 IP 后将通过 Option 字段信息里面的地址联系 AC。

AP 和 DHCP Server 通信并获得 IP 地址的过程包括 Discover（发现）、Offer（提供）、Request（请求）、Ack（确认），如图 11-8 所示。

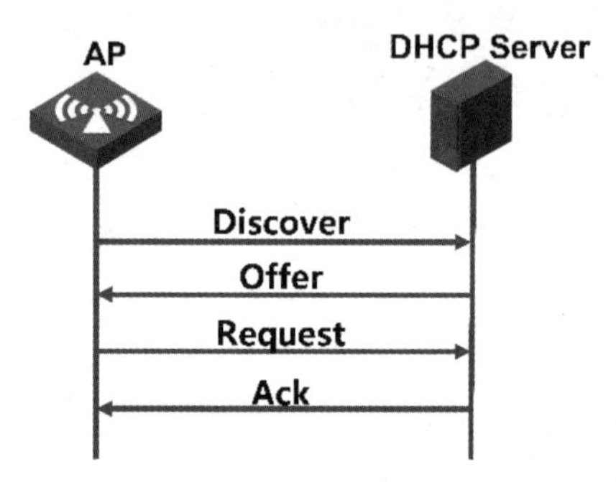


**图 11-8　AP 通过 DHCP 获得 IP 的过程**

### 2. AP 通过“发现”机制寻找 AC

在 AP 通过 DHCP 获得 IP 的过程中，AP 是从 DHCP 的 Option 信息中获得 AC 的 IP 地址列表的，但如果网络原有的 DHCP 服务器并没有提供这项配置，那么工程师可以预先对 AP 配置 AC IP 列表，这样 AP 启动后就可以基于 AC IP 列表地址寻找 AC 了，AP 通过“发现”机制寻找 AC 的过程如图 11-9 所示。

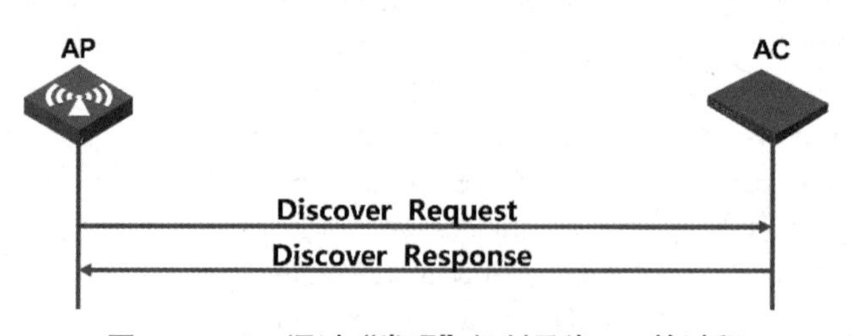


**图 11-9　AP 通过“发现”机制寻找 AC 的过程**

AP 可以通过单播或广播寻找 AC，具体情形如下。

- 单播寻找 AC：若 AP 存在 AC IP 列表，则通过单播发送报文给 AC。
- 广播寻找 AC：若 AP 不存在 AC IP 列表或单播没有回应，则通过广播发送报文寻找 AC。

AP 会给 AC IP 列表的所有 AC 发送“Discover Request（发现请求）”报文，当 AC 收到该报文后会发送一个单播“Discover Response（发现响应）”给 AP。因此，AP 可能收到多个 AC 的“Discover Response”，AP 将根据 AC 响应数据包中的 AC 优先级或其他策略（如 AP 数量等）来确定与哪台 AC 建立 CAPWAP 连接。

### 3. AP 和 AC 建立 DTLS 连接

DTLS 提供了 UDP 传输场景下的安全解决方案，能防止消息被窃听、篡改及身份冒充等问题。

在 AP 通过“发现”机制寻找 AC 的过程中，AP 接收 AC 的响应消息后，它开始与 AC 建立 CAPWAP 隧道。由于从下一步在 AC 中注册 AP 开始的 CAPWAP 控制报文都必须经过 DTLS 加密传输，因此在本阶段 AP 和 AC 将通过协商建立 DTLS 连接，如图 11-10 所示。

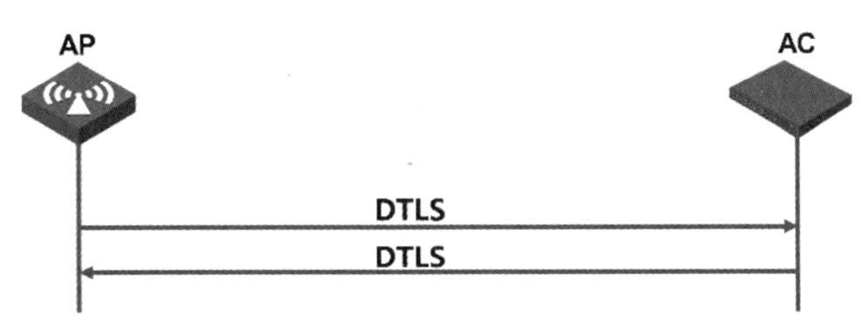


**图 11-10　AC 和 AP 建立 DTLS 连接**

### 4. 在 AC 中注册 AP

在 AC 中注册 AP，前提是 AC 和 AP 工作在相同的工作机制上，包括系统版本号、控制报文优先级等信息。在 AC 中注册 AP 的过程如图 11-11 所示。

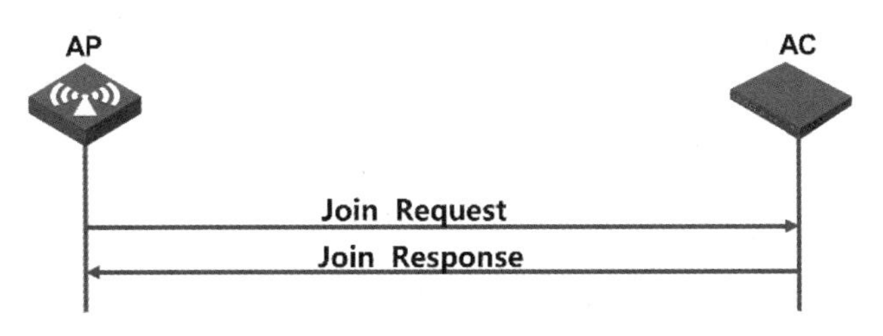


**图 11-11　在 AC 中注册 AP 的过程**

AP 和 AC 建立 CAPWAP 隧道连接后，AC 与 AP 开始建立控制通道。在建立控制通道的过程中，AP 通过发送“Joiny Request（加入请求）”报文将 AP 的相关信息（如 AP 版本信息、Fat/Fit 模式信息等）发送给 AC。AC 收到该消息后，将校验 AP 是否在黑/白名单中，通过校验，AC 会检查 AP 的当前版本。若 AP 的版本与 AC 要求的版本不匹配，则 AP 和 AC 会进入 Image Data 状态进行固件升级，并更新 AP 的版本；若 AP 的版本符合要求，则先发送“Join Response（加入响应）”报文（主要包括用户配置的升级版本号、握手报文间隔/超时时间、控制报文优先级等信息）给 AP，然后进入 Configure 状态进行 AP 配置请求。

### 5. 固件升级

AP 比对 AC 的版本信息，若 AP 版本号较旧，则 AP 通过“Image Data Request（映像数据请求）”和“Image Data Response（映像数据响应）”报文在 CAPWAP 隧道上开始更新软件版本，如图 11-12 所示。AP 在软件更新完成后会重新启动，重新进行 AC 发现、建立 CAPWAP 隧道等过程。

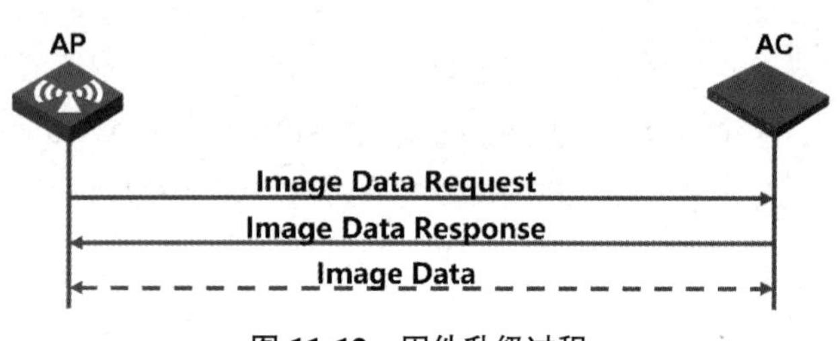


**图 11-12 固件升级过程**

### 6. AP 配置请求

AP 在 AC 中注册成功且固件版本信息检测通过后，AP 将发送“Configuration Status Request（配置状态请求）”报文给 AC，报文包括 AC 名称、AP 当前配置状态等信息。

AC 收到 AP 的配置请求报文后，将进行 AP 的现有配置和 AC 设定配置的匹配检查，如果不匹配，那么 AC 会通过“Configuration Status Response（配置状态响应）”报文将最新的 AP 配置信息发送给 AP，AC 对 AP 的配置进行覆盖。AP 配置请求过程如图 11-13 所示。

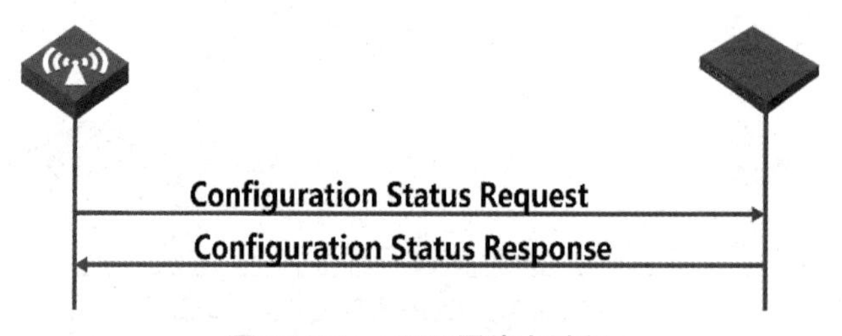


**图 11-13 AP 配置请求过程**

### 7. AP 状态事件响应

AP 完成配置更新后，AP 将会发送“Change State Event Request（更改状态事件请求）”报文，其中包含 Radio、Result、Code 等配置信息，AC 收到“Change State Event Request”报文后，会对 AP 配置信息进行数据检测，若不匹配，则重新进行 AP 配置请求；若检测通过，则 AC 回应“Change State Event Response（更改状态事件响应）”报文，AP 保持当前状态继续工作，AP 将进入工作（Run）状态，开始提供无线接入服务。

AP 除了在完成第一次配置更新时会发送“Change State Event Request”报文，当 AP 自身的工作状态发生变化时也会通过发送“Change State Event Request”报文告知 AC。AP 状态事件响应过程如图 11-14 所示。

图 11-14　AP 状态事件响应过程

### 8. AP 工作

AP 开始工作后，需要与 AC 保持互联，它通过发送两种报文给 AC 来维护 AC 和 AP 的数据隧道和控制隧道。

（1）数据隧道。

“Keep-alive（保持连接）”数据通信用于 AP 和 AC 双方确认 CAPWAP 中数据隧道的工作状态，确保数据隧道保持畅通。AP 与 AC 间的“Keep-alive”数据隧道周期性检测机制如图 11-15 所示。AP 周期性发送“Keep-alive”到 AC，AC 收到后将确认数据隧道状态，若正常，则 AC 也将回应“Keep-alive”，AP 保持当前状态继续工作，定时器重新开始计时；若不正常，则 AC 会根据故障类型进行自动排障或告警。

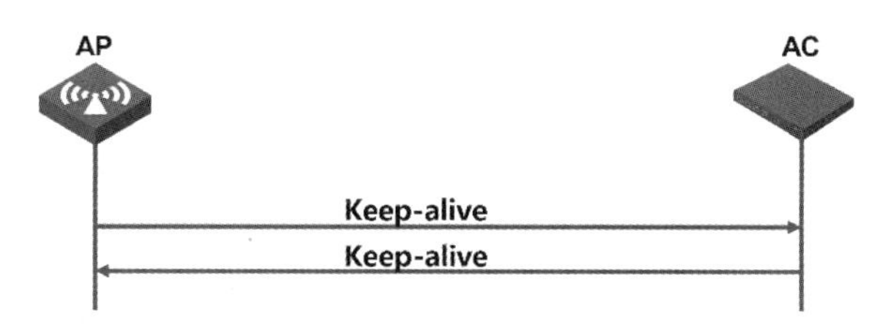


图 11-15　AP 与 AC 间的“Keep-alive”数据隧道周期性检测机制

（2）控制隧道。

AP 与 AC 间的“Echo”控制隧道周期性检测机制如图 11-16 所示。AP 周期性发送“Echo Request（回显请求）”报文给 AC，并希望得到 AC 的回复以确定控制隧道的工作状态，该报文包括 AP 与 AC 间控制隧道的相关状态信息。

AC 收到“Echo Request”报文后，将检测控制隧道的状态，若没有异常，则回应“Echo Response（回显响应）”报文给 AP，并重置隧道超时定时器；若有异常，则 AC 会进入自检程序或告警。

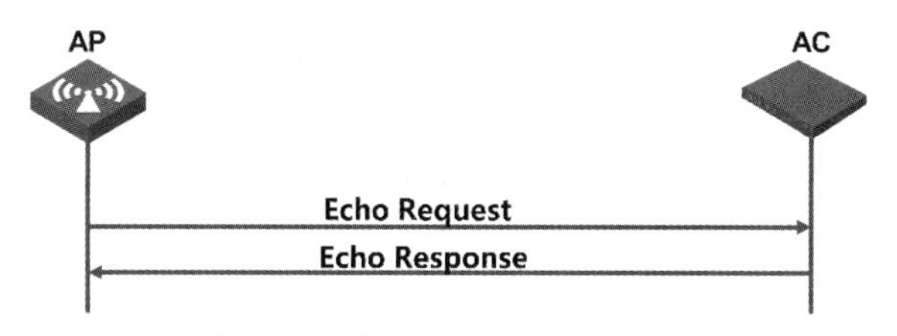


图 11-16　AP 与 AC 间的“Echo”控制隧道周期性检测机制

### 9. AP 配置更新管理

当 AC 在运行状态中需要对 AP 进行配置更新操作时，AC 发送“Configure Update Request（配置更新请求）”给 AP，AP 收到该消息后将发送“Configure Update Response（配置更新响应）”给 AC，并进入 AP 配置更新过程，如图 11-17 所示。

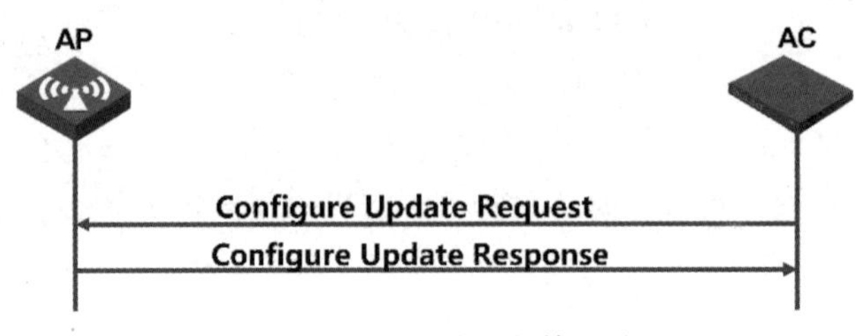


图 11-17　AP 配置更新管理过程

## 11.4　Fit AP 配置过程

AP 的配置主要分为有线部分和无线部分，AP 配置逻辑图如图 11-18 所示。

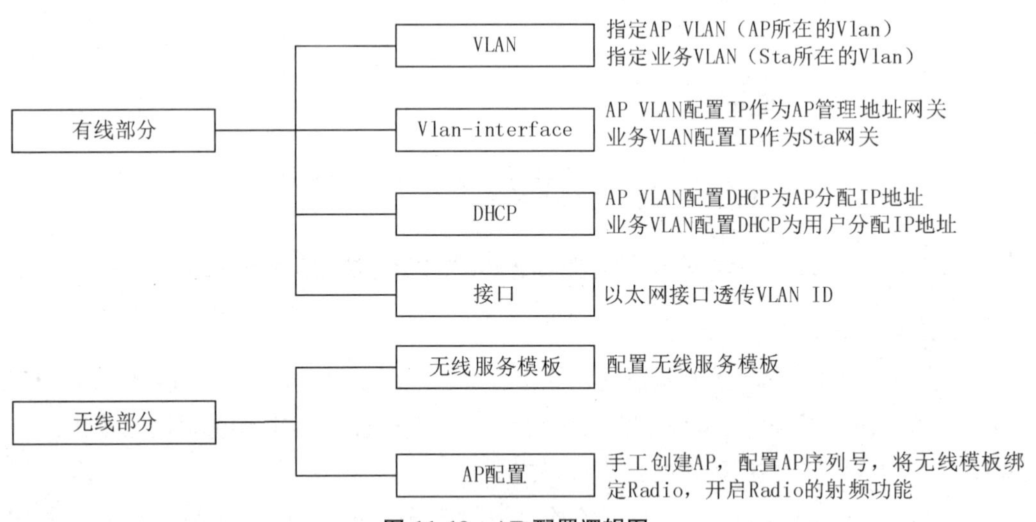


图 11-18　AP 配置逻辑图

### 1. 有线部分的配置

（1）指定 AP VLAN 及业务 VLAN，分别为 AP 所在的 VLAN 及 Sta 所在的 VLAN。

（2）配置 Vlan-interface 接口 IP 地址，分别作为 AP 及 Sta 的网关。

（3）配置 DHCP 服务，在 AP VLAN 开启 DHCP 服务，为 AP 分配 IP 地址并通过 138 选项字段，将 AC 的 CAPWAP 隧道源地址告知 AP，AP 获取该字段信息后，主动与 AC 建立 CAPWAP 隧道；在业务 VLAN 开启 DHCP 服务，为 Sta 分配 IP 地址。

（4）配置网络设备（可能是交换机）连接 AP 的接口，通过封装相应的 VLAN 使这些

VLAN 中的数据可以通过以太网接口转发到 AP。

### 2. 无线部分的配置

（1）配置无线服务模板，配置 SSID 名称、加密方式等。用户可以通过搜索 SSID 加入相应的 WLAN。

（2）AP 配置，手工创建 AP，配置 AP 序列号，将无线服务模板绑定到 Radio ，开启 Radio 的射频功能。

# 项目规划设计

## ▶ 项目拓扑

会展中心的网络是新安装的，本项目仅用于测试，因此将采用 AP 和 AC 直连的方式部署，会展中心智能无线网络部署测试项目网络拓扑如图 11-19 所示。

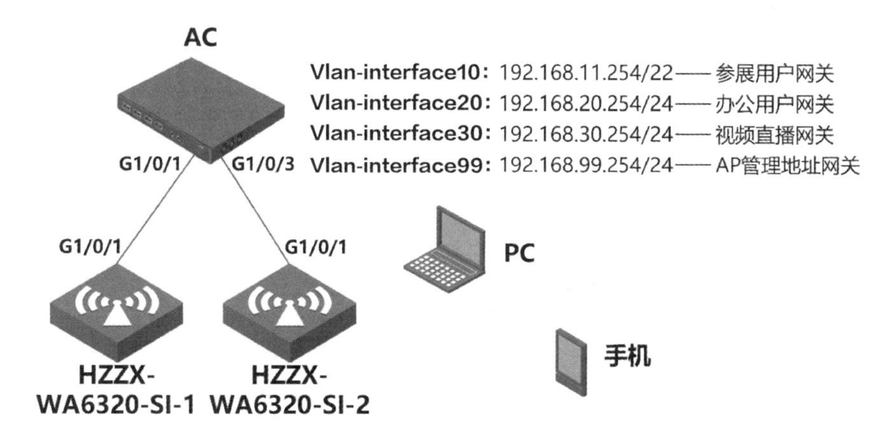


图 11-19　会展中心智能无线网络部署测试项目网络拓扑

## ▶ 项目规划

根据图 11-19 进行项目规划，项目 11 的 VLAN 规划、设备管理规划、端口互联规划、IP 规划、service-template 规划、AP 规划如表 11-2 ~ 表 11-7 所示。

表 11-2　VLAN 规划

| VLAN-ID | VLAN 命名 | 网段 | 用途 |
|---|---|---|---|
| VLAN 10 | guest | 192.168.8.0/22 | 参展用户网段 |
| VLAN 20 | office | 192.168.20.0/24 | 办公用户网段 |

续表

| VLAN-ID | VLAN 命名 | 网段 | 用途 |
|---|---|---|---|
| VLAN 30 | video | 192.168.30.0/24 | 视频直播网段 |
| VLAN 99 | AP-Guanli | 192.168.99.0/24 | AP 管理地址网段 |

**表 11-3　设备管理规划**

| 设备类型 | 型号 | 设备命名 | 用户名 | 密码 |
|---|---|---|---|---|
| 无线接入点 | WA6320-SI | HZZX-WA6320-SI-1 | N/A | N/A |
| | | HZZX-WA6320-SI-2 | N/A | N/A |
| 无线控制器 | WX2540H | AC | Jan16 | Jan16@123456 |

**表 11-4　端口互联规划**

| 本端设备 | 本端端口 | 端口配置 | 对端设备 | 对端端口 |
|---|---|---|---|---|
| HZZX-WA6320-SI-1 | G1/0/1 | N/A | AC | G1/0/1 |
| HZZX-WA6320-SI-2 | G1/0/1 | N/A | | G1/0/3 |
| AC | G1/0/1 | trunk | HZZX- WA6320-SI-1 | G1/0/1 |
| | G1/0/3 | trunk | HZZX- WA6320-SI-2 | G1/0/1 |

**表 11-5　IP 规划**

| 设备 | 接口 | IP 地址 | 用途 |
|---|---|---|---|
| AC | Vlan-interface 10 | 192.168.8.1/22 ~ 192.168.11.253/22 | DHCP 分配给参展用户终端 |
| | | 192.168.11.254/22 | 参展用户网段网关 |
| | Vlan-interface 20 | 192.168.20.1/24 ~ 192.168.20.253/24 | DHCP 分配给办公用户终端 |
| | | 192.168.20.254/24 | 办公用户网段网关 |
| | Vlan-interface 30 | 192.168.30.1/24 ~ 192.168.30.253/24 | DHCP 分配给视频直播终端 |
| | | 192.168.30.254/24 | 视频直播网段网关 |
| | Vlan-interface 99 | 192.168.99.1/24 ~ 192.168.99.253/24 | DHCP 分配给 AP 设备 |
| | | 192.168.99.254/24 | AP 管理地址网段网关 |
| HZZX-WA6320-SI-1 | Vlan-interface 99 | DHCP | 从 VLAN 99 获取 IP 与 AC 建立 CAPWAP 隧道 |
| HZZX-WA6320-SI-2 | Vlan-interface 99 | DHCP | 从 VLAN 99 获取 IP 与 AC 建立 CAPWAP 隧道 |

**表 11-6　service-template 规划**

| service-template | VLAN | SSID | 密码 | 加密方式 | 接口安全模式 | 是否广播 |
|---|---|---|---|---|---|---|
| ap1 | 10 | guest | 无（默认） | 无（默认） | 无（默认） | 是（默认） |
| ap2 | 20 | office | Jan16@2022 | WPA2（RSN） | PSK | 是（默认） |
| ap3 | 30 | video | 无（默认） | 无（默认） | 无（默认） | 否 |

表 11-7　AP 规划

| AP 名称 | SN | service-template | 信道绑定 | 功率 |
|---|---|---|---|---|
| HZZX-WA6320-SI-1 | 219801A2N18219E00W15 | ap1<br>ap2<br>ap3 | radio 1 | 100% |
| HZZX-WA6320-SI-2 | 219801A2N18219E00TVV | ap1<br>ap2<br>ap3 | radio 1 | 100% |

## 项目实践

# 任务 11-1　会展中心 AC 的基础配置

扫一扫，看微课

## ▶ 任务描述

会展中心 AC 的基础配置包括远程管理配置、VLAN 和 IP 地址配置、DHCP 配置、端口配置。

## ▶ 任务操作

### 1. 远程管理配置

配置远程登录和管理密码。

```
<H3C>system-view                                          //进入系统视图
[H3C]sysname AC                                           //配置设备名称
[AC]user-interface vty 0 4                                //进入虚拟链路
[AC-line-vty0-4]protocol inbound telnet                   //配置协议为 telnet
[AC-line-vty0-4]authentication-mode scheme                //配置认证模式为 AAA
[AC-line-vty0-4]quit                                      //退出
[AC]local-user jan16                                      //创建用户 jan16
[AC-luser-manage-jan16]password simple Jan16@123456 //配置密码 Jan16@123456
[AC-luser-manage-jan16]service-type telnet          //配置用户类型为 telnet 用户
[AC-luser-manage-jan16]authorization-attribute user-role level-15  //配置用户等级为 15
[AC-luser-manage-jan16]quit                               //退出
```

### 2. VLAN 和 IP 地址配置

创建各部门使用的 VLAN，配置设备的 IP 地址，即各用户的网关地址。

```
[AC]vlan 10                                        //创建 VLAN 10
[AC-vlan10]name guest                              //将 VLAN 命名为 guest
[AC-vlan10]quit                                    //退出
[AC]vlan 20                                        //创建 VLAN 20
[AC-vlan20]name office                             //将 VLAN 命名为 office
[AC-vlan20]quit                                    //退出
[AC]vlan 30                                        //创建 VLAN 30
[AC-vlan30]name video                              //将 VLAN 命名为 video
[AC-vlan30]quit                                    //退出
[AC]vlan 99                                        //创建 VLAN 99
[AC-vlan99]name AP-Guanli                          //将 VLAN 命名为 AP-Guanli
[AC-vlan99]quit                                    //退出
[AC]interface Vlan-interface 10                    //进入 Vlan-interface 10 接口
[AC-Vlan-interface10]ip address 192.168.11.254 22  //配置 IP 地址
[AC-Vlan-interface10]quit                          //退出
[AC]interface Vlan-interface 20                    //进入 Vlan-interface 20 接口
[AC-Vlan-interface20]ip address 192.168.20.254 24  //配置 IP 地址
[AC-Vlan-interface20]quit                          //退出
[AC]interface Vlan-interface 30                    //进入 Vlan-interface 30 接口
[AC-Vlan-interface30]ip address 192.168.30.254 24  //配置 IP 地址
[AC-Vlan-interface30]quit                          //退出
[AC]interface Vlan-interface 99                    //进入 Vlan-interface 99 接口
[AC-Vlan-interface99]ip address 192.168.99.254 24  //配置 IP 地址
[AC-Vlan-interface99]quit                          //退出
```

### 3. DHCP 配置

开启 DHCP 服务，创建 AP 和用户的 DHCP 地址池。

```
[AC]dhcp enable                                    //开启 DHCP 服务
[AC]dhcp server ip-pool vlan10                     //创建 Vlan-interface 10 的地址池
[AC-dhcp-pool-vlan10]network 192.168.8.0 22 //配置分配的 IP 地址段
[AC-dhcp-pool-vlan10]gateway-list 192.168.11.254   //配置分配的网关地址
[AC-dhcp-pool-vlan10]quit                          //退出
[AC]dhcp server ip-pool vlan20                     //创建 Vlan-interface 20 的地址池
[AC-dhcp-pool-vlan20]network 192.168.20.0 24       //配置分配的 IP 地址段
[AC-dhcp-pool-vlan20]gateway-list 192.168.20.254   //配置分配的网关地址
[AC-dhcp-pool-vlan20]quit                          //退出
```

```
[AC]dhcp server ip-pool vlan30                     //创建 Vlan-interface 30 的地址池
[AC-dhcp-pool-vlan30]network 192.168.30.0 24               //配置分配的 IP 地址段
[AC-dhcp-pool-vlan30]gateway-list 192.168.30.254     //配置分配的网关地址
[AC-dhcp-pool-vlan30]quit                          //退出
[AC]dhcp server ip-pool vlan99                     //创建 Vlan-interface 99 的地址池
[AC-dhcp-pool-vlan99]network 192.168.99.0 24               //配置分配的 IP 地址段
[AC-dhcp-pool-vlan99]gateway-list 192.168.99.254     //配置分配的网关地址
[AC-dhcp-pool-vlan99]quit                          //退出
```

### 4. 端口配置

配置连接 AP 的端口为 trunk 模式，修改默认 VLAN 为 AP VLAN，并配置端口放行 VLAN 列表，允许用户和 AP 的 VLAN 通过。

```
[AC]interface GigabitEthernet 1/0/1                     //进入 G1/0/1 端口视图
[AC-GigabitEthernet1/0/1]port link-type trunk           //配置端口类型为 trunk
[AC-GigabitEthernet1/0/1]port trunk pvid vlan 99 //配置端口默认 VLAN
[AC-GigabitEthernet1/0/1]port trunk permit vlan 99 //配置端口放行 VLAN 列表
[AC-GigabitEthernet1/0/1]quit                           //退出
[AC]interface GigabitEthernet 1/0/3                     //进入 G1/0/3 端口视图
[AC-GigabitEthernet1/0/3]port link-type trunk           //配置端口类型为 trunk
[AC-GigabitEthernet1/0/3]port trunk pvid vlan 99 //配置端口默认 VLAN
[AC-GigabitEthernet1/0/3]port trunk permit vlan 99 //配置端口放行 VLAN 列表
[AC-GigabitEthernet1/0/3]quit                           //退出
```

## ▶ 任务验证

（1）在 AC 上使用“display ip interface brief”命令，查看 IP 信息，如下所示。

```
[AC]display ip interface brief
*down: administratively down
(s): spoofing  (l): loopback
Interface           Physical  Protocol  IP Address      Description
Vlan1                 down      down      --              --
Vlan10                up        up       192.168.11.254   --
Vlan20                up        up       192.168.20.254   --
Vlan30                up        up       192.168.30.254   --
Vlan99                up        up       192.168.99.254   --
```

可以看到 4 个 Vlan-interface 接口都已配置了 IP 地址。

（2）在 AC 上使用“display vlan brief”命令，查看 VLAN 信息，如下所示。

```
[AC]display vlan brief
Brief information about all VLANs:
Supported Minimum VLAN ID: 1
Supported Maximum VLAN ID: 4094
Default VLAN ID: 1
VLAN ID   Name                       Port
1        VLAN 0001                  GE1/0/1  GE1/0/2  GE1/0/3  GE1/0/4
10       guest                       GE1/0/1  GE1/0/3
20       office                       GE1/0/1  GE1/0/3
30       video                       GE1/0/1  GE1/0/3
99       AP-Guanli                    GE1/0/1  GE1/0/3
```

（3）在 AC 上使用“display dhcp server ip-in-use”命令，查看 DHCP 地址下发信息，如下所示。

```
[AC]display dhcp server ip-in-use
IP address       Client identifier/       Lease expiration       Type
             Hardware address
192.168.99.1     0138-a91c-4cc7-c0      May 17 10:38:59 2022   Auto(C)
192.168.99.2     0138-a91c-4c3b-00      May 17 10:39:00 2022   Auto(C)
```

# 任务 11-2　会展中心 AC 的 WLAN 配置

## ▶ 任务描述

会展中心 AC 的 WLAN 配置包括无线服务模板配置和 AP 配置。

## ▶ 任务操作

### 1. 无线服务模板配置

创建无线服务模板，包括配置 SSID 名称、Vlan-id、加密方式和开启无线服务模板等。

```
[AC]wlan service-template ap1                      //创建无线服务模板 ap1
[AC-wlan-st-ap1]ssid guest                         //配置 SSID 为 guest
[AC-wlan-st-ap1]vlan 10                            //配置无线服务模板的 VLAN 为 10
[AC-wlan-st-ap1]service-template enable            //开启无线服务模板
```

```
[AC-wlan-st-ap1]quit                                       //退出
[AC]wlan service-template ap2                              //创建无线服务模板 ap2
[AC-wlan-st-ap2]ssid office                                //配置 SSID 为 office
[AC-wlan-st-ap2]vlan 20                                    //配置无线服务模板的 VLAN 为 20
[AC-wlan-st-ap2]akm mode psk                               //配置为预共享密钥模式
[AC-wlan-st-ap2]preshared-key pass-phrase simple Jan16@2022    //预共享密钥为 Jan16@2022
[AC-wlan-st-ap2]cipher-suite ccmp                          //使能 CCMP 加密套件
[AC-wlan-st-ap2]security-ie rsn                            //配置信标和探查帧携带 RSN IE 信息
[AC-wlan-st-ap2]service-template enable                    //开启无线服务模板
[AC-wlan-st-ap2]quit                                       //退出
[AC]wlan service-template ap3                              //创建无线服务模板 ap3
[AC-wlan-st-ap3]ssid video                                 //配置 SSID 为 video
[AC-wlan-st-ap3]beacon ssid-hide                           //隐藏 SSID
[AC-wlan-st-ap3]vlan 30                                    //配置无线服务模板的 VLAN 为 30
[AC-wlan-st-ap3]service-template enable                    //开启无线服务模板
[AC-wlan-st-ap3]quit                                       //退出
```

## 2. AP 配置

手工创建 AP,配置 AP 序列号,将无线服务模板 ap1、ap2 和 ap3 绑定到 HZZX-WA6320-SI-1 和 HZZX-WA6320-SI-2 的 radio 1 上，开启 radio 1 的射频功能。

```
[AC]wlan ap HZZX-WA6320-SI-1 model WA6320-SI       //手工创建 AP
[AC-wlan-ap-HZZX-WA6320-SI-1]serial-id 219801A2N18219E00W15   //输入序列号
[AC-wlan-ap-HZZX-WA6320-SI-1]radio 1               //进入 radio 1
[AC-wlan-ap-HZZX-WA6320-SI-1-radio-1]radio enable//开启射频功能
[AC-wlan-ap-HZZX-WA6320-SI-1-radio-1]
service-template ap1                        //将无线服务模板 ap1 绑定到 radio 1 上
[AC-wlan-ap-HZZX-WA6320-SI-1-radio-1]
service-template ap2                        //将无线服务模板 ap2 绑定到 radio 1 上
[AC-wlan-ap-HZZX-WA6320-SI-1-radio-1]
service-template ap3                        //将无线服务模板 ap3 绑定到 radio 1 上
[AC-wlan-ap-HZZX-WA6320-SI-1-radio-1]quit          //退出
[AC-wlan-ap-HZZX-WA6320-SI-1]quit                  //退出
[AC]wlan ap HZZX-WA6320-SI-2 model WA6320-SI       //手工创建 AP
[AC-wlan-ap-HZZX-WA6320-SI-2]serial-id 219801A2N18219E00TVV   //输入序列号
[AC-wlan-ap-HZZX-WA6320-SI-2]radio 1               //进入 radio 1
[AC-wlan-ap-HZZX-WA6320-SI-2-radio-1]radio enable//开启射频功能
[AC-wlan-ap-HZZX-WA6320-SI-2-radio-1]
service-template ap1                        //将无线服务模板 ap1 绑定到 radio 1 上
[AC-wlan-ap-HZZX-WA6320-SI-2-radio-1]
```

```
service-template ap2                        //将无线服务模板 ap2 绑定到 radio 1 上
[AC-wlan-ap-HZZX-WA6320-SI-2-radio-1]
service-template ap3                        //将无线服务模板 ap3 绑定到 radio 1 上
[AC-wlan-ap-HZZX-WA6320-SI-2-radio-1]quit           //退出
[AC-wlan-ap-HZZX-WA6320-SI-2]quit                   //退出
```

## ▶ 任务验证

（1）在 AC 上使用“display wlan service-template”命令查看 service-templat 信息，如下所示。

```
[AC]display wlan service-template
Total number of service templates: 3
Service template name     SSID                          Status
ap1                       guest                          Enabled
ap2                       office                          Enabled
ap3                       video                          Enabled
```

可以看到，已经创建了“guest”“office”“video”的 SSID，并且是“Enabled”的状态。

（2）在 AC 上使用“display wlan ap all”命令，查看已注册的 AP 信息，如下所示。

```
[AC]display wlan ap all
Total number of APs: 2
Total number of connected APs: 1
Total number of connected manual APs: 1
Total number of connected auto APs: 0
Total number of connected common APs: 1
Total number of connected WTUs: 0
Total number of inside APs: 0
Maximum supported APs: 48
Remaining APs: 47
Total AP licenses: 2
Local AP licenses: 2
Server AP licenses: 0
Remaining local AP licenses: 0
Sync AP licenses: 0

                          AP information
 State : I = Idle,     J  = Join,       JA = JoinAck,    IL = ImageLoad
        C = Config,    DC = DataCheck,  R  = Run,    M = Master,  B = Backup

AP name            APID    State   Model              Serial ID
```

```
HZZX-WA6320-SI-1    1      R/M   WA6320-SI       219801A2N18219E00W15
HZZX-WA6320-SI-2    2      R/M   WA6320-SI       219801A2N18219E00TVV
```

可以看到，两台 AP 的状态为“R/M”，表示 AP 已经正常工作。

## 项目验证

（1）在 PC 上搜索无线信号，可以看到 guest 和 office 两个 SSID，如图 11-20 所示。

（2）PC 连接无线信号 guest，可以直接连接，如图 11-21 所示。

图 11-20　在 PC 上搜索无线信号

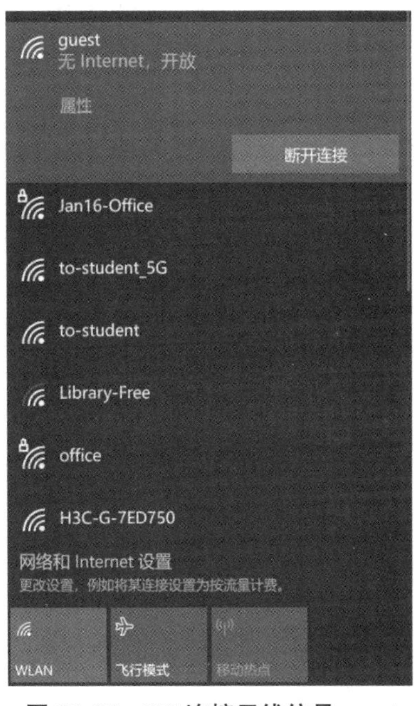


图 11-21　PC 连接无线信号 guest

（3）在 PC 上按【Windows+X】组合键，在弹出的菜单中选择“Windows Power Shell”选项，打开“Windows Power Shell”窗口，使用“ipconfig”命令查看 IP 地址信息，如图 11-22 所示。可以看到，PC 获取了 192.168.8.0/22 网段的 IP 地址。

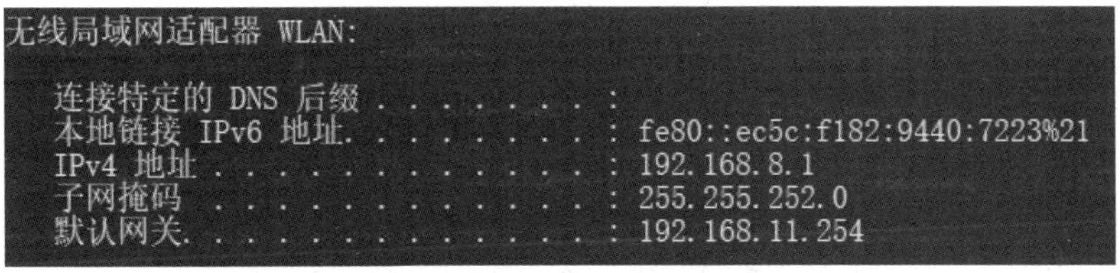

```
无线局域网适配器 WLAN:

   连接特定的 DNS 后缀 . . . . . . . :
   本地链接 IPv6 地址. . . . . . . . : fe80::ec5c:f182:9440:7223%21
   IPv4 地址 . . . . . . . . . . . . : 192.168.8.1
   子网掩码  . . . . . . . . . . . . : 255.255.252.0
   默认网关. . . . . . . . . . . . . : 192.168.11.254
```

图 11-22　使用“ipconfig”命令查看 IP 地址信息

（4）PC 连接无线信号 office，需要输入密码，如图 11-23 所示。

图 11-23　PC 连接无线信号 office

（5）PC 连接无线信号 office 后，按步骤（3）再次使用“ipconfig”命令查看 IP 地址信息，如图 11-24 所示。可以看到 PC 获取了 192.168.20.0/24 网段的 IP 地址。

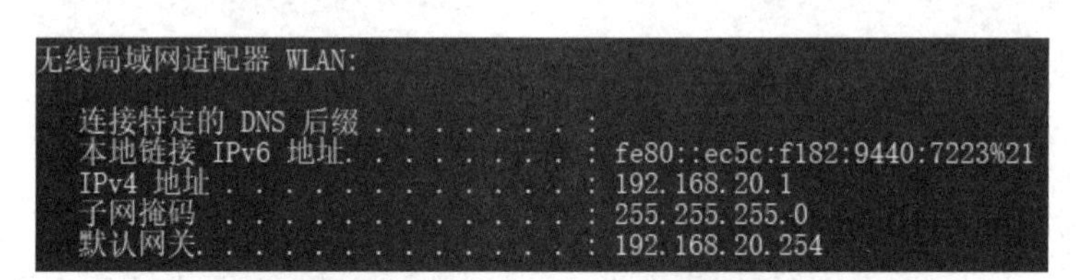


图 11-24　再次使用“ipconfig”命令查看 IP 地址信息

（6）PC 连接隐藏的开放网络，输入“video”，连接成功，如图 11-25 所示。

图 11-25　PC 连接隐藏的开放网络

（7）PC 连接 video 后，按步骤（3）第 3 次使用“ipconfig”命令查看 IP 地址信息，如图 11-26 所示。可以看到，PC 获取了 192.168.30.0/24 网段的 IP 地址。

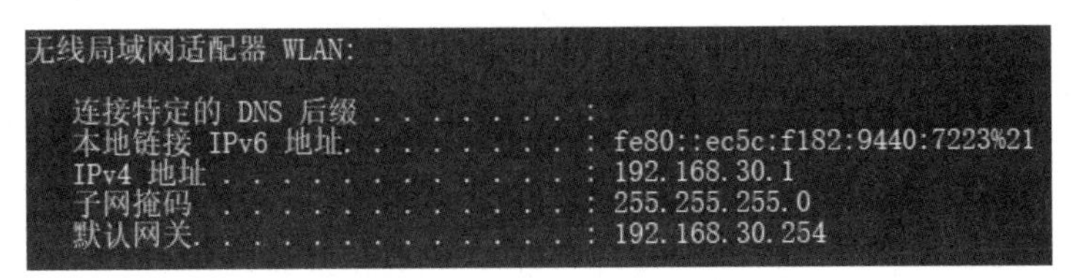
```
无线局域网适配器 WLAN:

   连接特定的 DNS 后缀 . . . . . . . :
   本地链接 IPv6 地址. . . . . . . . : fe80::ec5c:f182:9440:7223%21
   IPv4 地址 . . . . . . . . . . . . : 192.168.30.1
   子网掩码  . . . . . . . . . . . . : 255.255.255.0
   默认网关. . . . . . . . . . . . . : 192.168.30.254
```

**图 11-26　第 3 次使用“ipconfig”命令查看 IP 地址信息**

## 项目拓展

（1）在 Fit AP 环境下使用“(　　)”命令查看 AP 的工作信息。

A．show ap-config summary　　B．show ap-config running

C．display ap running　　D．display wlan ap all

（2）在无线产品中，AC 使用（　　）与 AP 建立隧道。

A．互联 VLAN 地址　　B．Loopback 0 接口地址

C．Loopback 1 接口地址　　D．AC 上的任意接口地址

（3）当 AP 与 AC 间跨三层时，使用 DHCP 的 option（　　）选项字段来获得 AC 的地址。

A．43　　B．138　　C．183　　D．43 或 138

（4）关于 AC 的 CAPWAP 隧道源地址，下面说法正确的是（　　）。

A．只能用 Loopback 0 接口地址作为 CAPWAP 隧道源地址

B．可以指定其他接口地址作为 CAPWAP 隧道源地址

C．只能用 Loopback 接口地址作为 CAPWAP 隧道源地址

D．可以指定 AC 上的任意接口地址作为 CAPWAP 隧道源地址

# 项目 12　酒店智能无线网络的部署

## 项目描述

某酒店因未提供无线网络导致入住率较低，客户反馈酒店只提供有线网络，不便于手机和平板电脑的网络接入。为了给客户提供更好的网络体验，酒店决定委托 Jan16 公司对网络进行改造，实现无线信号覆盖，确保房间信号覆盖无死角，满足客户的网上交流及高清视频娱乐需求。

酒店房间呈走廊对称型结构，房间入口一侧为洗漱间，现有有线网络已经部署到房间内部办公台墙面内。为降低成本，酒店希望在不影响营业和不破坏原有装修的情况下进行无线网络项目改造。

### 1. 产品选型

（1）考虑现有酒店房间布局，该场景不适合采用走廊放装型无线 AP 部署。酒店无线网络部署要求利旧，分布式方案需要进行馈线及天线安装，这需要重新布线，所以采用分布式无线 AP 部署并不适合。该项目适合采用面板式无线 AP 部署。

（2）将面板式无线 AP 部署到各个房间内可以很好地满足酒店房间无线信号的覆盖要求，无须布线，并保留了原有有线网络的接入。

### 2. 无线网络规划与建设

利用原有有线网络建设无线网络，通常可以将接入层交换机连接到无线 AC，将无线 AP 接至接入层交换机。

在本次酒店网络升级改造项目中，酒店客房约为 60 间，无线 AP 数量为 60～70 台，因此可以选用适合中小型无线网络使用的 WX2540H 作为 AC，并接入酒店交换机。面板式 AP 型号为 WA6320H，它集成了有线网络接口，可替换原有网络终端模块，将其安装在 86 底盒上。它不仅可以满足用户无线网络接入的要求，还兼顾了原有线终端设备的接入。面板式无线 AP 需要采用 POE 供电，因此本次改造需要将交换机替换为 POE 交换机。

综上，本次项目改造具体有以下几个部分。

（1）使用 POE 交换机替换原交换机，并将该交换机连接到 AC 中。

（2）酒店无线网络的 VLAN 规划、IP 规划、WLAN 规划等。

（3）酒店无线网络的部署与测试。

# 12.1　POE 概述

POE 是指通过以太网网络进行供电，也称为基于局域网的供电系统。它可以通过 10BASE-T、100BASE-TX、1000BASE-T 以太网网络供电。POE 可有效解决 IP 电话、AP、摄像头、数据采集等终端的集中式电源供电问题。AP 不需要再考虑其室内电源系统布线的问题，在接入网络的同时就可以实现对设备的供电。使用 POE 供电方式可节省电源布线成本，方便统一管理。

IEEE 802.3af 和 IEEE 802.3at 是 IEEE 定义的两种 POE 供电标准。IEEE 802.3af 可以为终端提供的最大功率约为 13W，普遍适用于网络电话、室内无线 AP 等设备；IEEE 802.3at 可以为终端提供的最大功率约为 26W，普遍适用于室外 AP、视频监控系统、个人终端等。

# 12.2　AP 的供电方式

AP 的供电方式有 POE 交换机供电、本地供电、POE 模块供电 3 种。

## 1. POE 交换机供电

POE 交换机供电是指由 POE 交换机负责 AP 的数据传输和供电。POE 交换机是一种内置了 POE 供电模块的以太网交换机，其供电距离在 100m 以内。POE 交换机如图 12-1 所示。

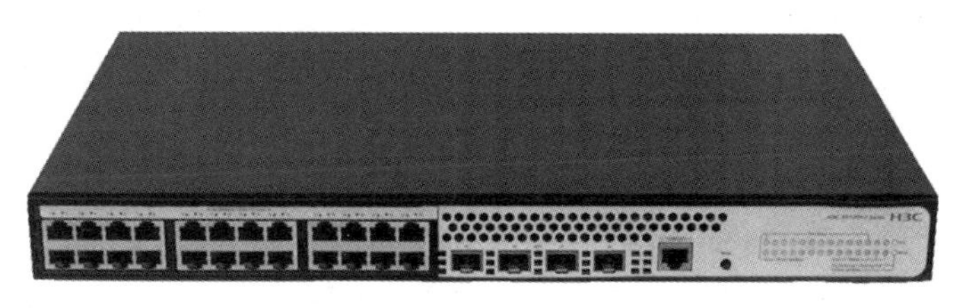


**图 12-1　POE 交换机**

### 2. 本地供电

本地供电是指通过 AP 适配的电源注入器为 AP 独立供电。这种供电方式不方便取电，需要充分考虑强电系统的布线和供电。放装型 WA5320 及其电源注入器如图 12-2 所示。

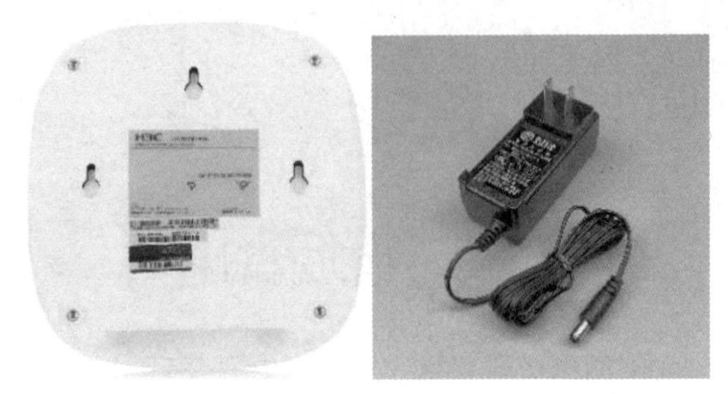

图 12-2　放装型 WA5320 及其电源注入器

### 3. POE 模块供电

POE 模块供电是指由 POE 注入器负责 AP 的数据传输和供电。这种供电方式不需要取电，其稳定性不如 POE 交换机供电好，适用于部署少量 AP 的情况。POE 注入器如图 12-3 所示。

图 12-3　POE 注入器

综上所述，在本项目的酒店无线网络部署中，最适合使用 POE 交换机供电方式。

## 项目规划设计

### ▶ 项目拓扑

酒店已有有线网络，本项目中将交换机更换为带 POE 供电的交换机（L2SW），将 AP 连接在交换机上，再通过交换机连接到 AC 上，酒店智能无线网络部署项目网络拓扑如图 12-4 所示。

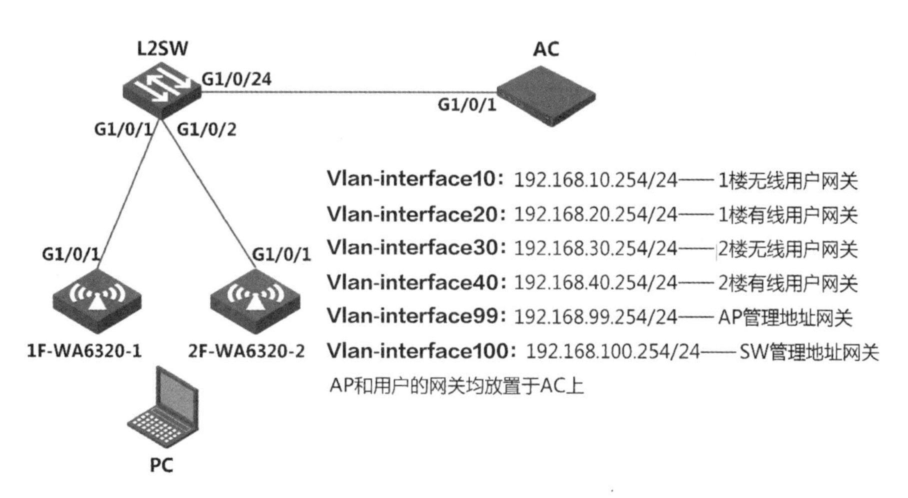


图 12-4　酒店智能无线网络部署项目网络拓扑

## ▶ 项目规划

根据图 12-4 进行项目规划，项目 12 的 VLAN 规划、设备管理规划、端口互联规划、IP 规划、service-template 规划、AP 规划如表 12-1 ~ 表 12-6 所示。

表 12-1　VLAN 规划

| VLAN-ID | VLAN 命名 | 网段 | 用途 |
|---|---|---|---|
| VLAN 10 | User-Wifi-1F | 192.168.10.0/24 | 1 楼无线用户网段 |
| VLAN 20 | User-Wire-1F | 192.168.20.0/24 | 1 楼有线用户网段 |
| VLAN 30 | User-Wifi-2F | 192.168.30.0/24 | 2 楼无线用户网段 |
| VLAN 40 | User-Wire-2F | 192.168.40.0/24 | 2 楼有线用户网段 |
| VLAN 99 | AP-Guanli | 192.168.99.0/24 | AP 管理网段 |
| VLAN 100 | SW-Guanli | 192.168.100.0/24 | 交换机管理网段 |

表 12-2　设备管理规划

| 设备类型 | 型号 | 设备命名 | 用户名 | 密码 |
|---|---|---|---|---|
| 无线接入点 | WA6320H | 1F-WA6320-1 | N/A | N/A |
| | | 2F-WA6320-2 | N/A | N/A |
| 无线控制器 | WX2540H | AC | jan16 | Jan16@123456 |
| 交换机 | S5800 | L2SW | jan16 | Jan16@123456 |

表 12-3　端口互联规划

| 本端设备 | 本端端口 | 端口配置 | 对端设备 | 对端端口 |
|---|---|---|---|---|
| 1F-WA6320-1 | G1/0/1 | N/A | L2SW | G1/0/1 |
| 2F-WA6320-2 | G1/0/1 | N/A | L2SW | G1/0/2 |
| L2SW | G1/0/1 | trunk pvid vlan 99 | 1F-WA6320-1 | G1/0/1 |

续表

| 本端设备 | 本端端口 | 端口配置 | 对端设备 | 对端端口 |
|---|---|---|---|---|
| L2SW | G1/0/2 | trunk pvid vlan 99 | 2F-WA6320-2 | G1/0/1 |
| L2SW | G1/0/24 | trunk | AC | G1/0/1 |
| AC | G1/0/1 | trunk | L2SW | G1/0/24 |

**表 12-4　IP 规划**

| 设备 | 接口 | IP 地址 | 用途 |
|---|---|---|---|
| AC | Vlan-interface 10 | 192.168.10.1/24 ~ 192.168.10.253/24 | DHCP 分配给 1 楼无线用户 |
| | | 192.168.10.254/24 | 1 楼无线用户网关 |
| | Vlan-interface 20 | 192.168.20.1/24 ~ 192.168.20.253/24 | DHCP 分配给 1 楼有线用户 |
| | | 192.168.20.254/24 | 1 楼有线用户网关 |
| | Vlan-interface 30 | 192.168.30.1/24 ~ 192.168.30.253/24 | DHCP 分配给 2 楼无线用户 |
| | | 192.168.30.254/24 | 2 楼无线用户网关 |
| | Vlan-interface 40 | 192.168.40.1/24 ~ 192.168.40.253/24 | DHCP 分配给 2 楼有线用户 |
| | | 192.168.40.254/24 | 2 楼有线用户网关 |
| | Vlan-interface 99 | 192.168.99.1/24 ~ 192.168.99.253/24 | DHCP 分配给 AP |
| | | 192.168.99.254/24 | AP 管理地址网关 |
| | Vlan-interface 100 | 192.168.100.254/24 | SW 管理地址网关 |
| L2SW | Vlan-interface 100 | 192.168.100.1/24 | SW 管理地址 |
| 1F-WA6320-1 | Vlan-interface 99 | DHCP | AP 管理地址 |
| 2F-WA6320-2 | Vlan-interface 99 | DHCP | AP 管理地址 |

**表 12-5　service-template 规划**

| service-template | VLAN | SSID | 密钥 | 加密方式 | 接口安全模式 | 是否广播 |
|---|---|---|---|---|---|---|
| 1F-vap | 10 | JAN16-1F | Jan16@123456 | WPA2（RSN） | PSK | 是（默认） |
| 2F-vap | 30 | JAN16-2F | Jan16@123456 | WPA2（RSN） | PSK | 是（默认） |

**表 12-6　AP 规划**

| AP 名称 | SN | service-template | MAP 文件 | 信道绑定 | 功率 |
|---|---|---|---|---|---|
| 1F-WA6320-1 | 219801A2978218E002SN | 1F-vap | 1F-vap.txt | radio 1 | 100% |
| 1F-WA6320-2 | 219801A2978218E002Z0 | 2F-vap | 2F-vap.txt | radio 1 | 100% |

# 任务 12-1　酒店交换机的配置

## ▶ 任务描述

酒店交换机的配置包括远程管理配置、VLAN 和 IP 地址配置、端口配置、默认路由配置。

## ▶ 任务操作

### 1. 远程管理配置

配置远程登录和管理密码。

```
<H3C>system-view                                      //进入系统视图
[H3C]sysname L2SW                                     //配置设备名称
[L2SW]user-interface vty 0 4                          //进入虚拟链路
[L2SW-ui-vty0-4]protocol inbound telnet               //配置协议为 telnet
[L2SW-ui-vty0-4]authentication-mode scheme            //配置认证模式为 AAA
[L2SW-ui-vty0-4]quit                                  //退出
[L2SW]local-user jan16                                //创建 jan16 用户
[L2SW-luser-jan16]password simple Jan16@123456        //配置密码 Jan16@123456
[L2SW-luser-jan16]service-type telnet                 //配置用户类型为 telnet 用户
[L2SW-luser-jan16]authorization-attribute level 3//配置用户等级为 3
[L2SW-luser-jan16]quit                                //退出
```

### 2. VLAN 和 IP 地址配置

创建各部门使用的 VLAN，配置设备的 IP 地址作为管理地址。

```
[L2SW]vlan 10                               //创建 VLAN 10
[L2SW-vlan10]name User-Wifi-1F              //将 VLAN 命名为 User-Wifi-1F
[L2SW-vlan10]quit                           //退出
[L2SW]vlan 20                               //创建 VLAN 20
[L2SW-vlan20]name User-Wire-1F              //将 VLAN 命名为 User-Wire-1F
```

```
[L2SW-vlan20]quit                                  //退出
[L2SW]vlan 30                                      //创建 VLAN 30
[L2SW-vlan30]name User-Wifi-2F                     //将 VLAN 命名为 User-Wifi-2F
[L2SW-vlan30]quit                                  //退出
[L2SW]vlan 40                                      //创建 VLAN 40
[L2SW-vlan40]name User-Wire-2F                     //将 VLAN 命名为 User-Wire-2F
[L2SW-vlan40]quit                                  //退出
[L2SW]vlan 99                                      //创建 VLAN 99
[L2SW-vlan99]name AP-Guanli                        //将 VLAN 命名为 AP-Guanli
[L2SW-vlan99]quit                                  //退出
[L2SW]vlan 100                                     //创建 VLAN 100
[L2SW-vlan100]name SW-Guanli                       //将 VLAN 命名为 SW-Guanli
[L2SW-vlan100]quit                                 //退出
[L2SW]interface Vlan-interface 100                 //进入 Vlan-interface 100 接口
[L2SW-Vlan-interface100]ip address 192.168.100.1 24//配置 IP 地址
[L2SW-Vlan-interface100]quit                       //退出
```

### 3. 端口配置

配置连接 AP 的端口为 trunk 模式，修改默认 VLAN 为 AP VLAN，并配置端口放行 VLAN 列表，允许用户和 AP 的 VLAN 通过；配置连接 AC 的端口为 trunk 模式，配置端口放行 VLAN 列表，允许用户、AP 和 SW 管理的 VLAN 通过。

```
[L2SW]interface range GigabitEthernet 1/0/1 to GigabitEthernet 1/0/2   //进入 G1/0/1-2 端口视图
[L2SW-if-range]port link-type trunk              //配置端口链路模式为 trunk
[L2SW-if-range]port trunk pvid vlan 99           //配置端口默认 VLAN
[L2SW-if-range]port trunk permit vlan 10 20 30 40 99//配置端口放行 VLAN 列表
[L2SW-if-range]quit                              //退出
[L2SW]interface GigabitEthernet 1/0/24           //进入 G1/0/24 端口视图
[L2SW-GigabitEthernet1/0/24]port link-type trunk//配置端口链路模式为 trunk
[L2SW-GigabitEthernet1/0/24]port trunk permit vlan 10 20 30 40 99 100 //配置端口放行 VLAN 列表
[L2SW-GigabitEthernet1/0/24]quit                 //退出
```

### 4. 默认路由配置

配置默认路由，下一跳指向设备管理地址网关。

```
[L2SW]ip route-static 0.0.0.0 0.0.0.0 192.168.100.254  //配置默认路由，下一跳指向设备管理地址网关
```

## ▶ 任务验证

（1）在 L2SW 上使用“display interface brief”命令，查看 Vlan-interface 接口和端口信息，如下所示。

```
[L2SW]display interface brief
The brief information of interface(s) under route mode:
Link: ADM - administratively down; Stby - standby
Protocol: (s) - spoofing
Interface            Link Protocol     Main IP         Description
NULL0                UP   UP(s)        --
Vlan1                UP   UP        192.168.0.1
Vlan100              UP   UP        192.168.100.1
The brief information of interface(s) under bridge mode:
Link: ADM - administratively down; Stby - standby
Speed or Duplex: (a)/A - auto; H - half; F - full
Type: A - access; T - trunk; H - hybrid
Interface             Link   Speed  Duplex Type PVID Description
GE1/0/1              UP   1G(a)   F(a)   T    99
GE1/0/2              UP   1G(a)   F(a)   T    99
GE1/0/24             UP   1G(a)   F(a)   T    1
```

（2）在 L2SW 上使用“display ip interface brief”命令，查看 IP 地址信息，如下所示。

```
[L2SW]display ip interface brief
*down: administratively down
(s): spoofing  (l): loopback
Interface          Physical  Protocol   IP Address          Description
Vlan1               up        up       192.168.0.1         --
Vlan100             up        up       192.168.100.1       --
```

可以看到，Vlan-interface 100 接口已经配置了 IP 地址。

# 任务 12-2　酒店 AC 的基础配置

## ▶ 任务描述

扫一扫，看微课

酒店 AC 的基础配置包括远程管理配置、VLAN 和 IP 地址配置、DHCP 配置、端口配置。

## ▶ 任务操作

### 1. 远程管理配置

配置远程登录和管理密码。

```
<H3C>system-view                                          //进入系统视图
[H3C]sysname AC                                           //配置设备名称
[AC]user-interface vty 0 4                                //进入虚拟链路
[AC-line-vty0-4]protocol inbound telnet                   //配置协议为 telnet
[AC-line-vty0-4]authentication-mode scheme                //配置认证模式为 AAA
[AC-line-vty0-4]quit                                      //退出
[AC]local-user jan16                                      //创建 jan16 用户
[AC-luser-manage-jan16]password simple Jan16@123456//配置密码 Jan16@123456
[AC-luser-manage-jan16]service-type telnet                //配置用户类型为 telnet 用户
[AC-luser-manage-jan16]authorization-attribute user-role level-15  //配置用户等级为 15
[AC-luser-manage-jan16]quit                               //退出
```

### 2. VLAN 和 IP 地址配置

创建各部门使用的 VLAN，配置设备的 IP 地址，即各用户的网关地址。

```
[AC]vlan 10                                               //创建 VLAN 10
[AC-vlan10]name User-Wifi-1F                              //将 VLAN 命名为 User-Wifi-1F
[AC-vlan10]quit                                           //退出
[AC]vlan 20                                               //创建 VLAN 20
[AC-vlan20]name User-Wire-1F                              //将 VLAN 命名为 User-Wire-1F
[AC-vlan20]quit                                           //退出
[AC]vlan 30                                               //创建 VLAN 30
[AC-vlan30]name User-Wifi-2F                              //将 VLAN 命名为 User-Wifi-2F
[AC-vlan30]quit                                           //退出
[AC]vlan 40                                               //创建 VLAN 40
[AC-vlan40]name User-Wire-2F                              //将 VLAN 命名为 User-Wire-2F
[AC-vlan40]quit                                           //退出
[AC]vlan 99                                               //创建 VLAN 99
[AC-vlan99]name AP-Guanli                                 //将 VLAN 命名为 AP-Guanli
[AC-vlan99]quit                                           //退出
[AC]vlan 100                                              //创建 VLAN 100
[AC-vlan100]name SW-Guanli                                //将 VLAN 命名为 SW-Guanli
[AC-vlan100]quit                                          //退出
[AC]interface Vlan-interface 10                           //进入 Vlan-interface 10 接口
[AC-Vlan-interface10]ip address 192.168.10.254 24   //配置 IP 地址
[AC-Vlan-interface10]quit                                 //退出
```

```
[AC]interface Vlan-interface 20                      //进入 Vlan-interface 20 接口
[AC-Vlan-interface20]ip address 192.168.20.254 24   //配置 IP 地址
[AC-Vlan-interface 20]quit                          //退出
[AC]interface vlan-interface 30                      //进入 Vlan-interface 30 接口
[AC-Vlan-interface30]ip address 192.168.30.254 24   //配置 IP 地址
[AC-Vlan-interface30]quit                           //退出
[AC]interface Vlan-interface 40                      //进入 Vlan-interface 40 接口
[AC-Vlan-interface40]ip address 192.168.40.254 24   //配置 IP 地址
[AC-Vlan-interface40]quit                           //退出
[AC]interface Vlan-interface 99                      //进入 Vlan-interface 99 接口
[AC-Vlan-interface99]ip address 192.168.99.254 24   //配置 IP 地址
[AC-Vlan-interface99]quit                           //退出
[AC]interface Vlan-interface 100                     //进入 Vlan-interface 100 接口
[AC-Vlan-interface100]ip address 192.168.100.254 24//配置 IP 地址
[AC-Vlan-interface100]quit                          //退出
```

### 3. DHCP 配置

开启 DHCP 服务，创建 AP 和用户的 DHCP 地址池。

```
[AC]dhcp enable                                 //开启 DHCP 服务
[AC]dhcp server ip-pool vlan99                  //创建 Vlan-interface 99 的地址池
[AC-dhcp-pool-vlan99]network 192.168.99.0 24            //配置分配的 IP 地址段
[AC-dhcp-pool-vlan99]gateway-list 192.168.99.254    //配置分配的网关地址
[AC-dhcp-pool-vlan99]quit                       //退出
[AC]dhcp server ip-pool vlan10                  //创建 Vlan-interface 10 的地址池
[AC-dhcp-pool-vlan10]network 192.168.10.0 24            //配置分配的 IP 地址段
[AC-dhcp-pool-vlan10]gateway-list 192.168.10.254    //配置分配的网关地址
[AC-dhcp-pool-vlan10]quit                       //退出
[AC]dhcp server ip-pool vlan20                  //创建 Vlan-interface 20 的地址池
[AC-dhcp-pool-vlan20]network 192.168.20.0 24            //配置分配的 IP 地址段
[AC-dhcp-pool-vlan20]gateway-list 192.168.20.254    //配置分配的网关地址
[AC-dhcp-pool-vlan20]quit                       //退出
[AC]dhcp server ip-pool vlan30                  //创建 Vlan-interface 30 的地址池
[AC-dhcp-pool-vlan30]network 192.168.30.0 24            //配置分配的 IP 地址段
[AC-dhcp-pool-vlan30]gateway-list 192.168.30.254    //配置分配的网关地址
[AC-dhcp-pool-vlan30]quit                       //退出
[AC]dhcp server ip-pool vlan40                  //创建 Vlan-interface 40 的地址池
[AC-dhcp-pool-vlan40]network 192.168.40.0 24            //配置分配的 IP 地址段
[AC-dhcp-pool-vlan40]gateway-list 192.168.40.254    //配置分配的网关地址
[AC-dhcp-pool-vlan40]quit                       //退出
```

### 4. 端口配置

配置连接交换机的端口为 trunk 模式，并配置端口放行 VLAN 列表，允许用户和 AP 的 VLAN 通过。

```
[AC]interface GigabitEthernet 1/0/1                     //进入 G1/0/1 端口视图
[AC-GigabitEthernet1/0/1]port link-type trunk           //配置端口链路类型为 trunk
[AC-GigabitEthernet1/0/1]port trunk pvid vlan 99        //配置端口默认 VLAN
[AC-GigabitEthernet1/0/1]port trunk permit vlan 10 20 30 40 99 100 //配置端口放行 VLAN 列表
[AC-GigabitEthernet1/0/1]quit                           //退出
```

## ▶ 任务验证

（1）在 AC 上使用“display ip interface brief”命令查看 IP 信息，如下所示。

```
[AC]display ip interface brief
*down: administratively down
(s): spoofing  (l): loopback
Interface            Physical  Protocol  IP Address       Description
Vlan10                up        up        192.168.10.254   --
Vlan20                up        up        192.168.20.254   --
Vlan30                up        up        192.168.30.254   --
Vlan40                up        up        192.168.40.254   --
Vlan99                up        up        192.168.99.254   --
Vlan100               up        up        192.168.100.254  --
```

可以看到，6 个 Vlan-interface 接口都已配置了 IP 地址。

（2）在 AC 上使用“display vlan brief”命令查看 VLAN 信息，并且端口放行 VLAN 列表中放行了相应 VLAN，如下所示。

```
[AC]display vlan brief
Brief information about all VLANs:
Supported Minimum VLAN ID: 1
Supported Maximum VLAN ID: 4094
Default VLAN ID: 1
VLAN ID   Name                     Port
1         VLAN 0001                GE1/0/1  GE1/0/2  GE1/0/3  GE1/0/4
10        User-Wifi-1F               GE1/0/1
20        User-Wire-1F               GE1/0/1
30        User-Wifi-2F               GE1/0/1
40        User-Wire-2F               GE1/0/1
```

```
99        AP-Guanli                  GE1/0/1
100       SW-Guanli                  GE1/0/1
```

（3）在 AC 上使用“display dhcp server ip-in-use”命令查看 DHCP 地址下发信息，如下所示。

```
[AC]display dhcp server ip-in-use
IP address       Client identifier/      Lease expiration        Type
                 Hardware address
192.168.99.1     0138-a91c-4cc7-c0     May 17 10:38:59 2022  Auto(C)
192.168.99.2     0138-a91c-4c3b-00     May 17 10:43:17 2022  Auto(C)
```

可以看到，DHCP 已经开始工作，并为两台 AP 分配了 IP 地址。

# 任务 12-3　酒店 AC 的 WLAN 配置

## ▶ 任务描述

酒店 AC 的 WLAN 配置包括无线服务模板配置、创建 map 文件、AP 配置。

## ▶ 任务操作

### 1. 无线服务模板配置

创建无线服务模板，配置 SSID 名称、配置 Vlan-id、配置加密方式和开启无线服务模板等。

```
[AC]wlan service-template 1F-vap                //创建无线服务模板 1F-vap
[AC-wlan-st-1f-vap]ssid JAN16-1F                //配置 SSID 为 JAN16-1F
[AC-wlan-st-1f-vap]vlan 10                      //配置无线服务模板的 VLAN 为 10
[AC-wlan-st-1f-vap]akm mode psk                 //配置为预共享密钥模式
[AC-wlan-st-1f-vap]preshared-key pass-phrase simple Jan16@123456   //共享
密钥 Jan16@123456
[AC-wlan-st-1f-vap]cipher-suite ccmp            //使能 CCMP 加密套件
[AC-wlan-st-1f-vap]security-ie rsn              //配置信标和探查帧携带 RSN IE 信息
[AC-wlan-st-1f-vap]service-template enable //开启无线服务模板
[AC-wlan-st-1f-vap]quit                         //退出
[AC]wlan service-template 2F-vap                //创建无线服务模板 2F-vap
[AC-wlan-st-2f-vap]ssid JAN16-2F                //配置 SSID 为 JAN16-2F
[AC-wlan-st-2f-vap]vlan 30                      //配置无线服务模板的 VLAN 为 30
```

```
[AC-wlan-st-2f-vap]akm mode psk              //配置为预共享密钥模式
[AC-wlan-st-2f-vap]preshared-key pass-phrase simple Jan16@123456   //共享
密钥 Jan16@123456
[AC-wlan-st-2f-vap]cipher-suite ccmp         //使能 CCMP 加密套件
[AC-wlan-st-2f-vap]security-ie rsn           //配置信标和探查帧携带 RSN IE 信息
[AC-wlan-st-2f-vap]service-template enable //开启无线服务模板
[AC-wlan-st-2f-vap]quit                      //退出
```

## 2. 创建 map 文件

创建 map 文件，在物理机上按照命令行配置顺序编写 1F-vap.txt 和 2F-vap.txt 配置文件并上传到 AC。

（1）编写 1F-vap.txt 配置文件。

```
system-view                                  //进入系统视图
vlan 20                                      //创建 VLAN 20
quit                                         //退出
interface GigabitEthernet 1/0/1              //进入 G1/0/1 端口视图
port link-type trunk                         //设置链路类型为 trunk
port trunk permit vlan 20                    //允许指定的 VLAN 通过
quit                                         //退出端口视图
interface range GigabitEthernet 1/0/2  to GigabitEthernet 1/0/5//进入 G1/0
/2-5 端口视图
port link-type trunk                         //设置链路类型为 trunk
port trunk pvid vlan 20                      //设置端口默认 VLAN
port trunk permit vlan 20                    //允许指定的 VLAN 通过
quit                                         //退出端口视图
```

（2）编写 2F-vap.txt 配置文件。

```
system-view                                  //进入系统视图
vlan 40                                      //创建 VLAN 40
quit                                         //退出
interface GigabitEthernet 1/0/1              //进入 1/0/1 端口视图
port link-type trunk                         //设置链路类型为 trunk
port trunk permit vlan 40                    //允许指定的 VLAN 通过
quit                                         //退出端口视图
interface range GigabitEthernet 1/0/2  to GigabitEthernet 1/0/5//进入 G1/0
/2-5 端口视图
port link-type trunk                         //设置链路类型为 trunk
port trunk pvid vlan 40                      //设置端口默认 VLAN
port trunk permit vlan 40                    //允许指定的 VLAN 通过
quit                                         //退出端口视图
```

### 3. AP 配置

手工创建 AP，设置 AP 序列号，下发 map 文件，将无线服务模板 1F-vap 和 2F-vap 分别绑定到 1F-WA6320-1 和 2F-WA6320-2 的 radio 1 上，开启 radio 1 的射频功能等。

```
[AC]wlan ap 1F-WA6320-1 model WA6320H                //手工创建 AP
[AC-wlan-ap-1F-WA6320-1]serial-id 219801A2978218E002SN //输入序列号
[AC-wlan-ap-1F-WA6320-1]map-configuration 1F-vap.txt    //下发 map 文件
[AC-wlan-ap-1F-WA6320-1]radio 1                      //进入 radio 1
[AC-wlan-ap-1F-WA6320-1-radio-1]radio enable         //开启射频功能
[AC-wlan-ap-1F-WA6320-1-radio-1]service-template 1F-vap//将无线服务模板 1F-vap 绑定到 radio 1 上
[AC-wlan-ap-1F-WA6320-1-radio-1]quit                 //退出
[AC-wlan-ap-1F-WA6320-1]quit                         //退出
[AC]wlan ap 2F-WA6320-2 model WA6320H                //手工创建 AP
[AC-wlan-ap-2F-WA6320-2]serial-id 219801A2978218E002Z0 //输入序列号
[AC-wlan-ap-2F-WA6320-2]map-configuration 2F-vap.txt    //下发 map 文件
[AC-wlan-ap-2F-WA6320-2]radio 1                      //进入 radio 1
[AC-wlan-ap-2F-WA6320-2-radio-1]radio enable         //开启射频功能
[AC-wlan-ap-2F-WA6320-2-radio-1]service-template 2F-vap//将无线服务模板 2F-vap 绑定到 radio 1 上
[AC-wlan-ap-2F-WA6320-2-radio-1]quit                 //退出
[AC-wlan-ap-2F-WA6320-2]quit                         //退出
```

## ▶ 任务验证

（1）在 AC 上使用“display wlan service-template”命令查看 service-template 信息，如下所示。

```
[AC]display wlan service-template
Total number of service templates: 2
Service template name          SSID                Status
1F-vap                        JAN16-1F             Enabled
2F-vap                        JAN16-2F             Enabled
```

可以看到，已经创建了“JAN16-1F”“JAN16-2F”的 SSID，并且是“Enabled”的状态。

（2）在 AC 上使用“display wlan ap all ”命令查看已注册的 AP 信息，如下所示。

```
[AC]display wlan ap all
Total number of APs: 2
Total number of connected APs: 2
Total number of connected manual APs: 2
Total number of connected auto APs: 0
```

```
Total number of connected common APs: 2
Total number of connected WTUs: 0
Total number of inside APs: 0
Maximum supported APs: 256
Remaining APs: 255
Total AP licenses: 2
Local AP licenses: 2
Server AP licenses: 0
Remaining local AP licenses: 0
Sync AP licenses: 0

                              AP information
 State : I = Idle,      J  = Join,        JA = JoinAck,     IL = ImageLoad
        C = Config,    DC = DataCheck,  R  = Run,    M = Master,   B = Backup

AP name                APID  State  Model            Serial ID
1F-WA6320-1             1     R/M   WA6320H       219801A2978218E002SN
2F-WA6320-2             2     R/M   WA6320H       219801A2978218E002Z0
```

可以看到，两台AP的状态为“R/M”，表示AP已经正常工作。

## 项目验证

（1）在PC上搜索无线信号JAN16-1F，单击连接，可以正常接入，如图12-5所示。

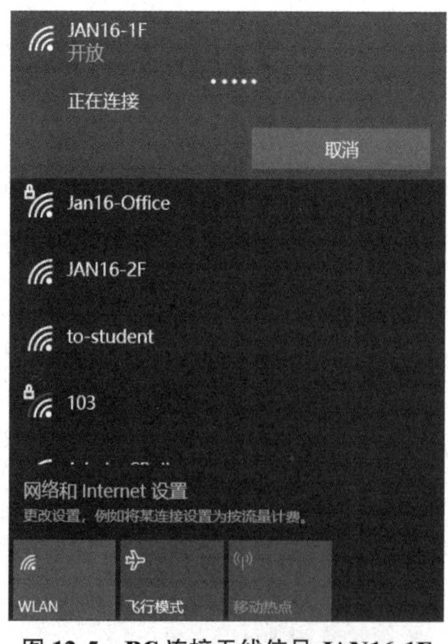


图12-5　PC连接无线信号JAN16-1F

（2）在 PC 上按【Windows+X】组合键，在弹出的菜单中选择“Windows Power Shell”选项，打开“Windows Power Shell”窗口，使用“ipconfig”命令查看 IP 地址信息，如图 12-6 所示。可以看到，PC 获取了 192.168.10.0/24 网段的 IP 地址。

```
无线局域网适配器 WLAN:

   连接特定的 DNS 后缀 . . . . . . . :
   本地链接 IPv6 地址. . . . . . . . : fe80::e5ea:25a8:69bb:1af7%4
   IPv4 地址 . . . . . . . . . . . . : 192.168.10.4
   子网掩码  . . . . . . . . . . . . : 255.255.255.0
   默认网关. . . . . . . . . . . . . : 192.168.10.254
```

**图 12-6　使用“ipconfig”命令查看 IP 地址信息**

（3）将 PC 连接到 AP 的有线接口，按上一步所述方法再次使用“ipconfig”命令查看 IP 地址信息，如图 12-7 所示。可以看到，PC 获取了 192.168.20.0/24 网段的 IP 地址。

```
以太网适配器 以太网:

   连接特定的 DNS 后缀 . . . . . . . :
   本地链接 IPv6 地址. . . . . . . . : fe80::9484:c220:8245:e3a9%22
   IPv4 地址 . . . . . . . . . . . . : 192.168.20.1
   子网掩码  . . . . . . . . . . . . : 255.255.255.0
   默认网关. . . . . . . . . . . . . : 192.168.20.254
```

**图 12-7　再次使用“ipconfig”命令查看 IP 地址信息**

（4）在 PC 上搜索无线信号 JAN16-2F，单击连接，可以正常接入，如图 12-8 所示。

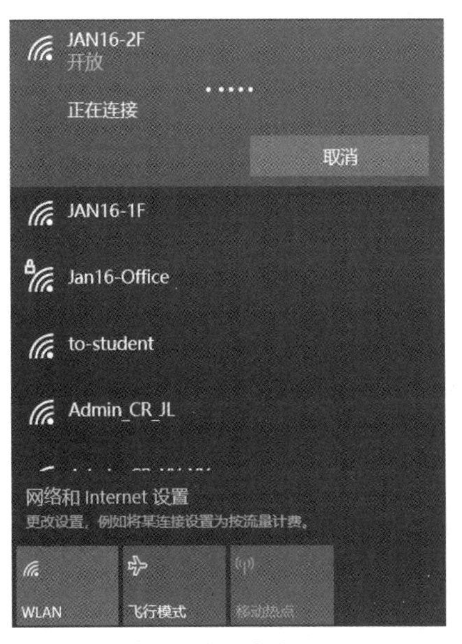


**图 12-8　PC 连接无线信号 JAN16-2F**

（5）在 PC 上按【Windows+X】组合键，在弹出的菜单中选择“Windows Power Shell”选项，打开“Windows Power Shell”窗口，使用“ipconfig”命令查看 IP 地址信息，如图 12-9 所示。可以看到，PC 获取了 192.168.30.0/24 网段的 IP 地址。

```
无线局域网适配器 WLAN:

   连接特定的 DNS 后缀 . . . . . . . :
   本地链接 IPv6 地址. . . . . . . . : fe80::e5ea:25a8:69bb:1af7%4
   IPv4 地址 . . . . . . . . . . . . : 192.168.30.2
   子网掩码  . . . . . . . . . . . . : 255.255.255.0
   默认网关. . . . . . . . . . . . . : 192.168.30.254
```

**图 12-9　使用"ipconfig"命令查看 IP 地址信息**

（6）将 PC 连接到 AP 的有线接口，按上一步所述方法再次使用"ipconfig"命令查看 IP 地址信息，如图 12-10 所示。可以看到，PC 获取了 192.168.40.0/24 网段的 IP 地址。

```
以太网适配器 以太网:

   连接特定的 DNS 后缀 . . . . . . . :
   本地链接 IPv6 地址. . . . . . . . : fe80::9484:c220:8245:e3a9%22
   IPv4 地址 . . . . . . . . . . . . : 192.168.40.1
   子网掩码  . . . . . . . . . . . . : 255.255.255.0
   默认网关. . . . . . . . . . . . . : 192.168.40.254
```

**图 12-10　再次使用"ipconfig"命令查看 IP 地址信息**

## 项目拓展

（1）面板式 AP 底下的 4 个接口默认属于（　　）。

A．VLAN 1　　B．VLAN2

C．与无线用户相同的 VLAN　　D．无配置

（2）配置命令 ssid JAN16-1F 在（　　）模式下进行配置。

A．[AC]　　B．[AC-wlan-st-1f-vap]

C．[AC-dhcp-pool-vlan1]　　D．[AC-wlan-ap-ap-vlan1]

（3）AP 的供电方式有（　　）。（多选）

A．POE 交换机供电

B．电源适配器供电

C．POE 模块供电

# 项目 13　智能无线网络的安全认证服务部署

## 项目描述

Jan16 公司的无线网络使用 WPA2 加密方式部署。在网络运营一段时间后，公司发现无线用户数量持续增加，但是新员工并未增加。网络管理员通过分析接入用户发现增加的用户基本属于公司外部人员，这些用户的接入不仅造成员工接入带宽下降，还带来了安全隐患。

为解决这个问题，该公司要求对当前无线网络进行接入认证的升级改造，把原有的密码认证升级为实名认证，即每位员工都有唯一的账号与密码，并且账号与员工个人属于一一对应的关系，这样可以避免员工将自己的账号与密码泄露出去，同时提高了网络安全性，满足了公安部关于实名认证的要求。

为确保该项目实施的可靠性，前期在信息部内部做了测试，接下来第一期拟在办公楼的研发部、销售部启用 Web 实名认证，做小范围测试。

无线网络采用的 WPA2 密码认证接入方式仅适用于小型企业，所有客户端通过相同的密码接入，密码不具备用户辨识性。要解决员工通过分享、泄露等多种方式扩散公司无线密码的安全隐患，需要实现无线认证与员工个人信息绑定，做到实名认证。目前，业界大多采用比较成熟的 Web 认证技术来解决这一问题。

无线 AC 内置 Web 认证，相当于在网络中部署一台认证服务器，所有用户接入均需要通过它进行身份识别，通过验证则允许接入网络。因此，本项目可以通过在无线 AC 上启用本地认证实现无线用户的统一身份认证，解除该公司的无线网络接入安全困扰，具体涉及以下两个工作任务。

### 1. 基础网络配置

配置有线网络与无线网络，实现有线用户与无线用户的连通性。

### 2. 无线认证配置

在无线 AC 上添加认证设备和用户信息，配置本地认证，实现网络的安全接入认证。

# 项目相关知识

## 13.1 AAA 的基本概念

AAA 是认证（Authentication）、授权（Authorization）和计费（Accounting）的简称，它提供了认证、授权、计费 3 种安全功能。

（1）认证：验证用户的身份和可使用的网络服务。

（2）授权：依据认证结果开放网络服务给用户。

（3）计费：记录用户对各种网络服务的用量，并提供给计费系统。

AAA 可以通过多种协议来实现，目前新华三的大部分设备支持基于远程认证拨号用户服务（Remote Authentication Dial In User Service，RADIUS）协议或 HW 终端访问控制器控制系统（HW Terminal Access Controller Access Control System，HWTACACS）协议来实现 AAA。

## 13.2 Web 认证

Web 认证是一种对用户访问网络的权限进行控制的身份认证方法，这种认证方法不需要用户安装专用的客户端认证软件，使用普通的浏览器就可以进行身份认证。

未认证用户使用浏览器上网时，接入设备会强制浏览器访问特定站点，也就是 Web 认证服务器，通常称为 Portal 服务器。用户无须认证即可享受 Portal 服务器上的服务，如下载安全补丁、阅读公告信息等。当用户需要访问认证服务器以外的网络资源时，就必须通过浏览器在 Portal 服务器上进行身份认证，认证的用户信息保存在 AAA 服务器上，由 AAA 服务器来判断用户是否通过身份认证，只有通过认证后才可以使用认证服务器以外的网络资源。

除了认证上的便利性，由于 Portal 服务器和用户的浏览器有界面交互，还可以利用这个特性在 Portal 服务器界面放置一些广告、通知、业务链接等个性化的服务，因此具有很好的应用前景。

## 13.3 本地认证

Web 认证采用本地认证。AC 内置了 Web 认证所需要的 Portal、AAA 等功能，可以将 AC 作为 AAA 服务器，设备此时被称为本地 AAA 服务器。本地 AAA 服务器支持对用户进行认证和授权，不支持对用户进行计费。

本地 AAA 服务器需要配置本地用户的用户名、密码、授权信息等。使用本地 AAA 服务器进行认证和授权比使用远端 AAA 服务器速度更快，可以降低运营成本，但是存储信息量受设备硬件条件等的限制。

# 项目规划设计

## ▶ 项目拓扑

公司的 AP 连接在接入交换机（L2SW）上，核心交换机（L3SW）作为公司网络的中心节点，AC 和接入交换机都连接在核心交换机上，智能无线网络的安全认证服务部署项目网络拓扑如图 13-1 所示。

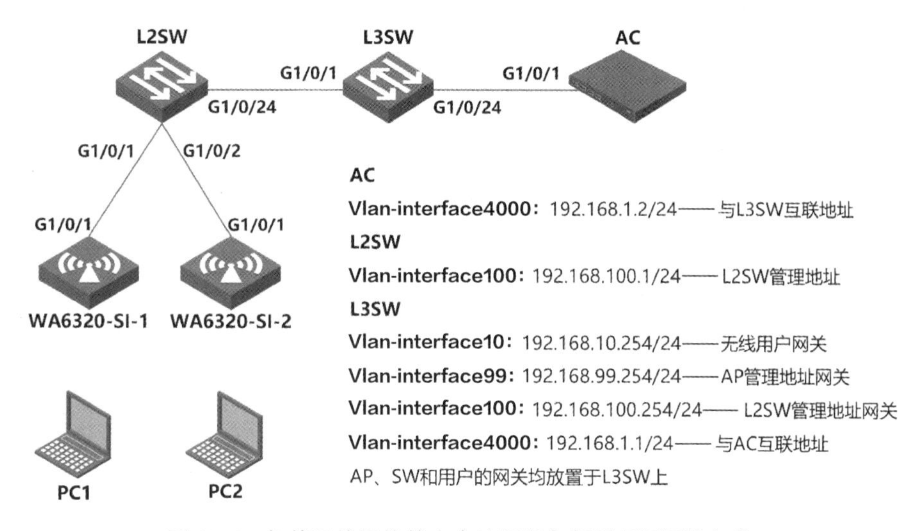


**图 13-1**　智能无线网络的安全认证服务部署项目网络拓扑

## ▶ 项目规划

根据图 13-1 进行项目规划，项目 13 的 VLAN 规划、设备管理规划、端口互联规划、IP 规划、service-template 规划、AP 规划、认证域规划、portal 规划如表 13-1 ~ 表 13-8 所示。

**表 13-1　VLAN 规划**

| VLAN-ID | VLAN 命名 | 网段 | 用途 |
|---|---|---|---|
| VLAN 10 | User-Wifi | 192.168.10.0/24 | 无线用户网段 |
| VLAN 99 | AP-Guanli | 192.168.99.0/24 | AP 管理网段 |
| VLAN 100 | SW-Guanli | 192.168.100.0/24 | L2SW 管理网段 |
| VLAN 4000 | Link--AC-vlan 4000-- | 192.168.1.0/24 | L3SW 与 AC 互联网段 |

表 13-2 设备管理规划

| 设备类型 | 型号 | 设备命名 | 用户名 | 密码 |
|---|---|---|---|---|
| 无线接入点 | WA6320-SI | WA6320-SI-1 | N/A | N/A |
| | | WA6320-SI-2 | N/A | N/A |
| 无线控制器 | WX2540H | AC | jan16 | Jan16@123456 |
| 接入交换机 | S3600 | L2SW | jan16 | Jan16@123456 |
| 核心交换机 | S5800 | L3SW | jan16 | Jan16@123456 |

表 13-3 端口互联规划

| 本端设备 | 本端端口 | 端口配置 | 对端设备 | 对端端口 |
|---|---|---|---|---|
| WA6320-SI-1 | G1/0/1 | N/A | L2SW | G1/0/1 |
| WA6320-SI-2 | G1/0/1 | N/A | L2SW | G1/0/2 |
| L2SW | G1/0/1 | trunk | WA6320-SI-1 | G1/0/1 |
| L2SW | G1/0/2 | trunk | WA6320-SI-2 | G1/0/1 |
| L2SW | G1/0/24 | trunk | L3SW | G1/0/1 |
| L3SW | G1/0/1 | trunk | L2SW | G1/0/24 |
| L3SW | G1/0/24 | trunk | AC | G1/0/1 |
| AC | G1/0/1 | trunk | L3SW | G1/0/24 |

表 13-4 IP 规划

| 设备 | 接口 | IP 地址 | 用途 |
|---|---|---|---|
| AC | Vlan-interface 4000 | 192.168.1.2/24 | 与 L3SW 互联地址 |
| L3SW | Vlan-interface 10 | 192.168.10.1 ~ 192.168.10.253 | DHCP 分配 |
| | | 192.168.10.254/24 | 无线用户网关 |
| | Vlan-interface 99 | 192.168.99.1 ~ 192.168.99.253 | DHCP 分配 |
| | | 192.168.99.254/24 | AP 管理地址网关 |
| | Vlan-interface 100 | 192.168.100.254/24 | L2SW 管理地址网关 |
| | Vlan-interface 4000 | 192.168.1.1/24 | 与 AC 互联地址 |
| L2SW | Vlan-interface 100 | 192.168.100.1/24 | L2SW 管理地址 |
| WA6320-SI-1 | Vlan-interface 99 | DHCP | AP 管理地址 |
| WA6320-SI-2 | Vlan-interface 99 | DHCP | AP 管理地址 |

表 13-5 service-template 规划

| service-template | VLAN | SSID | 是否开启 Portal 认证 | 认证域 | 是否加密 | 是否广播 |
|---|---|---|---|---|---|---|
| 1F-vap | 10 | JAN16-1F | 是 | dm1 | 否（默认） | 是（默认） |
| 2F-vap | 10 | JAN16-2F | 是 | dm1 | 否（默认） | 是（默认） |

表 13-6 AP 规划

| AP 名称 | SN | service-template | 信道绑定 | 功率 |
|---|---|---|---|---|
| WA6320-SI-1 | 219801A2N18219E00W15 | 1F-vap | radio 1 | 100% |
| WA6320-SI-2 | 219801A2N18219E00TVV | 2F-vap | radio 1 | 100% |

表 13-7　认证域规划

| 设备名称 | 认证域名称 | 认证方法 | 授权方法 | 计费方法 |
|---|---|---|---|---|
| AC | dm1 | Local | none | none |

表 13-8　portal 规划

| 设备名称 | URL | 用户名 | 用户密码 | 是否开启无线 Portal 漫游功能 | 是否开启无线 Portal 客户端 ARP 表项固化功能 | 是否开启无线 Portal 客户端合法性检查功能 |
|---|---|---|---|---|---|---|
| AC | http://192.168.1.2/portal | test | test | 是 | 否 | 是 |

## 项目实践

# 任务 13-1　公司接入交换机的配置

扫一扫，看微课

## ▶ 任务描述

公司接入交换机的配置包括远程管理配置、VLAN 和 IP 地址配置、端口配置、默认路由配置。

## ▶ 任务操作

### 1. 远程管理配置

配置远程登录和管理密码。

```
<H3C>system-view                                   //进入系统视图
[H3C]sysname L2SW                                  //配置设备名称
[L2SW]user-interface vty 0 4                       //进入虚拟链路
[L2SW-ui-vty0-4]protocol inbound telnet            //配置协议为 telnet
[L2SW-ui-vty0-4]authentication-mode scheme         //配置认证模式为 AAA
[L2SW-ui-vty0-4]quit                               //退出
[L2SW]local-user jan16                             //创建 jan16 用户
[L2SW-luser-jan16]password simple Jan16@123456     //配置密码 Jan16@123456
[L2SW-luser-jan16]service-type telnet              //配置用户类型为 telnet 用户
```

```
[L2SW-luser-jan16]authorization-attribute level 3//配置用户等级为3
[L2SW-luser-jan16]quit                                   //退出
```

## 2. VLAN 和 IP 地址配置

创建各部门使用的 VLAN，配置设备的 IP 地址作为管理地址。

```
[L2SW]vlan 10                                       //创建VLAN 10
[L2SW-vlan10]name User-Wifi                         //将VLAN命名为User-Wifi
[L2SW-vlan10]quit                                   //退出
[L2SW]vlan 99                                       //创建VLAN 99
[L2SW-vlan99]name AP-Guanli                         //将VLAN命名为AP-Guanli
[L2SW-vlan99]quit                                   //退出
[L2SW]vlan 100                                      //创建VLAN 100
[L2SW-vlan100]name SW-Guanli                        //将VLAN命名为SW-Guanli
[L2SW-vlan100]quit                                  //退出
[L2SW]interface Vlan-interface 100                  //进入Vlan-interface 100接口
[L2SW-Vlan-interface100]ip address 192.168.100.1 24//配置IP地址
[L2SW-Vlan-interface100]quit                        //退出
```

## 3. 端口配置

配置连接 AP 的端口为 trunk 模式，修改默认 VLAN 为 AP VLAN，并配置端口放行 VLAN 列表，允许 AP 的 VLAN 通过；配置 L2SW 与 L3SW 连接的端口为 trunk 模式，配置端口放行 VLAN 列表，允许 AP 和 L2SW 管理的 VLAN 通过。

```
[L2SW]interface range GigabitEthernet 1/0/1 to GigabitEthernet 1/0/2  //
进入G1/0/1-2端口视图
[L2SW-if-range]port link-type trunk                 //配置端口链路模式为trunk
[L2SW-if-range]port trunk pvid vlan 99              //配置端口放行VLAN列表
[L2SW-if-range]port trunk permit vlan 99            //配置端口默认VLAN
[L2SW-if-range]quit                                 //退出
[L2SW]interface GigabitEthernet 1/0/24              //进入G1/0/24端口视图
[L2SW-GigabitEthernet1/0/24]port link-type trunk  //配置端口链路模式为trunk
[L2SW-GigabitEthernet1/0/24]port trunk permit vlan 99 100//配置端口放行VLAN
列表
[L2SW-GigabitEthernet1/0/24]quit                    //退出
```

## 4. 默认路由配置

配置默认路由，下一跳指向 L2SW 管理地址网关。

```
[L2SW]ip route-static 0.0.0.0 0.0.0.0 192.168.100.254  //配置默认路由
```

## ▶ 任务验证

在 L2SW 上使用“display interface brief ”命令查看 Vlan-interface 接口和端口信息，如下所示。

```
[L2SW]display interface brief
The brief information of interface(s) under route mode:
Link: ADM - administratively down; Stby - standby
Protocol: (s) - spoofing
Interface            Link  Protocol  Primary IP        Description
Vlan100             UP   UP       192.168.100.1

The brief information of interface(s) under bridge mode:
Link: ADM - administratively down; Stby - standby
Speed or Duplex: (a)/A - auto; H - half; F - full
Type: A - access; T - trunk; H - hybrid
Interface           Link  Speed  Duplex  Type  PVID  Description
GE1/0/1            UP    auto   F(a)     T    99
GE1/0/2            UP    auto   F(a)     T    99
GE1/0/24           UP    auto   F(a)     T    1
```

# 任务 13-2　公司核心交换机的配置

## ▶ 任务描述

扫一扫，看微课

公司核心交换机的配置包括远程管理配置、VLAN 和 IP 地址配置、DHCP 配置、端口配置。

## ▶ 任务操作

### 1. 远程管理配置

配置远程登录和管理密码。

```
<H3C>system-view                                    //进入系统视图
```

```
[H3C]sysname L3SW                                        //配置设备名称
[L3SW]user-interface vty 0 4                             //进入虚拟链路
[L3SW-ui-vty0-4]protocol inbound telnet                  //配置协议为 telnet
[L3SW-ui-vty0-4]authentication-mode scheme               //配置认证模式为 AAA
[L3SW-ui-vty0-4]quit                                     //退出
[L3SW]local-user jan16                                   //创建 jan16 用户
[L3SW-luser-jan16]password simple Jan16@123456           //配置密码 Jan16@123456
[L3SW-luser-jan16]service-type telnet                    //配置用户类型为 telnet 用户
[L3SW-luser-jan16]authorization-attribute level 3   //配置用户等级为 3
[L3SW-luser-jan16]quit                                   //退出
```

## 2. VLAN 和 IP 地址配置

创建各部门使用的 VLAN，配置设备的 IP 地址作为管理地址。

```
[L3SW]vlan 10                                            //创建 VLAN 10
[L3SW-vlan10]name User-Wifi                              //将 VLAN 命名为 User-Wifi
[L3SW-vlan10]quit                                        //退出
[L3SW]vlan 99                                            //创建 VLAN 99
[L3SW-vlan99]name AP-Guanli                              //将 VLAN 命名为 AP-Guanli
[L3SW-vlan99]quit                                        //退出
[L3SW]vlan 100                                           //创建 VLAN 100
[L3SW-vlan100]name SW-Guanli                             //将 VLAN 命名为 SW-Guanli
[L3SW-vlan100]quit                                       //退出
[L3SW]vlan 4000                                          //创建 VLAN 4000
[L3SW-vlan4000]name Link--AC-vlan 4000--//将 VLAN 命名为 Link--AC-vlan 4000--
[L3SW-vlan4000]quit                                      //退出
[L3SW]interface Vlan-interface 10                   //进入 Vlan-interface 10 接口
[L3SW-Vlan-interface10]ip address 192.168.10.254 24//配置 IP 地址
[L3SW-Vlan-interface10]quit                              //退出
[L3SW]interface Vlan-interface 99                   //进入 Vlan-interface 99 接口
[L3SW-Vlan-interface99]ip address 192.168.99.254 24//配置 IP 地址
[L3SW-Vlan-interface99]quit                              //退出
[L3SW]interface Vlan-interface 100                 //进入 Vlan-interface 100 接口
[L3SW-Vlan-interface100]ip address 192.168.100.254 24   //配置 IP 地址
[L3SW-Vlan-interface100]quit                             //退出
[L3SW]interface Vlan-interface 4000               //进入 Vlan-interface 4000 接口
[L3SW-Vlan-interface4000]ip address 192.168.1.1 24 //配置 IP 地址
[L3SW-Vlan-interface4000]quit                            //退出
```

## 3. DHCP 配置

开启 DHCP 服务，创建 AP 和用户的 DHCP 地址池。

```
[L3SW]dhcp enable                                    //开启 DHCP 服务
[L3SW]dhcp server ip-pool vlan99                    //创建 Vlan-interface 99 的地址池
[L3SW-dhcp-pool-vlan99]network 192.168.99.0 24          //配置分配的 IP 地址段
[L3SW-dhcp-pool-vlan99]gateway-list 192.168.99.254 //配置分配的网关地址
[L3SW-dhcp-pool-vlan99]option 138 ip-address 192.168.1.2    //配置 DHCP 分配的选项字段，用于 AP 与 AC 建立隧道
[L3SW-dhcp-pool-vlan99]quit                          //退出
[L3SW]dhcp server ip-pool vlan10                     //创建 Vlan-interface 10 的地址池
[L3SW-dhcp-pool-vlan10]network 192.168.10.0 24          //配置分配的 IP 地址段
[L3SW-dhcp-pool-vlan10]gateway-list 192.168.10.254 //配置分配的网关地址
[L3SW-dhcp-pool-vlan10]quit                          //退出
```

4. **端口配置**

配置连接接入交换机和 AC 的端口为 trunk 模式，并配置端口放行 VLAN 列表，允许用户和设备互联的 VLAN 通过。

```
[L3SW]interface GigabitEthernet 1/0/1                //进入 G1/0/1 端口视图
[L3SW-GigabitEthernet1/0/1]port link-type trunk //配置端口链路模式为 trunk
[L3SW-GigabitEthernet1/0/1]port trunk permit vlan 99 100//配置端口放行 VLAN 列表
[L3SW-GigabitEthernet1/0/1]quit                      //退出
[L3SW]interface GigabitEthernet 1/0/24               //进入 G1/0/24 接口视图
[L3SW-GigabitEthernet1/0/24]port link-type trunk//配置端口链路模式为 trunk
[L3SW-GigabitEthernet1/0/24]port trunk permit vlan 10 4000 //配置端口放行 VLAN 列表
[L3SW-GigabitEthernet1/0/24]quit                    //退出
```

## ▶ 任务验证

将 AP 上电后连接到接入交换机，在 L3SW 上使用“display dhcp server ip-in-use pool vlan99”命令，如下所示。

```
[L3SW]display dhcp server ip-in-use pool vlan99
Pool utilization: 0.78%
 IP address       Client-identifier/    Lease expiration           Type
                Hardware address
 192.168.99.2     38a9-1c4c-3b00    Apr 27 2000 12:37:24      Auto:COMMITTED
```

```
192.168.99.1     38a9-1c4c-c7c0    Apr 27 2000 12:37:09      Auto:COMMITTED

--- total 2 entry ---
```

可以看到，两台 AP 获取了 IP 地址。

# 任务 13-3　公司 AC 的基础配置

## ▶ 任务描述

扫一扫，看微课

公司 AC 的基础配置包括远程管理配置、VLAN 和 IP 地址配置、端口配置、默认路由配置。

## ▶ 任务操作

### 1. 远程管理配置

配置远程登录和管理密码。

```
<H3C>system-view                                    //进入系统视图
[H3C]sysname AC                                     //配置设备名称
[AC]user-interface vty 0 4                          //进入虚拟链路
[AC-line-vty0-4]protocol inbound telnet             //配置协议为 telnet
[AC-line-vty0-4]authentication-mode scheme          //配置认证模式为 AAA
[AC-line-vty0-4]quit                                //退出
[AC]local-user jan16                                //创建 jan16 用户
[AC-luser-manage-jan16]password simple Jan16@123456//配置密码 Jan16@123456
[AC-luser-manage-jan16]service-type telnet          //配置用户类型为 telnet 用户
[AC-luser-manage-jan16]authorization-attribute user-role level-15  //配置
用户等级为 15
[AC-luser-manage-jan16]quit                         //退出
```

### 2. VLAN 和 IP 地址配置

配置创建各部门使用的 VLAN，配置设备的 IP 地址。

```
[AC]vlan 10                                    //创建 VLAN 10
[AC-vlan10]name User-Wifi                      //将 VLAN 命名为 User-Wifi
[AC-vlan10]quit                                //退出
```

```
[AC]vlan 4000                                    //创建 VLAN 4000
[AC-vlan4000]name Link--AC-vlan 4000-- //将 VLAN 命名为 Link--AC-vlan 4000--
[AC-vlan4000]quit                                //退出
[AC]interface Vlan-interface 4000                //进入 Vlan-interface 4000 接口
[AC-Vlan-interface4000]ip address 192.168.1.2 24    //配置 IP 地址
[AC-Vlan-interface4000]quit                      //退出
```

### 3. 端口配置

配置连接交换机的端口为 trunk 模式，并配置端口放行 VLAN 列表，允许用户和设备互联的 VLAN 通过。

```
[AC]interface GigabitEthernet 1/0/1                      //进入 G1/0/1 端口视图
[AC-GigabitEthernet1/0/1]port link-type trunk   //配置端口类型为 trunk
[AC-GigabitEthernet1/0/1]port trunk permit vlan 10 4000//配置端口放行 VLAN 列表
[AC-GigabitEthernet1/0/1]quit                            //退出
```

### 4. 默认路由配置

配置默认路由，下一跳指向核心交换机 L3SW（192.168.1.1）。

```
[AC]ip route-static 0.0.0.0 0.0.0.0 192.168.1.1 //配置默认路由
```

## ▶ 任务验证

（1）在 AC 上使用“display vlan brief”命令查看 VLAN 信息，如下所示。

```
[AC]display vlan brief
Brief information about all VLANs:
Supported Minimum VLAN ID: 1
Supported Maximum VLAN ID: 4094
Default VLAN ID: 1
VLAN ID   Name                          Port
1         VLAN 0001                     GE1/0/1  GE1/0/2  GE1/0/3  GE1/0/4
10        User-Wifi                       GE1/0/1
4000      Link--AC-vlan4000--               GE1/0/1
```

可以看到，允许通过的 VLAN 列表中包括 VLAN 10、VLAN 4000。

（2）在 AC 上使用“display ip interface brief”命令查看 IP 信息，如下所示。

```
[AC]display ip interface brief
*down: administratively down
```

```
(s): spoofing  (l): loopback
Interface                Physical  Protocol IP  Address      Description
Vlan1                   up       up       192.168.0.100   --
Vlan4000                up       up        192.168.1.2     --
```

可以看到 Vlan-interface 4000 接口已经配置了 IP 地址。

# 任务 13-4　公司 AC 的 WLAN 配置

扫一扫，看微课

## ▶ 任务描述

公司 AC 的 WLAN 配置包括无线服务模板配置和 AP 配置。

## ▶ 任务操作

### 1. 无线服务模板配置

创建无线服务模板，配置 SSID 名称、配置 Vlan-id 和开启无线服务模板。

```
[AC]wlan service-template 1F-vap                    //创建无线服务模板 1F-vap
[AC-wlan-st-1f-vap]ssid JAN16-1F                    //配置 SSID 为 JAN16-1F
[AC-wlan-st-1f-vap]vlan 10                          //配置无线服务模板的 VLAN 为 10
[AC-wlan-st-1f-vap]service-template enable          //开启无线服务模板
[AC-wlan-st-1f-vap]quit                             //退出
[AC]wlan service-template 2F-vap                    //创建无线服务模板 2F-vap
[AC-wlan-st-2f-vap]ssid JAN16-2F                    //配置 SSID 为 JAN16-2F
[AC-wlan-st-2f-vap]vlan 10                          //配置无线服务模板的 VLAN 为 10
[AC-wlan-st-2f-vap]service-template enable          //开启无线服务模板
[AC-wlan-st-2f-vap]quit                             //退出
```

### 2. AP 配置

手工创建 AP，配置 AP 序列号，将无线服务模板 1F-vap 和 2F-vap 分别绑定到 WA6320-SI-1 和 WA6320-SI-2 的 radio 1 上，开启 radio 1 的射频功能。

```
[AC]wlan ap WA6320-SI-1 model WA6320-SI              //添加 AP 型号
[AC-wlan-ap-WA6320-SI-1]serial-id 219801A2N18219E00W15 //输入序列号
[AC-wlan-ap-WA6320-SI-1]radio 1                      //进入 radio 1
[AC-wlan-ap-WA6320-SI-1-radio-1]radio enable         //开启射频功能
```

```
[AC-wlan-ap-WA6320-SI-1-radio-1]service-template 1F-vap    //将无线服务模板1F-vap 绑定到 radio 1 上
[AC-wlan-ap-WA6320-SI-1-radio-1]quit              //退出
[AC-wlan-ap-WA6320-SI-1]quit                      //退出
[AC]wlan ap WA6320-SI-2 model WA6320-SI           //添加 AP 型号
[AC-wlan-ap-WA6320-SI-2]serial-id 219801A2N18219E00TVV      //输入序列号
[AC-wlan-ap-WA6320-SI-2]radio 1                   //进入 radio 1
[AC-wlan-ap-WA6320-SI-2-radio-1]radio enable      //开启射频功能
[AC-wlan-ap-WA6320-SI-2-radio-1]service-template 2F-vap    //将无线服务模板2F-vap 绑定到 radio 1 上
[AC-wlan-ap-WA6320-SI-2-radio-1]quit              //退出
[AC-wlan-ap-WA6320-SI-2]quit                      //退出
```

## ▶ 任务验证

（1）在 AC 上使用“display wlan ap name WA6320-SI-1”命令，查看 AP WA6320-SI-1 的配置信息，如下所示。

```
[AC]display wlan ap name WA6320-SI-1
                          AP information
 State : I = Idle,      J  = Join,       JA = JoinAck,     IL = ImageLoad
         C = Config,    DC = DataCheck,  R  = Run,    M = Master,   B = Backup

AP name                APID  State  Model             Serial ID
WA6320-SI-1             1     R/M   WA6320-SI        219801A2N18219E00W15
```

可以看到，状态为 R/M，表示 AP WA6320-SI-1 已上线。

（2）在 AC 上使用“display wlan ap name WA6320-SI-2”命令，查看 AP WA6320-SI-2 的配置信息，如下所示。

```
[AC]display wlan ap name WA6320-SI-2
                          AP information
 State : I = Idle,      J  = Join,       JA = JoinAck,     IL = ImageLoad
         C = Config,    DC = DataCheck,  R  = Run,    M = Master,   B = Backup

AP name               APID  State  Model             Serial ID
WA6320-SI-2            2     R/M   WA6320-SI        219801A2N18219E00TVV
```

可以看到，状态为 R/M，表示 AP WA6320-SI-2 已上线。

# 任务 13-5　公司无线 Portal 认证的配置

## ▶ 任务描述

公司无线 Portal 认证的配置包括认证域配置、Portal 配置、接入模板配置、Portal 认证用户配置。

## ▶ 任务操作

### 1. 认证域配置

```
[AC]domain dm1                          //创建名称为 dm1 的 ISP 域并进入其视图
[AC-isp-dm1]authentication portal local
                                        //为 Portal 用户配置 AAA 认证方法为 local
[AC-isp-dm1]authorization portal none
                                        //为 Portal 用户配置 AAA 授权方法为 none
[AC-isp-dm1]accounting portal none
                                        //为 Portal 用户配置 AAA 计费方法为 none
[AC-isp-dm1]authorization-attribute idle-cut 15 1024
                                        //指定 ISP 域 dm1 下的用户闲置切断时间为 15
分钟，闲置切断时间内产生的流量为 1024 字节
[AC-isp-dm1]quit                        //退出
```

### 2. Portal 配置

创建和配置本地 Portal Web 服务器的 URL、配置使用 defaultfile.zip 认证页面文件（设备的存储介质的根目录下必须已存在该认证页面文件，否则功能不生效）、配置 Portal 免认证规则、开启无线 Portal 漫游功能、关闭无线 Portal 客户端 ARP 表项固化功能、开启无线 Portal 客户端合法性检查功能。

```
[AC]portal web-server newpt                       //配置 Portal Web 服务器的 URL
[AC-portal-websvr-newpt]url http://192.168.1.2/portal //配置设备重定向给用户
[AC-portal-websvr-newpt]url-parameter 1 source-address //重定向给用户的
Portal Web 服务器的 URL 中携带参数
[AC-portal-websvr-newpt]quit                      //退出
[AC]portal local-web-server http                  //创建本地 Portal Web 服务器
[AC-portal-local-websvr-http]default-logon-page defaultfile.zip   //配置
本地 Portal Web 服务器提供的认证页面文件
```

```
[AC-portal-local-websvr-http]quit            //退出
[AC]portal free-rule 1 destination ip any udp 53    //配置 Portal 免认证规则
[AC]portal free-rule 2 destination ip any tcp 53    //配置 Portal 免认证规则
[AC]portal roaming enable                    //开启无线 Portal 漫游功能
[AC]undo portal refresh arp enable     //关闭无线 Portal 客户端 ARP 表项固化功能
[AC]portal host-check enable           //开启无线 Portal 客户端合法性检查功能
```

### 3. 接入模板配置

在模板“1F-vap”和“2F-vap”上应用内置 Portal 服务器。

```
[AC]wlan service-template 1F-vap                        //进入无线服务模板 1F-vap
[AC-wlan-st-1f-vap]portal enable method direct//在无线服务模板上开启 Portal 认证
[AC-wlan-st-1f-vap]portal domain dm1                    //配置接入使用认证域为 dm1
[AC-wlan-st-1f-vap]portal apply web-server newpt   //在无线服务模板上引用 Portal
服务器 newpt
[AC-wlan-st-1f-vap]service-template enable         //启用模板
[AC-wlan-st-1f-vap]quit                            //退出
[AC] wlan service-template 2F-vap                       //进入无线服务模板 2F-vap
[AC-wlan-st-2f-vap]portal enable method direct//在无线服务模板上开启 Portal 认证
[AC-wlan-st-2f-vap]portal domain dm1                    //配置接入使用认证域为 dm1
[AC-wlan-st-2f-vap]portal apply web-server newpt //在无线服务模板上引用 Portal
Web 服务器 newpt
[AC-wlan-st-2f-vap]service-template enable         //启用模板
[AC-wlan-st-2f-vap]quit                            //退出
```

### 4. Portal 认证用户配置

配置本地 Portal 认证的用户名和密码为 test。

```
[AC]local-user test class network                  //创建 test 用户
[AC-luser-manage-test]password simple test         //配置密码为 test
[AC-luser-manage-test]service-type portal          //配置用户类型为 portal 用户
[AC-luser-manage-test]quit                         //退出
```

## ▶ 任务验证

在 AC 上使用“display current-configuration”命令，确认已完成配置，如下所示。

```
[AC]display current-configuration
…
#
```

```
 sysname AC
#
wlan global-configuration
 calibrate-channel self-decisive enable all
 calibrate-power self-decisive enable all
…
wlan service-template 1f-vap
 ssid JAN16-1F
 vlan 10
 client max-count 10
 portal enable method direct
 portal domain dm1
 portal apply web-server newpt
 service-template enable
#
wlan service-template 2f-vap
 ssid JAN16-2F
 vlan 10
 client max-count 10
 portal enable method direct
 portal domain dm1
 portal apply web-server newpt
 service-template enable
#
…
domain dm1
 authorization-attribute idle-cut 15 1024
 authentication portal local
 authorization portal none
 accounting portal none
…
#
local-user test class network
 password cipher $c$3$LKDMI1KO8C8nrnOSZXh2/+d4SlZwDjM=
 service-type portal
 authorization-attribute user-role network-operator
#
 portal free-rule 1 description ip any udp 53
 portal free-rule 2 description ip any tcp 53
#
portal web-server newpt
 url http://192.168.1.2/portal
```

```
 url-parameter 1 source-address
#
portal local-web-server http
default-logon-page defaultfile.zip
…
```

## 项目验证

（1）在 PC 上搜索无线信号 JAN16-1F 或 JAN16-2F，单击连接，连接 SSID 成功，可以正常接入，如图 13-2 所示。

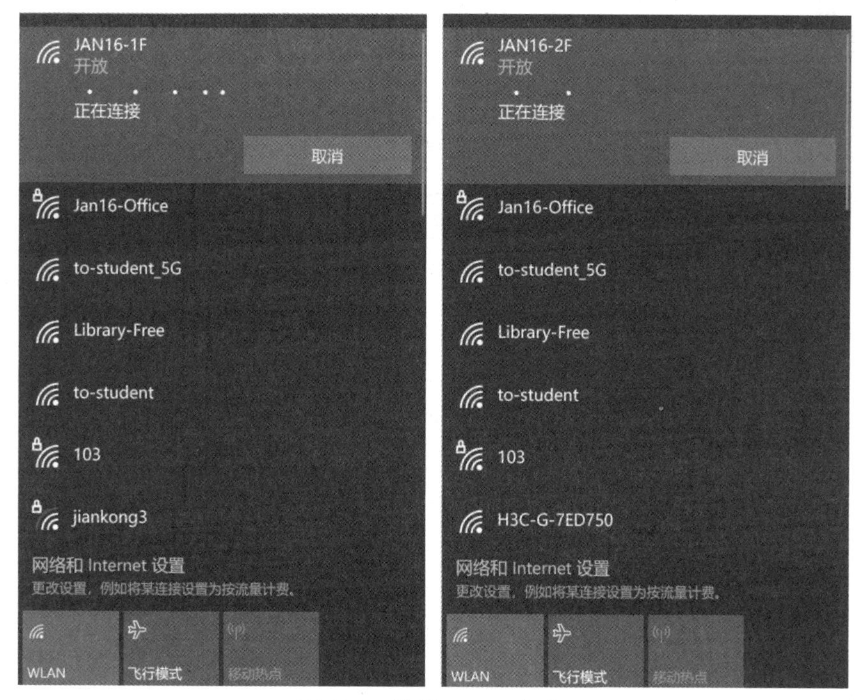


**图 13-2　连接 SSID 成功**

（2）在 PC 上按【Windows+X】组合键，在弹出的菜单中选择“Windows Power Shell”选项，打开“Windows Power Shell”窗口，使用“ipconfig”命令查看 IP 地址信息，如图 13-3 所示。可以看到，获取了 192.168.10.0/24 网段的 IP 地址。

（3）打开浏览器，在地址栏输入任意 IP 地址，弹出 Web 认证界面，如图 13-4 所示。

（4）输入用户名和密码，单击“登录”按钮，弹出成功接入网络的界面，如图 13-5 所示。

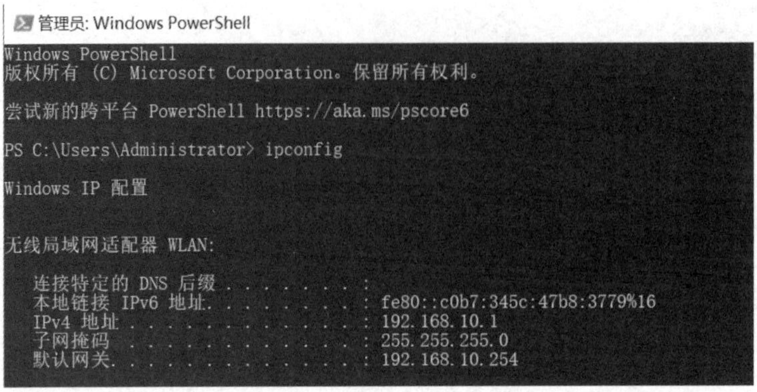

管理员: Windows PowerShell
Windows PowerShell
版权所有 (C) Microsoft Corporation。保留所有权利。
尝试新的跨平台 PowerShell https://aka.ms/pscore6
PS C:\Users\Administrator> ipconfig
Windows IP 配置
无线局域网适配器 WLAN:
连接特定的 DNS 后缀 . . . . . . . :
本地链接 IPv6 地址. . . . . . . . : fe80::c0b7:345c:47b8:3779%16
IPv4 地址 . . . . . . . . . . . . : 192.168.10.1
子网掩码 . . . . . . . . . . . . : 255.255.255.0
默认网关. . . . . . . . . . . . . : 192.168.10.254

图 13-3 查看 IP 地址信息

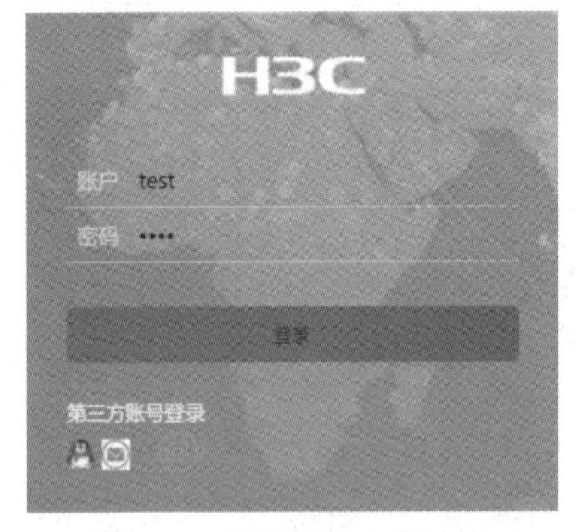

H3C
账户 test
密码 ••••
登录
第三方账号登录

图 13-4 弹出 Web 认证界面

H3C
恭喜！您已登录成功！
下线

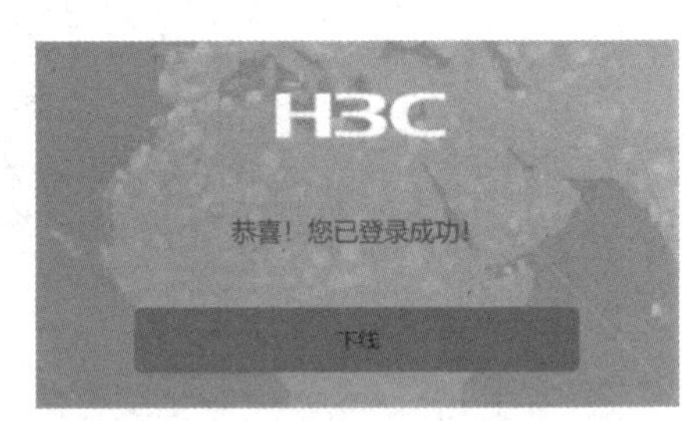

图 13-5 成功接入网络的界面

## 项目拓展

（1）Web 认证一般由（ ）提供认证界面。

A．Web 服务器 B．Portal 服务器 C．Radius 服务器 D．AAA 服务器

（2）在无线网络中，Web 认证主要通过（ ）信息完成身份认证。

A．用户名 B．密码 C．用户名及密码 D．以上都不对

（3）启用 Web 认证后，未认证用户使用浏览器上网时（ ）。

A．浏览器会跳转到访问公告信息

B．会强制浏览器访问特定站点

C．不能享受 Portal 服务器上的服务

D．会在连接 Wi-Fi 时要求输入用户名命名才能连接

# 项目 14　高可用无线网络的部署

## 项目描述

原公司的无线网络采用一台 AC 对整网的 AP 进行控制。但随着公司业务发展壮大，无线网络已承载公司的部分生产业务，因此，为保证生产业务稳定运行，公司对如何提高无线网络的可靠性十分关注，为此邀请 Jan16 公司的技术工程师针对当前无线网络的可靠性进行优化。技术工程师指出，为了避免生产业务因 AC 宕机而无法工作的情况发生，需要新增一台 AC 来进行热备部署，当一台 AC 出现故障时，网络中的 AP 便立刻与另外一台 AC 隧道进行业务数据转发，从而避免出现单点故障。而为了保证不影响业务，切换时间应在毫秒级，双 AC 需要采用热备负载模式。

另外，有员工反馈在会议室的无线网络体验较差。工程师通过检查会议室各 AP 的运行状态，发现各 AP 关联的用户数量并不均匀，个别 AP 关联的用户数量很多，而其余的 AP 只有少量用户关联。过多用户关联必然导致 AP 吞吐成为瓶颈，导致用户体验较差。为此，工程师在对 AC 进行热备优化的同时，还对会议室 AP 进行了负载均衡的配置优化，最大限度保证每台 AP 的用户接入数量均匀，在发挥每台 AP 的性能的同时，提高 AP 的使用率。

综上，本次项目改造具体有以下几个部分。

（1）为了规避单点故障风险，网络中需要增加一台 AC 进行热备。

（2）对于单 AC 故障情况，为确保用户体验，达到无缝切换的目的，需要采用 AC 热备技术。在热备模式下，单 AP 保持与双 AC 均建立隧道连接；在集群模式下，AP 只与当前活动 AC 建立隧道连接，而当 AP 检测发现活动 AC 宕机时，AP 才与备用 AC 建立隧道连接。

（3）各 AP 关联的用户数量均衡分布，可以考虑启用 AP 负载均衡组来实现。

## 项目相关知识

### 14.1　AC 热备

新华三 AC 的热备功能是在 AC 发生不可达（故障）时，为 AC 与 AP 之间提供毫秒级的 CAPWAP 隧道切换能力，确保已关联用户的业务在最大限度上不间断。

AC 热备分为两种模式：A/S 模式和 A/A 模式。

#### 1. A/S 模式

在 A/S 模式下，一台 AC 处于 Active（激活）状态，为主设备；另一台 AC 处于 Standby（待机）状态，为备份设备。主设备处理所有业务，并将业务状态信息传送到备份设备进行备份；备份设备不处理业务，只备份业务。所有 AP 与主设备建立主 CAPWAP 隧道，与备份设备建立备份 CAPWAP 隧道。当两台 AC 都正常工作时，所有业务由主设备处理；主设备出现故障后，所有业务会切换到备份设备上进行处理。

#### 2. A/A 模式

在 A/A 模式下，两台 AC 均作为主设备处理业务流量，同时，两台 AC 各自作为另一台设备的备份设备，备份对端的业务状态信息。假定两台 AC 分别为 AC1 和 AC2，那么在 A/A 模式下，一部分 AP 与 AC1 建立主 CAPWAP 隧道，与 AC2 建立备份 CAPWAP 隧道；同时，另一部分 AP 与 AC2 建立主 CAPWAP 隧道，与 AC1 建立备份 CAPWAP 隧道。当两台 AC 都正常工作时，两台 AC 分别负责与其建立主 CAPWAP 隧道的 AP 的业务处理；其中，当一台 AC（假定为 AC1）出现故障后，与 AC1 建立主 CAPWAP 隧道的 AP 将业务切换到备份 CAPWAP 隧道，之后 AC2 负责处理所有 AP 的业务。

## 14.2 负载均衡

负载均衡分为基于用户数的负载均衡和基于流量的负载均衡，常用的是基于用户数的负载均衡。在无线网络中，如果有多台 AP，并且信号相互覆盖，由于无线用户接入是随机的，因此，可能会出现某台 AP 负载较重、网络利用率较差的情况。将同一区域的 AP 都划到同一个负载均衡组，协同控制无线用户的接入，可以起到负载均衡的作用。

适用场景：当同一个区域有多台属于同一组的 AP 发出同一个无线信号时，可以采用该方案，从而避免无线客户端都接入同一台或某几台 AP，导致某些 AP 负载较重、网络利用率较差的情况发生。

## 项目规划设计

### ▶ 项目拓扑

公司使用两台 AC 来建立高可用的无线网络，将两台 AC 都连接到核心交换机 L3SW

上，将公司的各台 AP 连接到接入交换机 L2SW 上，由接入交换机来连接核心交换机，高可用无线网络部署网络拓扑如图 14-1 所示。

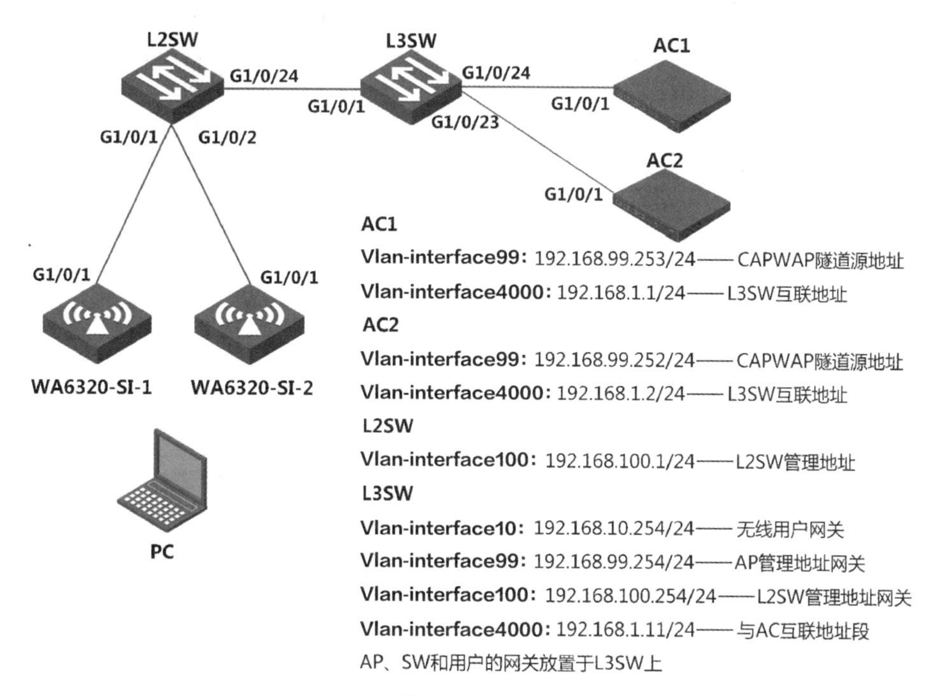


图 14-1　高可用无线网络部署网络拓扑

## ▶ 项目规划

根据图 14-1 进行项目规划，项目 14 的 VLAN 规划、设备管理规划、端口互联规划、IP 规划、service-template 规划、AP 规划、AP license 共享规划、负载均衡组规划如表 14-1 ~ 表 14-8 所示。

表 14-1　VLAN 规划

| VLAN-ID | VLAN 命名 | 网段 | 用途 |
|---|---|---|---|
| VLAN 10 | User-Wifi | 192.168.10.0/24 | 无线用户网段 |
| VLAN 99 | AP-Guanli | 192.168.99.0/24 | AP 管理网段 |
| VLAN 100 | SW-Guanli | 192.168.100.0/24 | 交换机管理网段 |
| VLAN 4000 | Link--AC-vlan 4000-- | 192.168.1.0/24 | 核心交换机与 AC 互联网段 |

表 14-2　设备管理规划

| 设备类型 | 型号 | 设备命名 | 用户名 | 密码 |
|---|---|---|---|---|
| 无线接入点 | WA6320-SI | WA6320-SI-1 | N/A | N/A |
| | | WA6320-SI-2 | N/A | N/A |
| 无线控制器 | WX2540H | AC1 | jan16 | Jan16@123456 |
| | WX2540H | AC2 | jan16 | Jan16@123456 |

续表

| 设备类型 | 型号 | 设备命名 | 用户名 | 密码 |
|---|---|---|---|---|
| 接入交换机 | S3600 | L2SW | jan16 | Jan16@123456 |
| 核心交换机 | S5800 | L3SW | jan16 | Jan16@123456 |

**表 14-3　端口互联规划**

| 本端设备 | 本端端口 | 端口配置 | 对端设备 | 对端端口 |
|---|---|---|---|---|
| WA6320-SI-1 | G1/0/1 | N/A | L2SW | G1/0/1 |
| WA6320-SI-2 | G1/0/1 | N/A | L2SW | G1/0/2 |
| L2SW | G1/0/1 | trunk | WA6320-SI-1 | G1/0/1 |
| L2SW | G1/0/2 | trunk | WA6320-SI-2 | G1/0/1 |
| L2SW | G1/0/24 | trunk | L3SW | G1/0/1 |
| L3SW | G1/0/1 | trunk | L2SW | G1/0/24 |
| L3SW | G1/0/24 | trunk | AC1 | G1/0/1 |
| L3SW | G1/0/23 | trunk | AC2 | G1/0/1 |
| AC1 | G1/0/1 | trunk | L3SW | G1/0/24 |
| AC2 | G1/0/1 | trunk | L3SW | G1/0/23 |

**表 14-4　IP 规划**

| 设备 | 接口 | IP 地址 | 用途 |
|---|---|---|---|
| AC1 | Vlan-interface 99 | 192.168.99.253/24 | CAPWAP 隧道源地址 |
|  | Vlan-interface 4000 | 192.168.1.1/24 | 与 L3SW 互联地址 |
| AC2 | Vlan-interface 99 | 192.168.99.252/24 | CAPWAP 隧道源地址 |
|  | Vlan-interface 4000 | 192.168.1.2/24 | 与 L3SW 互联地址 |
| L3SW | Vlan-interface 10 | 192.168.10.1 ~ 192.168.10.253 | DHCP 分配 |
|  |  | 192.168.10.254/24 | 无线用户网关 |
|  | Vlan-interface 99 | 192.168.99.1 ~ 192.168.99.253 | DHCP 分配 |
|  |  | 192.168.99.254/24 | AP 管理地址网关 |
|  | Vlan-interface 100 | 192.168.100.254/24 | L2SW 管理地址网关 |
|  | Vlan-interface 4000 | 192.168.1.11/24 | 与 AC 互联地址 |
| L2SW | Vlan-interface 100 | 192.168.100.1/24 | L2SW 管理地址 |
| WA6320-SI-1 | Vlan-interface 99 | DHCP | AP 管理地址 |
| WA6320-SI-2 | Vlan-interface 99 | DHCP | AP 管理地址 |

**表 14-5　service-template 规划**

| service-template | VLAN | SSID | 加密方式 | 是否广播 |
|---|---|---|---|---|
| 1F-vap | 10 | Jan16 | 否（默认） | 是（默认） |

**表 14-6　AP 规划**

| 设备名称 | AP 名称 | service-template | 备用 AC | 是否开启 CAPWAP 抢占功能 | 信道绑定 | 功率 |
|---|---|---|---|---|---|---|
| AC1 | WA6320-SI-1 | 1F-vap | 192.168.1.2 | 是 | radio 1 | 100% |
|  | WA6320-SI-2 | 1F-vap | 192.168.1.2 | 是 | radio 1 | 100% |

续表

| 设备名称 | AP 名称 | service-template | 备用 AC | 是否开启 CAPWAP 抢占功能 | 信道绑定 | 功率 |
|---|---|---|---|---|---|---|
| AC2 | WA6320-SI-1 | 1F-vap | 192.168.1.1 | 是 | radio 1 | 100% |
|  | WA6320-SI-2 | 1F-vap | 192.168.1.1 | 是 | radio 1 | 100% |

**表 14-7　AP license 共享规划**

| 设备名称 | 本地 IP | 成员 IP | 是否开启 AP license 共享 |
|---|---|---|---|
| AC1 | 192.168.1.1 | 192.168.1.2 | 是 |
| AC2 | 192.168.1.2 | 192.168.1.1 | 是 |

**表 14-8　负载均衡组规划**

| 设备名称 | 负载均衡组 | 会话门限值 | 会话门限差值 | 最大关联请求次数 | 组员 |
|---|---|---|---|---|---|
| AC1 | 1 | 2 | 1 | 5 | WA6320-SI-1；radio 1 |
|  |  |  |  |  | WA6320-SI-2；radio 1 |
| AC2 | 1 | 2 | 1 | 5 | WA6320-SI-1；radio 1 |
|  |  |  |  |  | WA6320-SI-2；radio 1 |

# 任务 14-1　高可用接入交换机的配置

## ▶ 任务描述

扫一扫，看微课

高可用接入交换机的配置包括远程管理配置、VLAN 和 IP 地址配置、端口配置、路由配置。

## ▶ 任务操作

### 1. 远程管理配置

配置远程登录和管理密码。

```
<H3C>system-view                                //进入系统视图
[H3C]sysname L2SW                               //配置设备名称
[L2SW]user-interface vty 0 4                    //进入虚拟链路
```

```
[L2SW-ui-vty0-4]protocol inbound telnet              //配置协议为 telnet
[L2SW-ui-vty0-4]authentication-mode scheme           //配置认证模式为 AAA
[L2SW-ui-vty0-4]quit                                 //退出
[L2SW]local-user jan16                               //创建 jan16 用户
[L2SW-luser-jan16]password simple Jan16@123456       //配置密码 Jan16@123456
[L2SW-luser-jan16]service-type telnet                //配置用户类型为 telnet 用户
[L2SW-luser-jan16]authorization-attribute  level 3//配置用户等级为 3
[L2SW-luser-jan16]quit                               //退出
```

## 2. VLAN 和 IP 地址配置

创建各部门使用的 VLAN，配置设备的 IP 地址作为管理地址。

```
[L2SW]vlan 10                                   //创建 VLAN 10
[L2SW-vlan10]name User-Wifi                     //将 VLAN 命名为 User-Wifi
[L2SW-vlan10]quit                               //退出
[L2SW]vlan 99                                   //创建 VLAN 99
[L2SW-vlan99]name AP-Guanli                     //将 VLAN 命名为 AP-Guanli
[L2SW-vlan99]quit                               //退出
[L2SW]vlan 100                                  //创建 VLAN 100
[L2SW-vlan100]name SW-Guanli                    //将 VLAN 命名为 SW-Guanli
[L2SW-vlan100]quit                              //退出
[L2SW]interface Vlan-interface 100              //进入 Vlan-interface 100 接口
[L2SW-Vlan-interface100]ip address 192.168.100.1 24//配置 IP 地址
[L2SW-Vlan-interface100]quit                    //退出
```

## 3. 端口配置

配置连接 AP 的端口为 trunk 模式，修改默认 VLAN 为 AP 的 VLAN，并配置端口放行 VLAN 列表，允许用户和 AP 的 VLAN 通过；配置 L2SW 与 L3SW 连接的接口为 trunk 模式，配置端口放行 VLAN 列表，允许用户、AP 和设备管理的 VLAN 通过。

```
//进入 G1/0/1-2 端口视图
[L2SW]interface range GigabitEthernet 1/0/1 to GigabitEthernet 1/0/2
[L2SW-if-range]port link-type trunk             //配置端口链路模式为 trunk
[L2SW-if-range]port trunk pvid vlan 99          //配置端口默认 VLAN
[L2SW-if-range]port trunk permit vlan 99        //配置端口放行 VLAN 列表
[L2SW-if-range]quit                             //退出
[L2SW]interface GigabitEthernet 1/0/24          //进入 G1/0/24 端口视图
[L2SW-GigabitEthernet1/0/24]port link-type trunk  //配置端口链路模式为 trunk
[L2SW-GigabitEthernet1/0/24]port trunk permit vlan 99 100  //配置端口放行
VLAN 列表
```

```
[L2SW-GigabitEthernet1/0/24]quit                //退出
```

### 4. 路由配置

配置默认路由，下一跳指向 L2SW 管理地址网关。

```
[L2SW]ip route-static 0.0.0.0 0 192.168.100.254//配置默认路由,下一跳指向 L2SW
管理地址网关
```

## ▶ 任务验证

（1）在 L2SW 上使用“display interface brief ”命令查看端口信息，如下所示。

```
[L2SW]display interface brief
The brief information of interface(s) under route mode:
Link: ADM - administratively down; Stby - standby
Protocol: (s) - spoofing
Interface          Link  Protocol    Main IP         Description
Vlan1               UP    UP       192.168.0.1
Vlan100             UP    UP       192.168.100.1
The brief information of interface(s) under bridge mode:
Link: ADM - administratively down; Stby - standby
Speed or Duplex: (a)/A - auto; H - half; F - full
Type: A - access; T - trunk; H - hybrid
Interface        Link    Speed        Duplex  Type    PVID    Description
GE1/0/1          UP     1G(a)        F(a)     T        1         --
GE1/0/2          UP     1G(a)        F(a)     T        1         --
GE1/0/24         UP     1G(a)        F(a)     T        1         --
```

（2）在 L2SW 上使用“display ip interface brief ”命令查看 IP 地址信息，如下所示。

```
[L2SW]display ip interface brief
*down: administratively down
(s): spoofing  (l): loopback
Interface         Physical   Protocol  IP Address     Description
Vlan1             up         up        192.168.0.1        --
Vlan100           up         up        192.168.100.1      --
```

可以看到，Vlan-interface 100 接口已经配置了 IP 地址。

# 任务 14-2　高可用核心交换机的配置

## ▶ 任务描述

扫一扫，看微课

高可用核心交换机的配置包括远程管理配置、VLAN 和 IP 地址配置、DHCP 配置、端口配置、路由配置。

## ▶ 任务操作

### 1. 远程管理配置

配置远程登录和管理密码。

```
<H3C>system-view                                       //进入系统视图
[H3C]sysname L3SW                                      //配置设备名称
[L3SW]user-interface vty 0 4                           //进入虚拟链路
[L3SW-ui-vty0-4]protocol inbound telnet                //配置协议为 telnet
[L3SW-ui-vty0-4]authentication-mode scheme             //配置认证模式为 AAA
[L3SW-ui-vty0-4]quit                                   //退出
[L3SW]local-user jan16                                 //创建 jan16 用户
[L3SW-luser-jan16]password simple Jan16@123456         //配置密码 Jan16@123456
[L3SW-luser-jan16]service-type telnet                  //配置用户类型为 telnet 用户
[L3SW-luser-jan16]authorization-attribute  level 3  //配置用户等级为 3
[L3SW-luser-jan16]quit                                 //退出
```

### 2. VLAN 和 IP 地址配置

创建各部门使用的 VLAN，配置设备的 IP 地址作为管理地址。

```
[L3SW]vlan 10                                //创建 VLAN 10
[L3SW-vlan10]name User-Wifi                  //将 VLAN 命名为 User-Wifi
[L3SW-vlan10]quit                            //退出
[L3SW]vlan 99                                //创建 VLAN 99
[L3SW-vlan99]name AP-Guanli                  //将 VLAN 命名为 AP-Guanli
[L3SW-vlan99]quit                            //退出
[L3SW]vlan 100                               //创建 VLAN 100
[L3SW-vlan100]name SW-Guanli                 //将 VLAN 命名为 SW-Guanli
[L3SW-vlan100]quit                           //退出
```

```
[L3SW]vlan 4000                              //创建 VLAN 4000
[L3SW-vlan4000]name Link--AC-vlan 4000--     //将VLAN命名为Link--AC-vlan 4000--
[L3SW-vlan4000]quit                          //退出
[L3SW]interface Vlan-interface 10            //进入 Vlan-interface 10 接口
[L3SW-Vlan-interface10]ip address 192.168.10.254 24//配置 IP 地址
[L3SW-Vlan-interface10]quit                  //退出
[L3SW]interface Vlan-interface 99            //进入 Vlan-interface 99 接口
[L3SW-Vlan-interface99]ip address 192.168.99.254 24//配置 IP 地址
[L3SW-Vlan-interface99]quit                  //退出
[L3SW]interface Vlan-interface 100           //进入 Vlan-interface 100 接口
[L3SW-Vlan-interface100]ip address 192.168.100.254 24  //配置 IP 地址
[L3SW-Vlan-interface100]quit                 //退出
[L3SW]interface Vlan-interface 4000          //进入 Vlan-interface 4000 接口
[L3SW-Vlan-interface4000]ip address 192.168.1.11 24//配置 IP 地址
[L3SW-Vlan-interface 4000]quit               //退出
```

### 3. DHCP 配置

开启 DHCP 服务，创建 AP 和用户的 DHCP 地址池。

```
[L3SW]dhcp enable                            //开启 DHCP 服务
[L3SW]dhcp server ip-pool vlan99             //创建 Vlan-interface 99 的地址池
[L3SW-dhcp-pool-vlan99]network 192.168.99.0 24         //配置分配的 IP 地址段
[L3SW-dhcp-pool-vlan99]gateway-list 192.168.99.254 //配置分配的网关地址
[L3SW-dhcp-pool-vlan99]quit                  //退出
[L3SW]dhcp server ip-pool vlan10             //创建 Vlan-interface 10 的地址池
[L3SW-dhcp-pool-vlan10]network 192.168.10.0 24         //配置分配的 IP 地址段
[L3SW-dhcp-pool-vlan10]gateway-list 192.168.10.254 //配置分配的网关地址
[L3SW-dhcp-pool-vlan10]quit                  //退出
```

### 4. 端口配置

配置连接接入交换机和 AC 的端口为 trunk 模式，并配置端口放行 VLAN 列表，与 L2SW 互联的端口允许 AP 和交换机的 VLAN 通过，与 AC 互联的端口允许交换机和 AP 的 VLAN 通过。

```
[L3SW]interface GigabitEthernet 1/0/1              //进入 G1/0/1 端口视图
[L3SW-GigabitEthernet1/0/1]port link-type trunk//配置端口链路模式为 trunk
[L3SW-GigabitEthernet1/0/1]port trunk permit vlan 99 100//配置端口放行 VLAN
列表
[L3SW-GigabitEthernet1/0/1]quit                    //退出
//进入 G1/0/23 和 G1/0/24 端口视图
[L3SW]interface range GigabitEthernet 1/0/23 to GigabitEthernet 1/0/24
```

```
[L3SW-if-range]port link-type trunk            //配置端口链路模式为 trunk
[L3SW-if-range]port trunk permit vlan 10  4000 99   //配置端口放行 VLAN 列表
[L3SW-if-range]quit                            //退出
```

### 5. 路由配置

配置默认路由。

```
[L3SW]ip route-static 0.0.0.0 0 192.168.1.1   //配置默认路由
```

## ▶ 任务验证

（1）在 L3SW 上使用“display vlan brief”命令查看 VLAN 信息，如下所示。

```
[LSW3]display vlan brief
Brief information about all VLANs:
Supported Minimum VLAN ID: 1
Supported Maximum  VLAN ID: 4094
Default VLAN ID: 1
VLAN ID      Name                      Port
1           VLAN 0001                  GE1/0/1  GE1/0/2  GE1/0/3  GE1/0/4
                                       GE1/0/5  GE1/0/6  GE1/0/7  GE1/0/8
                                       GE1/0/9  GE1/0/10  GE1/0/11
                                       GE1/0/12  GE1/0/13  GE1/0/14
                                       GE1/0/15  GE1/0/16  GE1/0/17
                                       GE1/0/18  GE1/0/19  GE1/0/20
                                       GE1/0/21  GE1/0/22  GE1/0/23
                                       GE1/0/24  XGE1/0/25  XGE1/0/26
                                       XGE1/0/27  XGE1/0/28
10          User-Wifi                  GE1/0/23  GE1/0/24
99          AP-Guanli                  GE1/0/1   GE1/0/23  GE1/0/24
100        SW-Guanli                   GE1/0/1
4000        Link--AC-vlan 4000--        GE1/0/23  GE1/0/24
```

（2）在 L3SW 上使用“display ip interface brief”命令查看 IP 信息，如下所示。

```
[LSW3]display ip interface brief
*down: administratively down
(s): spoofing  (l): loopback
Interface          Physical  Protocol    IP Address          Description
Vlan1                up          up        192.168.0.1          --
Vlan10               up          up        192.168.10.254       --
Vlan99               up          up        192.168.99.254       --
```

```
Vlan100              up        up        192.168.100.254    --
Vlan4000             up        up        192.168.1.11       --
```

可以看到，4 个 Vlan-interface 接口都已配置了 IP 地址。

（3）在 L3SW 上使用“display dhcp server ip-in-use all”命令查看 DHCP 地址下发信息，如下所示。

```
[L3SW]display dhcp server ip-in-use all
Pool utilization: 0.59%
IP address      Client-identifier/   Lease expiration        Type
                  Hardware address
192.168.99.1     38a9-1c4c-3b00     Apr 27 2000 12:42:32     Auto:COMMITTED
192.168.99.2     38a9-1c4c-c7c0     Apr 27 2000 12:42:49     Auto:COMMITTED
```

可以看到，DHCP 已经开始工作，并为两台 AP 分配了 IP 地址。

# 任务 14-3　高可用 AC 的基础配置

## ▶ 任务描述

扫一扫，看微课

高可用 AC 的基础配置包括远程管理配置、VLAN 和 IP 地址配置、端口配置、路由配置。

## ▶ 任务操作

### 1. 远程管理配置

配置远程登录和管理密码。

```
<H3C>system-view                                        //进入系统视图
[H3C]sysname AC1                                        //配置设备名称
[AC1]user-interface vty 0 4                             //进入虚拟链路
[AC1-line-vty0-4]protocol inbound telnet                //配置协议为 telnet
[AC1-line-vty0-4]authentication-mode scheme             //配置认证模式为 AAA
[AC1-line-vty0-4]quit                                   //退出
[AC1]local-user jan16                                   //创建 jan16 用户
[AC1-luser-manage-jan16]password simple Jan16@123456 //配置密码 Jan@123456
[AC1-luser-manage-jan16]service-type telnet             //配置用户类型为 telnet 用户
[AC1-luser-manage-jan16]authorization-attribute user-role level-15 //配置
用户等级为 15
```

```
[AC1-luser-manage-jan16]quit                        //退出
```

## 2. VLAN和IP地址配置

创建各部门使用的VLAN，配置设备的IP地址。

```
[AC1]vlan 10                                        //创建VLAN 10
[AC1-vlan10]name User-Wifi                          //将VLAN命名为User-Wifi
[AC1-vlan10]quit                                    //退出
[AC1]vlan 99                                        //创建VLAN 99
[AC1-vlan99]name AP-Guanli                          //将VLAN命名为AP-Guanli
[AC1-vlan99]quit                                    //退出
[AC1]vlan 4000                                      //创建VLAN 4000
[AC1-vlan4000]name Link--AC-vlan 4000--             //将VLAN命名为Link--AC-vlan 4000--
[AC1-vlan4000]quit                                  //退出
[AC1]interface Vlan-interface 99                    //进入Vlan-interface 99接口
[AC1-Vlan-interface99]ip address 192.168.99.253 24  //配置IP地址
[AC1-Vlan-interface99]quit                          //退出
[AC1]interface Vlan-interface 4000                  //进入Vlan-interface 4000接口
[AC1-Vlan-interface4000]ip address 192.168.1.1 24   //配置IP地址
[AC1-Vlan-interface4000]quit                        //退出
```

## 3. 端口配置

配置连接核心交换机和AC的端口为trunk模式，并配置端口放行VLAN列表，允许交换机和AP的VLAN通过。

```
[AC1]interface GigabitEthernet 1/0/1                    //进入G1/0/1端口视图
[AC1-GigabitEthernet1/0/1]port link-type trunk          //配置端口链路模式为trunk
[AC1-GigabitEthernet1/0/1]port trunk permit vlan 10 99 4000    //配置端口
放行VLAN列表
[AC1-GigabitEthernet1/0/1]quit                          //退出
```

## 4. 路由配置

配置默认路由，下一跳指向核心交换机L3SW（192.168.1.11）。

```
[AC1]ip route-static 0.0.0.0 0 192.168.1.11        //配置默认路由,下一跳指向L3SW
```

# ▶ 任务验证

（1）在AC1上使用“display vlan brief”命令查看VLAN信息，如下所示。

```
[AC1]display vlan brief
Brief information about all VLANs:
Supported Minimum VLAN ID: 1
Supported Maximum VLAN ID: 4094
Default VLAN ID: 1
VLAN ID   Name                         Port
1        VLAN 0001                     GE1/0/1  GE1/0/2  GE1/0/3  GE1/0/4
10        User-Wifi                    GE1/0/1
99        AP-Guanli                    GE1/0/1
4000      Link--AC-vlan 4000--         GE1/0/1
```

（2）在 AC1 上使用“display ip interface brief”命令查看 IP 信息，如下所示。

```
[AC1]display ip interface brief
*down: administratively down
(s): spoofing  (l): loopback
Interface               Physical    Protocol    IP Address      Description
Vlan1                    up         up          192.168.0.4          --
Vlan99                   up         up          192.168.99.253       --
Vlan4000                 up         up          192.168.1.1          --
```

可以看到，两个 Vlan-interface 接口都已经配置了 IP 地址。

# 任务 14-4　高可用 AC 的 WLAN 配置

## ▶ 任务描述

扫一扫，看微课

高可用 AC 的 WLAN 配置包括无线服务模板配置、AP license 共享功能配置、AP 配置、双链路备份功能配置。

## ▶ 任务操作

### 1. 无线服务模板配置

创建无线服务模板，配置 SSID 名称、配置 Vlan-id 和开启无线服务模板。

```
[AC1]wlan service-template 1F-vap                    //创建无线服务模板 1F-vap
[AC1-wlan-st-1f-vap]ssid JAN16                       //配置 SSID 为 JAN16
[AC1-wlan-st-1f-vap]vlan 10                          //配置分配的 IP 地址段
```

```
[AC1-wlan-st-1f-vap]service-template enable      //开启无线服务模板
[AC1-wlan-st-1f-vap]quit                         //退出
```

### 2. AP license 共享功能配置

配置 AP license 共享功能。

```
[AC1]wlan ap-license-group                                  //创建 ap-license-group
[AC1-wlan-als-group]local ip 192.168.1.1                    //配置本地 IP
[AC1-wlan-als-group]member ip 192.168.1.2                   //配置成员 IP
[AC1-wlan-als-group]ap-license-synchronization enable//开启 AP license 共享
[AC1-wlan-als-group]quit                                    //退出
```

### 3. AP 配置

手工创建 AP，配置 AP 名称为 WA6320-SI-1 和 WA6320-SI-2，型号名称选择 WA6320-SI，并配置序列号为 219801A2N18219E00W15 和 219801A2N18219E00TVV。

```
[AC1]wlan ap WA6320-SI-1 model WA6320-SI                    //添加 AP 型号
[AC1-wlan-ap-WA6320-SI-1]serial-id 219801A2N18219E00W15     //输入序列号
[AC1-wlan-ap-WA6320-SI-1]radio 1                            //进入 radio 1
[AC1-wlan-ap-WA6320-SI-1-radio-1]radio enable               //开启射频功能
[AC1-wlan-ap-WA6320-SI-1-radio-1]service-template 1F-vap    //将无线服务模板
1F-vap 绑定到 radio 1 上
[AC1-wlan-ap-WA6320-SI-1-radio-1]quit                       //退出
[AC1-wlan-ap-WA6320-SI-1]quit                               //退出
[AC1]wlan ap WA6320-SI-2 model WA6320-SI                    //添加 AP 型号
[AC1-wlan-ap-WA6320-SI-2]serial-id 219801A2N18219E00TVV     //输入序列号
[AC1-wlan-ap-WA6320-SI-2]radio 1                            //进入 radio 1
[AC1-wlan-ap-WA6320-SI-2-radio-1]radio enable               //开启射频功能
[AC1-wlan-ap-WA6320-SI-2-radio-1]service-template 1F-vap    //将无线服务模板
1F-vap 绑定到 radio 1 上
[AC1-wlan-ap-WA6320-SI-2-radio-1]quit                       //退出
[AC1-wlan-ap-WA6320-SI-2]quit                               //退出
```

### 4. 双链路备份功能配置

进入 AP 视图，开启 CAPWAP 隧道抢占功能。

```
[AC1]wlan ap WA6320-SI-1 model WA6320-SI                    //进入 AP 视图
[AC1-wlan-ap-WA6320-SI-1]backup-ac ip 192.168.1.2   //配置备用 AC IP 地址，AP
连接的优先级无须配置，保持默认配置即可
[AC1-wlan-ap-WA6320-SI-1]priority 7                 //配置 AP 连接的优先级为 7
```

```
[AC1-wlan-ap-WA6320-SI-1]wlan tunnel-preempt enable//开启 CAPWAP 隧道抢占功能
[AC1-wlan-ap-WA6320-SI-1]quit                           //退出
[AC1]wlan ap WA6320-SI-2 model WA6320-SI                //进入 AP 视图
[AC1-wlan-ap-WA6320-SI-2]backup-ac ip 192.168.1.2  //配置备用 AC IP 地址，AP
连接的优先级无须配置，保持默认配置即可
[AC1-wlan-ap-WA6320-SI-2]priority 7                     //配置 AP 连接的优先级为 7
[AC1-wlan-ap-WA6320-SI-2]wlan tunnel-preempt enable//开启 CAPWAP 隧道抢占功能
[AC1-wlan-ap-WA6320-SI-2]quit                           //退出
```

## ► 任务验证

（1）在 AC1 上使用“display wlan service-template”命令查看无线服务模板信息，如下所示。

```
[AC1]display wlan service-template
Total number of service templates: 2
Service template name        SSID                              Status
1F-vap                       JAN16                             Enabled
```

可以看到，已经创建了 SSID“JAN16”。

（2）在 AC1 上使用“display wlan ap all”命令查看已注册的 AP 信息，如下所示。

```
[AC1]display wlan ap all
Total number of APs: 2
Total number of connected APs: 1
Total number of connected manual APs: 1
Total number of connected auto APs: 0
Total number of connected common APs: 1
Total number of connected WTUs: 0
Total number of inside APs: 0
Maximum supported APs: 48
Remaining APs: 47
Total AP licenses: 2
Local AP licenses: 2
Server AP licenses: 0
Remaining local AP licenses: 0
Sync AP licenses: 0

                          AP information
 State : I = Idle,      J  = Join,       JA = JoinAck,    IL = ImageLoad
```

```
        C = Config,    DC = DataCheck,  R  = Run,   M = Master,  B = Backup

AP name                 APID  State   Model           Serial ID
WA6320-SI-1              1     R/M   WA6320-SI       219801A2N18219E00W15
WA6320-SI-2              2     R/M   WA6320-SI       219801A2N18219E00TVV
```

可以看到，两台 AP 的状态为“R/M”，表示 AP 已经正常工作。

（3）在 AC1 上使用“display wlan ap-license-group”命令查看 AC1 的角色信息，如下所示。

```
<AC1>display wlan ap-license-group
Group total licenses: 1
Group used licenses: 0
AP license synchronization: Enabled
Local IP: 192.168.1.1
Local role: Master
Member information: 1
IP address    Total    Used     Member role     State      Online duration
192.168.1.2    1        0         Master         UP       00hr 04min 34sec
```

# 任务 14-5　高可用备用 AC 的配置

## ▶ 任务描述

扫一扫，
看微课

高可用备用 AC 的配置包括远程管理配置、VLAN 和 IP 地址配置、端口配置、路由配置、无线服务模板配置、AP license 共享功能配置、AP 配置、双链路备份功能配置。

## ▶ 任务操作

### 1. 远程管理配置

配置远程登录和管理密码。

```
<H3C>system-view                                    //进入系统视图
[H3C]sysname AC2                                    //配置设备名称
[AC2]user-interface vty 0 4                         //进入虚拟链路
[AC2-line-vty0-4]protocol inbound telnet            //配置协议为 telnet
[AC2-line-vty0-4]authentication-mode scheme         //配置认证模式为 AAA
[AC2-line-vty0-4]quit                               //退出
```

```
[AC2]local-user jan16                                    //创建 jan16 用户
[AC2-luser-manage-jan16]password simple Jan16@123456 //配置密码 Jan@123456
[AC2-luser-manage-jan16]service-type telnet          //配置用户类型为 telnet 用户
[AC2-luser-manage-jan16]authorization-attribute user-role level-15 //配置用户等级为 15
[AC2-luser-manage-jan16]quit                             //退出
```

### 2. VLAN 和 IP 地址配置

创建各部门使用的 VLAN，配置设备的 IP 地址。

```
[AC2]vlan 10                                   //创建 VLAN 10
[AC2-vlan10]name User-Wifi                     //将 VLAN 命名为 User-Wifi
[AC2-vlan10]quit                               //退出
[AC2]vlan 99                                   //创建 VLAN 99
[AC2-vlan99]name AP-Guanli                     //将 VLAN 命名为 AP-Guanli
[AC2-vlan99]quit                               //退出
[AC2]vlan 4000                                 //创建 VLAN 4000
[AC2-vlan4000]name Link--AC-vlan 4000--//将 VLAN 命名为 Link--AC-vlan 4000--
[AC2-vlan4000]quit                             //退出
[AC2]interface Vlan-interface 99               //进入 Vlan-interface 99 接口
[AC2-Vlan-interface99]ip address 192.168.99.252 24 //配置 IP 地址
[AC2-Vlan-interface99]quit                     //退出
[AC2]interface Vlan-interface 4000             //进入 Vlan-interface 4000 接口
[AC2-Vlan-interface4000]ip address 192.168.1.2 24  //配置 IP 地址
[AC2-Vlan-interface4000]quit                   //退出
```

### 3. 端口配置

配置连接核心交换机和 AC 的端口为 trunk 模式，并配置端口放行 VLAN 列表，允许用户、AP 和交换机的 VLAN 通过。

```
[AC2]interface GigabitEthernet 1/0/1                  //进入 G1/0/1 端口视图
[AC2-GigabitEthernet1/0/1]port link-type trunk        //配置端口链路模式为 trunk
[AC2-GigabitEthernet1/0/1]port trunk permit vlan 10 99 4000 //配置端口放行VLAN 列表
[AC2-GigabitEthernet1/0/1]quit                        //退出
```

### 4. 路由配置

配置默认路由，下一跳指向核心交换机 L3SW（192.168.1.11）。

```
[AC2]ip route-static 0.0.0.0 0 192.168.1.11      //配置默认路由,下一跳指向 L3SW
```

### 5. 无线服务模板配置

创建无线服务模板，配置 SSID 名称、配置 Vlan-id 和开启无线服务模板。

```
[AC2]wlan service-template 1F-vap                //创建无线服务模板 1F-vap
[AC2-wlan-st-1f-vap]ssid JAN16                    //配置 SSID 为 JAN16
[AC2-wlan-st-1f-vap]vlan 10                       //配置分配的 IP 地址段
[AC2-wlan-st-1f-vap]service-template enable       //开启无线服务模板
[AC2-wlan-st-1f-vap]quit                          //退出
```

### 6. AP license 共享功能配置

创建 AP license 组、配置本地 IP、配置成员 IP 和开启 AP license 共享。

```
[AC2]wlan ap-license-group                                   //创建 AP license 组
[AC2-wlan-als-group]local ip 192.168.1.2                     //配置本地 IP
[AC2-wlan-als-group]member ip 192.168.1.1                    //配置成员 IP
[AC2-wlan-als-group]ap-license-synchronization enable //开启 AP license 共享
[AC2-wlan-als-group]quit                                     //退出
```

### 7. AP 配置

手工创建 AP，配置 AP 名称为 WA6320-SI-1 和 WA6320-SI-2，型号名称选择 WA6320-SI，并配置序列号为 219801A2N18219E00W15 和 219801A2N18219E00TVV。

```
[AC2]wlan ap WA6320-SI-1 model WA6320-SI                       //添加 AP 型号
[AC2-wlan-ap-WA6320-SI-1]serial-id 219801A2N18219E00W15  //输入序列号
[AC2-wlan-ap-WA6320-SI-1]radio 1                               //进入 radio 1
[AC2-wlan-ap-WA6320-SI-1-radio-1]radio enable                  //开启射频功能
[AC2-wlan-ap-WA6320-SI-1-radio-1]service-template 1F-vap //将无线服务模板
1F-vap 绑定到 radio 1 上
[AC2-wlan-ap-WA6320-SI-1-radio-1]quit                          //退出
[AC2-wlan-ap-WA6320-SI-1]quit                                  //退出
[AC2]wlan ap WA6320-SI-2 model WA6320-SI                       //添加 AP 型号
[AC2-wlan-ap-WA6320-SI-2]serial-id 219801A2N18219E00TVV  //输入序列号
[AC2-wlan-ap-WA6320-SI-2]radio 1                               //进入 radio 1
[AC2-wlan-ap-WA6320-SI-2-radio-1]radio enable                  //开启射频功能
[AC2-wlan-ap-WA6320-SI-2-radio-1]service-template 1F-vap //将无线服务模板
1F-vap 绑定到 radio 1 上
[AC2-wlan-ap-WA6320-SI-2-radio-1]quit                          //退出
[AC2-wlan-ap-WA6320-SI-2]quit                                  //退出
```

### 8. 双链路备份功能配置

进入 AP 视图，开启 CAPWAP 隧道抢占功能。

```
[AC2]wlan ap WA6320-SI-1 model WA6320-SI                  //进入 AP 视图
[AC2-wlan-ap-WA6320-SI-1]backup-ac ip 192.168.1.1    //配置备 AC  IP 地址，AP
连接的优先级无须配置，保持默认配置即可
[AC2-wlan-ap-WA6320-SI-1]wlan tunnel-preempt enable//开启 CAPWAP 隧道抢占功能
[AC2-wlan-ap-WA6320-SI-1]quit                              //退出
[AC2]wlan ap WA6320-SI-2 model WA6320-SI                  //进入 AP 视图
[AC2-wlan-ap-WA6320-SI-2]backup-ac ip 192.168.1.1    //配置备 AC IP 地址,AP 连
接的优先级无须配置，保持默认配置即可
[AC2-wlan-ap-WA6320-SI-2]wlan tunnel-preempt enable//开启 CAPWAP 隧道抢占功能
[AC2-wlan-ap-WA6320-SI-2]quit                              //退出
```

## ► 任务验证

（1）在 AC2 上使用“display wlan service-template”命令查看无线服务模板信息，如下所示。

```
[AC2]display wlan service-template
Total number of service templates: 1
Service template name      SSID                                    Status
1F-vap                     JAN16                                   Enabled
```

可以看到，已经创建了 SSID“JAN16”。

（2）在 AC2 上使用“display wlan ap all”命令查看已注册的 AP 信息，可以看到，AP 信息状态为热备状态，如下所示。

```
[AC2]display  wlan ap all
Total number of APs: 2
Total number of connected APs: 2
Total number of connected manual APs: 2
Total number of connected auto APs: 0
Total number of connected common APs: 2
Total number of connected WTUs: 0
Total number of inside APs: 0
Maximum supported APs: 48
Remaining APs: 46
Total AP licenses: 2
Local AP licenses: 2
Server AP licenses: 0
Remaining local AP licenses: 2
Sync AP licenses: 1
```

```
                    AP information
 State : I = Idle,     J  = Join,      JA = JoinAck,    IL = ImageLoad
         C = Config,   DC = DataCheck, R  = Run,   M = Master,  B = Backup

AP name              APID  State  Model           Serial ID
WA6320-SI-1           1     R/B   WA6320-SI       219801A2N18219E00W15
WA6320-SI-2           2     R/B   WA6320-SI       219801A2N18219E00TVV
```

（3）在 AC2 上使用“display wlan ap-license-group”命令查看 AC2 的角色信息，如下所示。

```
<AC2>display wlan ap-license-group
Group total licenses: 1
Group used licenses: 0
AP license synchronization: Enabled
Local IP: 192.168.1.2
Local role: Master
Member information: 1
IP address     Total     Used      Member role      State      Online duration
192.168.1.1     1         0        Master            UP      00hr 06min 35sec
```

# 任务 14-6　高可用 AP 负载均衡功能的配置

扫一扫，看微课

## ▶ 任务描述

在两台 AC 上完成高可用 AP 负载均衡功能的配置。

## ▶ 任务操作

### 1. AC1 负载均衡功能配置

在 AC1 上配置负载均衡模式为会话模式、创建负载均衡组、将 AP 加入负载均衡组、设置 AP 拒绝客户端关联请求的最大次数和开启负载均衡功能。

```
[AC1]wlan load-balance mode session 2 gap 1          //配置负载均衡模式为会话模式，会话门限值为 2，会话差值门限值为 1
[AC1]wlan load-balance group 1                       //创建负载均衡组 1
[AC1-wlan-lb-group-1]ap name WA6320-SI-1 radio 1//将 WA6320-SI-1 的 radio 1 加入负载均衡组
```

```
[AC1-wlan-lb-group-1]ap name WA6320-SI-2 radio 1//将 WA6320-SI-2 的 radio 1
加入负载均衡组
[AC1-wlan-lb-group-1]quit                                   //退出
[AC1]wlan load-balance access-denial 5//配置 AP 拒绝客户端关联请求的最大次数为 5
[AC1]wlan load-balance enable                               //开启负载均衡功能
```

### 2. AC2 负载均衡功能配置

在 AC2 上配置负载均衡模式为会话模式、创建负载均衡组、将 AP 加入负载均衡组、设置 AP 拒绝客户端关联请求的最大次数和开启负载均衡功能。

```
[AC2]wlan load-balance mode session 2 gap 1          //配置负载均衡模式为会话模
式，会话门限值为 2，会话差值门限值为 1
[AC2]wlan load-balance group 1                       //创建负载均衡组 1
[AC2-wlan-lb-group-1]ap name WA6320-SI-1 radio 1//将 WA6320-SI-1 的 radio 1
加入负载均衡组
[AC2-wlan-lb-group-1]ap name WA6320-SI-2 radio 1//将 WA6320-SI-2 的 radio 1
加入负载均衡组
[AC2-wlan-lb-group-1]quit                            //退出
[AC2]wlan load-balance access-denial 5//配置 AP 拒绝客户端关联请求的最大次数为 5
[AC2]wlan load-balance enable                        //开启负载均衡功能
```

## ▶ 任务验证

在 AC1 和 AC2 上使用“display wlan load-balance group 1”命令，确认负载均衡组 1 的状态，如下所示。

```
[AC1]display wlan load-balance group 1
            WLAN load balance group information
---------------------------------------------------------------------------
--------
Group ID                     : 1
Description                  :
Group members                : WA6320-SI-1- radio1,
                               WA6320-SI-2- radio1,


[AC2]display wlan load-balance group 1
            WLAN load balance group information
---------------------------------------------------------------------------
--------
Group ID                     : 1
```

```
Description                  :
Group members                : WA6320-SI-1- radio1,
                               WA6320-SI-2- radio1,
---------------------------------------------------------------------------
--------
```

## 项目验证

（1）在 AC1 上使用“display wlan client”命令，可以看见 AP 负载均衡的效果，无线用户与 AP 负载均衡关联，如下所示。

```
[AC1]display wlan client
Total number of clients: 5

MAC address      User name       AP name          R  IP address      VLAN
405b-d893-546f     N/A           WA6320-SI-2      1  192.168.10.3     10
94e6-f7b9-d1fb     N/A           WA6320-SI-2      1  192.168.10.5     10
b0de-2897-e821    N/A            WA6320-SI-1      1  192.168.10.2     10
bec6-2ab9-efdf     N/A           WA6320-SI-1      1  192.168.10.1     10
beee-770a-f10a     N/A           WA6320-SI-2      1  192.168.10.4     10
```

（2）当 AC1 宕机后，在 AC2 上使用“display wlan ap all”命令，并查看已注册的 AP 信息，可以看到 AP 信息状态为活动状态，此时将 AC2 作为备用 AC 与 AP 建立隧道连接，如下所示。

```
<AC2>display wlan ap all
Total number of APs: 2
Total number of connected APs: 2
Total number of connected manual APs: 2
Total number of connected auto APs: 0
Total number of connected common APs: 2
Total number of connected WTUs: 0
Total number of inside APs: 0
Maximum supported APs: 48
Remaining APs: 46
Total AP licenses: 2
Local AP licenses: 2
Server AP licenses: 0
Remaining local AP licenses: 0
Sync AP licenses: 1
```

```
                        AP information
 State : I = Idle,     J  = Join,       JA = JoinAck,    IL = ImageLoad
         C = Config,   DC = DataCheck,  R  = Run,    M = Master,  B = Backup

AP name          APID  State   Model           Serial ID
WA6320-SI-1       1     R/M   WA6320-SI       219801A2N18219E00W15
WA6320-SI-2       2     R/M   WA6320-SI       219801A2N18219E00TVV
```

（3）在 AC2 上使用“display wlan client”命令，可以看到，AP 负载均衡仍然奏效，无线用户与 AP 负载均衡关联，如下所示。

```
<AC2>display wlan client
Total number of clients: 5

MAC address     User name      AP name            R   IP address      VLAN
04ea-568d-e7f3   N/A           WA6320-SI-2        1   192.168.10.5     10
405b-d893-546f   N/A           WA6320-SI-2        1   192.168.10.2     10
6a5b-0241-6368   N/A           WA6320-SI-1        1   192.168.10.1     10
94e6-f7b9-d1fb   N/A           WA6320-SI-2        1   192.168.10.4     10
9e22-93ef-5142   N/A           WA6320-SI-1        1   192.168.10.3     10
```

## 项目拓展

（1）配置 AC 热备时需要保证两台 AC 之间（　　）的配置完全一致。

A．service-template　　B．AP license

C．AP　　D．AP 组

（2）关于 AC 热备配置要点，下面说法正确的是（　　）。

A．配置负载均衡功能

B．配置备份地址及优先级

C．开启 AP license 共享功能配置

D．开启 CAPWAP 隧道抢占功能

（3）在 AC 上开启 AP 负载均衡功能使用的命令是（　　）。

A．[AC]wlan load-balance enable

B．[AC-wlan-st-vap]service-template enable

C．[AC-wlan]wlan load-balance enable

D．[AC-wlan-ap-WA6320-SI-1]wlan tunnel-preempt enable

# 项目 15　无线网络的优化测试

## 项目描述

Jan16 公司的无线网络投入使用一段时间后，工程师接到了网络优化的任务。公司员工反馈近期出现了比较多的问题，包括进行无线上网频繁掉线、访问速度慢、信号干扰严重等，大大影响了无线网络用户的上网体验。公司希望对整网做一次网络优化调整。

根据需求进行整网网络优化，以提升无线网络体验。无线网络优化需要考虑以下关键因素。

（1）调整信道，防止同频干扰。

（2）调整功率，减少覆盖重叠区域。

（3）限制低速率、低功率终端接入，防止个别低速率、低功率终端影响整网用户体验。

（4）对用户限速，防止部分用户或应用程序大流量下载，以免造成资源分配不均。

（5）限制 AP 单机接入数量，防止单射频卡关联过多用户。

## 项目相关知识

无线网络优化主要是指通过调整各种相关的无线网络工程设计参数和无线资源参数，满足系统现阶段对各种无线网络指标的要求。优化调整往往是一个周期性的过程，因为系统对无线网络的要求是不断变化的。

### 15.1　同频干扰

WLAN 采用带冲突避免的载波感应多路访问（Carrier Sense Multiple Access with Collision Avoidance，CSMA/CA）的工作方式，并且以半双工的方式进行通信，在同一时间、同一个区域内只能有一个设备发包。AP 之间的同频干扰会导致双方都进行退避，各损失一部分流量，但总流量基本不变。可以这样认为，如果同一个区域里的总流量为 1，那么 1 台

AP 满负荷发包可以达到 1 的流量，2～8 台 AP 满负荷发包同样可以接近 1 的流量。理论上讲，2.4GHz 频段有 1、6、11 这 3 个互不干扰的信道，在部署多台 AP 时，可以将相邻的两台 AP 调整为不同的信道，这样可以在最大限度上避免同频干扰的情况发生。

## 15.2　低速率和低功率

低速率是指终端本身的无线传输速率较低，而低功率是指终端本身的传输速率较高，但因为终端距离 AP 较远，因此无线传输的功率较低。

在 CSMA/CA 下，一台 AP 只能与一个终端进行数据传输，当 AP 与低功率或低速率的终端进行数据传输时，只有等当前数据传输完成后才会开始下一段传输。因此，在一个无线网络中，低速率终端和低功率终端会影响整个网络的传输效率。

基础速率集（Basic-Rate）是指 Sta 成功关联 AP 时，AP 和 Sta 都必须支持的速率集。只有 AP 和 Sta 都支持基础速率集中的所有传输速率，Sta 才能成功关联 AP。例如，配置基础速率集为 6Mbit/s 和 9Mbit/s，将配置下发到 AP 后，只有能同时支持 6Mbit/s 和 9Mbit/s 传输速率的 Sta 才能成功关联此 AP。

支持速率集（Supported-Rate）是在基础速率集的基础上，AP 支持的更多速率的集合，目的是让 AP 和 Sta 之间能够支持更多的数据传输速率。AP 和 Sta 之间的实际数据传输速率是在支持速率集和基础速率集中选取的。

Sta 可以不支持通过此命令配置的支持速率集，只支持基础速率集也能够成功关联 AP，但此时 AP 和 Sta 之间的实际数据传输速率只会从基础速率集中选取。例如，配置基础速率集为 6Mbit/s 和 9Mbit/s，支持速率集为 48Mbit/s 和 54Mbit/s，将配置下发到 AP 后，同时支持 6Mbit/s 和 9Mbit/s 速率的 Sta 能够成功关联此 AP，AP 和 Sta 之间的实际数据传输速率从 6Mbit/s 和 9Mbit/s 中选取；如果 Sta 支持 6Mbit/s、9Mbit/s 和 54Mbit/s 的速率，那么成功关联此 AP 后，AP 和 Sta 之间的实际数据传输速率从 6Mbit/s、9Mbit/s 和 54Mbit/s 中选取。

## 15.3　单机接入数

当单机接入数过多时，若 1 台 AP 的传输速率只有 100Mbit/s，有 50 个用户接入，则每个用户平均只剩下 2Mbit/s 的传输速率。再加上 CSMA/CA 工作模式是先检测，若冲突则回避，过多的用户接入数可能会造成过多回避，从而导致带宽浪费。

# 项目规划设计

## ▶ 项目拓扑

本项目主要基于项目 13 进行网络优化，无线网络的优化测试项目网络拓扑如图 15-1 所示。

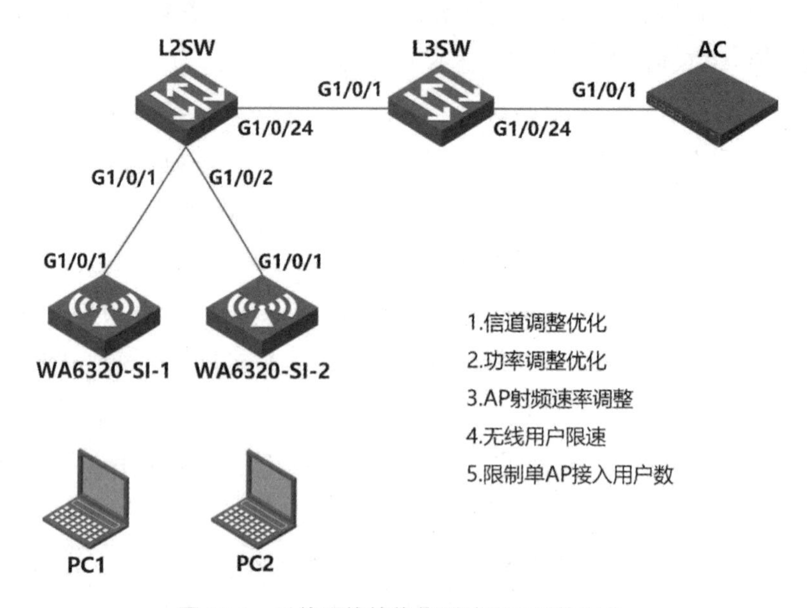


图 15-1　无线网络的优化测试项目网络拓扑

## ▶ 项目规划

根据图 15-1 进行项目规划，service-template 规划、信道规划、射频规划、流量模板配置规划如表 15-1 ~ 表 15-4 所示。

表 15-1　service-template 规划

| service-template | VLAN | SSID | 限制接入数 | 是否加密 | 是否广播 |
|---|---|---|---|---|---|
| 1F-vap | 10 | JAN16-1F | 2 | 否 | 是 |
| 2F-vap | 10 | JAN16-2F | 2 | 否 | 是 |

表 15-2　信道规划

| AP 名称 | 信道 | 工作带宽（MHz） | 功率（dBm） | 是否关闭自动信道功能 | radio |
|---|---|---|---|---|---|
| WA6320-SI-1 | 149 | 40 | 16 | 是 | 1 |
| WA6320-SI-2 | 157 | 40 | 16 | 是 | 1 |

表 15-3　射频规划

| AP 名称 | 802.11n 速率集 | 802.11ax 空间流 |
| --- | --- | --- |
| WA6320-SI-1 | 76 | 8 |
| WA6320-SI-2 | 76 | 8 |

表 15-4　流量模板配置规划

| 流量模板名称 | 下行速率限制（kbit/s） | 上行速率限制（kbit/s） |
| --- | --- | --- |
| 1F-vap | 200 | 200 |

# 任务 15-1　交换机及 AC 的基础配置

## ▶ 任务描述

参照项目 13 的任务 13-1 ~ 任务 13-4，完成交换机及 AC 的基础配置，这里不再赘述。

# 任务 15-2　AP 信道的调整优化

## ▶ 任务描述

扫一扫，看微课

AP 信道的调整优化包括关闭信道自动调优功能、为各 AP 手动配置信道及工作带宽等。

## ▶ 任务操作

关闭信道自动调优功能，为两台 AP 配置射频卡的信道。

```
[AC]wlan rrm baseline save name Jan16-rrm1 ap WA6320-SI-1 //将 WA6320-SI-1 上的射频卡的工作参数保存为射频工作参数基线，名称为 Jan16-rrm1
[AC]wlan rrm baseline save name Jan16-rrm2 ap WA6320-SI-2 //将 WA6320-SI-2 上的射频卡的工作参数保存为射频工作参数基线，名称为 Jan16-rrm2
[AC]wlan ap WA6320-SI-1 model WA6320-SI               //进入 AP 视图
[AC-wlan-ap-WA6320-SI-1]radio 1                       //进入 radio 1
```

```
[AC-wlan-ap-WA6320-SI-1-radio-1]undo channel auto     //关闭信道自动调优功能
[AC-wlan-ap-WA6320-SI-1-radio-1]channel 149           //信道为149
[AC-wlan-ap-WA6320-SI-1-radio-1]channel band-width 40//配置 radio 1 的工作带
宽为 40MHz
[AC-wlan-ap-WA6320-SI-1-radio-1]quit                  //退出
[AC-wlan-ap-WA6320-SI-1]quit                          //退出
[AC]wlan ap WA6320-SI-2 model WA6320-SI               //进入 AP 视图
[AC-wlan-ap-WA6320-SI-2]radio 1                       //进入 radio 1
[AC-wlan-ap-WA6320-SI-2-radio-1]undo channel auto     //关闭信道自动调优功能
[AC-wlan-ap-WA6320-SI-2-radio-1]channel 157           //信道为157
[AC-wlan-ap-WA6320-SI-2-radio-1]channel band-width 40//配置 radio 1 的工作带
宽为 40MHz
[AC-wlan-ap-WA6320-SI-2-radio-1]quit                  //退出
[AC-wlan-ap-WA6320-SI-2]quit                          //退出
```

## ▶ 任务验证

通过在 AC 上使用“display wlan ap all radio”命令查看信道情况，如下所示。

```
[AC]display wlan ap all radio
…
AP name          RID  State  Channel     BW     Usage   TxPower  Clients
                                         (MHz)  (%)     (dBm)
WA6320-SI-1       1    Up    149          40      1      20        0
WA6320-SI-1       2    Up    11(auto)     20      1      20        0
WA6320-SI-2       1    Up    157          40      1      20        0
WA6320-SI-2       2    Up    1(auto)      20     26      20        0
```

可以看到，AP 的信道已被手动调整为 149 和 157，带宽均为 40MHz。

# 任务 15-3　AP 功率的调整优化

## ▶ 任务描述

扫一扫，
看微课

AP 功率的调整优化包括关闭功率自动调优功能、手动配置 AP 功率。

## ▶ 任务操作

### 1. 关闭功率自动调优功能

进入 WLAN 全局配置视图，关闭功率自动调优功能。

```
[AC]wlan global-configuration                        //进入 WLAN 全局配置视图
[AC-wlan-global-configuration]undo calibrate-power self-decisive all   //关闭功率自动调优功能
[AC-wlan-global-configuration]quit                   //退出
```

### 2. 手动配置 AP 功率

为两台 AP 配置射频卡的功率。

```
[AC]wlan ap WA6320-SI-1 model WA6320-SI             //进入 AP 视图
[AC-wlan-ap-WA6320-SI-1]radio 1                     //进入 radio 1
[AC-wlan-ap-WA6320-SI-1-radio-1]max-power 16 //配置 radio 1 的最大功率为 16dBm
[AC-wlan-ap-WA6320-SI-1-radio-1]quit                //退出
[AC-wlan-ap-WA6320-SI-1]quit                        //退出
[AC]wlan ap WA6320-SI-2 model WA6320-SI             //进入 AP 视图
[AC-wlan-ap-WA6320-SI-2]radio 1                     //进入 radio 1
[AC-wlan-ap-WA6320-SI-2-radio-1]max-power 16 //配置 radio 1 的最大功率为 16dBm
[AC-wlan-ap-WA6320-SI-2-radio-1]quit                //退出
[AC-wlan-ap-WA6320-SI-2]quit                        //退出
```

## ▶ 任务验证

通过在 AC 上使用“display wlan ap all radio”命令查看 AP 功率，如下所示。

```
[AC]display wlan ap all radio
…
AP name            RID  State  Channel        BW    Usage  TxPower  Clients
                                            (MHz)  (%)    (dBm)
WA6320-SI-1          1   Up    149            40     0      16        0
WA6320-SI-1          2   Up    11(auto)       20     0      20        0
WA6320-SI-2          1   Up    157            40     0      16        0
WA6320-SI-2          2   Up    1(auto)        20     0      20        0
```

可以看到，AP 的功率已被调整为 16dBm。

# 任务 15-4 AP 速率集的调整

## ▶ 任务描述

AP 速率集的调整包括调制与编码策略（Modulation and Coding Scheme，MCS）、空间流数（Number of Spatial Streams，NSS）的调整。

## ▶ 任务操作

对 AP 接入速率集进行调整。

```
[AC]wlan ap WA6320-SI-1 model WA6320-SI          //进入 AP 视图
[AC-wlan-ap-WA6320-SI-1]radio 1                  //进入 radio 1
[AC-wlan-ap-WA6320-SI-1-radio-1]dot11n support maximum-mcs 76//配置 802.11n 射频速率为 76
[AC-wlan-ap-WA6320-SI-1-radio-1]dot11ax support maximum-nss 8//配置 802.11ax 空间流数为 8
[AC-wlan-ap-WA6320-SI-1-radio-1]quit             //退出
[AC-wlan-ap-WA6320-SI-1]quit                     //退出
[AC]wlan ap WA6320-SI-2 model WA6320-SI          //进入 AP 视图
[AC-wlan-ap-WA6320-SI-2]radio 1                  //进入 radio 2
[AC-wlan-ap-WA6320-SI-2-radio-1]dot11n support maximum-mcs 76//配置 802.11n 射频速率为 76
[AC-wlan-ap-WA6320-SI-2-radio-1]dot11ax support maximum-nss 8//配置 802.11ax 空间流数为 8
[AC-wlan-ap-WA6320-SI-2-radio-1]quit             //退出
[AC-wlan-ap-WA6320-SI-2]quit                     //退出
```

## ▶ 任务验证

通过在 AC 上使用“display current-configuration”命令查看 AP 射频速率，如下所示。

```
[AC]display current-configuration
…
wlan ap WA6320-SI-1 model WA6320-SI
…
```

```
radio 1
  channel 149
  max-power 16
  channel band-width 40
  dot11n support maximum-mcs 76
  dot11ax support maximum-nss 8
…
wlan ap WA6320-SI-2 model WA6320-SI
radio 1
  channel 157
  max-power 16
  channel band-width 40
  dot11n support maximum-mcs 76
  dot11ax support maximum-nss 8
…
```

# 任务 15-5　基于无线用户限速的配置

## ▶ 任务描述

扫一扫，
看微课

基于无线用户限速的配置包括无线服务模板配置、开启基于射频的客户端限速功能。

## ▶ 任务操作

### 1. 无线服务模板配置

进入无线服务模板并对终端传输速率进行限制。

```
[AC]wlan service-template 1F-vap                    //进入无线服务模板 1F-vap
[AC-wlan-st-1f-vap]client-rate-limit inbound mode dynamic cir 200  //配置上行流量限速 200kbit/s
[AC-wlan-st-1f-vap]client-rate-limit outbound mode dynamic cir 200//配置下行流量限速 200kbit/s
[AC-wlan-st-1f-vap]quit                             //退出
```

### 2. 开启基于射频的客户端限速功能

进入 AP 的 radio 视图开启基于射频的客户端限速功能。

```
[AC]wlan ap WA6320-SI-1 model WA6320-SI             //进入 AP 视图
```

```
[AC-wlan-ap-WA6320-SI-1]radio 1                        //进入 radio 1 视图
[AC-wlan-ap-WA6320-SI-1-radio-1]client-rate-limit enable//开启客户端限速功能
[AC-wlan-ap-WA6320-SI-1-radio-1]quit                   //退出
[AC-wlan-ap-WA6320-SI-1]quit                           //退出
```

## ▶ 任务验证

通过在 AC 上使用“display current-configuration”命令查看 AP 限速配置命令，如下所示。

```
[AC]display current-configuration
#
…
wlan service-template 1f-vap
 ssid JAN16-1F
 vlan 10
 client-rate-limit inbound mode dynamic cir 200
 client-rate-limit outbound mode dynamic cir 200
 service-template enable
…
wlan ap WA6320-SI-1 model WA6320-SI
 serial-id 219801A2N18219E00W15
 vlan 1
 radio 1
  channel 149
  max-power 16
  radio enable
  channel band-width 40
  dot11n support maximum-mcs 76
  dot11ax support maximum-nss 8
  service-template 1f-vap
  client-rate-limit enable
…
```

可以看到，上行速率和下行速率均被限制为 200kbit/s。

# 任务 15-6　限制单 AP 接入用户数的配置

## ▶ 任务描述

扫一扫，看微课 

限制单 AP 接入用户数可以防止单射频卡关联过多用户，避免网络卡顿等现象。

## ▶ 任务操作

对接入用户数进行限制。为了便于测试，本任务将单 AP 接入用户数设置为 2。

```
[AC]wlan service-template 1F-vap                    //进入无线服务模板 1F-vap
[AC-wlan-st-1f-vap]client max-count 2               //配置最大接入用户数为 2
[AC-wlan-st-1f-vap]quit                             //退出
[AC]wlan service-template 2F-vap                    //进入无线服务模板 2F-vap
[AC-wlan-st-2f-vap]client max-count 2               //配置最大接入用户数为 2
[AC-wlan-st-2f-vap]quit                             //退出
```

## ▶ 任务验证

通过在 AC 上使用“display wlan service-template verbose”命令查看无线服务模板的详细信息，如下所示。

```
[AC]display wlan service-template verbose
Service template name                        : 1F-vap
Description                                  : Not configured
SSID                                         : JAN16-1F
SSID-hide                                    : Disabled
User-isolation                               : Disabled
Service template status                      : Enabled
Maximum clients per BSS                      : 2
…
Service template name                        : 2F-vap
Description                                  : Not configured
SSID                                         : JAN16-2F
SSID-hide                                    : Disabled
User-isolation                               : Disabled
Service template status                      : Enabled
Maximum clients per BSS                      : 2
…
```

# 项目验证

使用多台设备连接 AP，可以看到，接入用户数达到限定值 2 后，其他用户无法再接入，如图 15-2 所示。

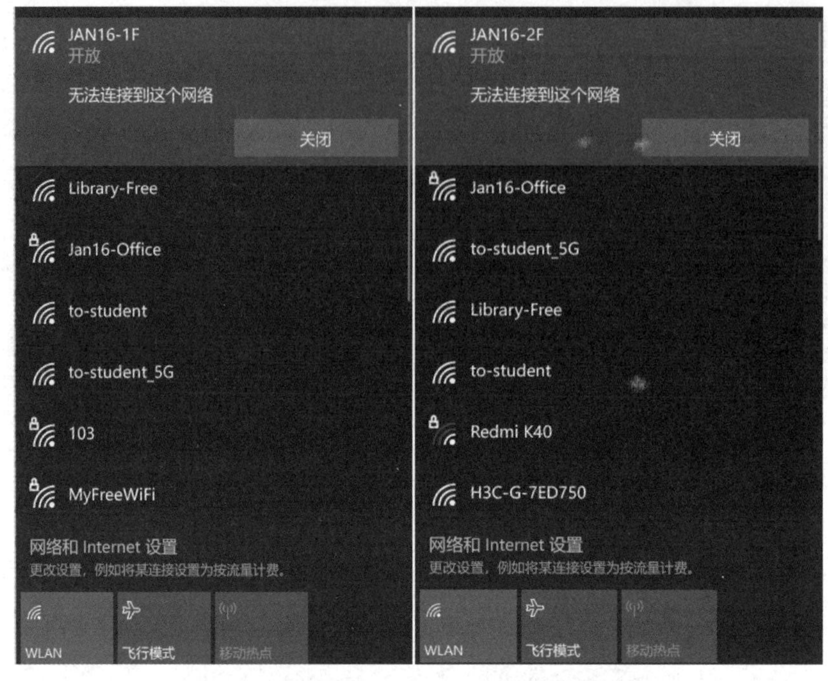


**图 15-2　达到限定值 2 后其他用户无法再接入**

# 项目拓展

（1）下列命令中用于开启客户端限速功能的是（　　）。

A．client-rate-limit enable

B．client -limit enable

C．client-rate-limit disable

D．client-rate enable

（2）AP1 在配置“client max-count 10”后，接入用户数最大应为（　　）。

A．30　　B．20　　C．10

（3）下列规避干扰的方法中正确的是（　　）。（多选）

A．将 AP 的功率调到最大　　B．合理的信道规划

C．合理的站址选择　　D．多使用 5GHz 频段

E．合理的天线技术选择

# 项目 16　大型无线网络项目的规划与设计

## 项目描述

为了满足移动互联网时代的应用需求，某高校希望在学校实施无线信号覆盖，作为学校有线骨干网络接入的补充。

为了实现该学校新规划的无线校园网和校园有线骨干网络的无缝连接，也为了方便后续的网络管理，学校需要依托现有的有线校园网重新规划无线校园网，网络施工方需要完成学校无线校园网的 AP 规划和设计。

大型无线网络项目中需要安装的无线 AP 数量为几千台甚至上万台，几乎覆盖数据通信厂商的所有 AP 产品线。因此，在前期的无线网络规划和施工中，若是没有进行规范的设计，则会对后期的无线网络施工及未来的无线校园网管理和运维造成很大的困扰。

在前期的无线网络规划中，网络施工方需要对所有无线网络项目中涉及的 AP 设备、无线交换机设备、无线网络中的 VLAN 名称、WLAN 的 AP 组名称等进行规范命名，提交详细、规范的规划设计表。

此外，为了保障新建设的无线网络的传输质量，还需要统计无线网络中的用户接入数，设计合理的接收信号强度接入阈值，规范低速率连接限制及上下行传输速率限制的设计。

## 项目相关知识

## 16.1　AP 设备命名规范

### 1. 室内 AP 命名规则

室内 AP 命名规则为“AP 型号+位置+编号”或“位置+编号+AP 型号”，具体如下。

（1）AP 型号：指 AP 的完整型号。

（2）位置：指 AP 放置的物理位置，包括楼宇名称、楼号、楼层、房间号等信息。

（3）编号：若物理空间有两个或两个以上 AP，则按顺序编号。

示例 1：在某学校主校区紫荆公寓 10 号楼 3 层的 302 房间安装了一个 WA6320。

AP 参考命名：ZJGY-10#_3F-302- WA6320。示例 1 AP 名称各字段说明如表 16-1 所示。

**表 16-1 示例 1 AP 名称各字段说明**

| 字段 | 说明 |
| --- | --- |
| ZJGY-10#_3F-302 | 该字段代表设备安装的位置为紫荆公寓 10 号楼 3 层的 302 房间（需要配合 AP 点位设计示意图确定具体安装位置） |
| WA6320 | 该字段代表无线 AP 的型号为 WA6320 |

示例 2：在行政楼 3 层走廊安装了两台 WA6330。

AP 参考命名：XZL_3F- WA6330-01 和 XZL_3F- WA6330-02。示例 2 AP 名称各字段说明如表 16-2 所示。

**表 16-2 示例 2 AP 名称各字段说明**

| 字段 | 说明 |
| --- | --- |
| XZL_3F | 该字段代表设备安装的具体位置为行政楼 3 楼（由于该 AP 安装在走廊，因此需要配合 AP 点位设计示意图确定设备的具体安装位置） |
| WA6330-01/<br>WA6330-02 | 该字段代表无线 AP 的型号为 WA6330，是走廊的第 1 台/第 2 台 AP（增加的编号代表设备是第几台） |

### 2. 室外 AP 命名规则

命名室外 AP 时需要考虑 AP 安装位置及覆盖方向。例如，若在主校区行政楼顶向南进行信号覆盖，则室外 WA5630X 参考命名是 XZL-TOP-WA5630X-South。

## 16.2 AP 组命名规范

无线局域网中 AP 组命名格式通常为 AA-BB。

（1）AA：代表 AP 所属区域，如学生宿舍区域，该字段为 XSSS。

（2）BB：代表楼宇名称，如学生宿舍区域的文瀛苑可以分别命名为 XSSS-WYY01 和 XSSS-WYY02，如学生宿舍文瀛苑 5 号楼的 AP 组命名为 XSSS-WYY5#。

## 16.3 AP 接入用户数阈值设定规范

不同的 AP 接入用户数不同。通过设置 AP 的接入用户数可以有效优化网络传输速率。通常在无线网络规划中，对不同的 AP 设备，建议设置不同的接入用户数，具体如下。

（1）教学办公区 AP，室内统一设定为 64。

（2）教室内 WA6330 设定为 100。

（3）户外 WA5630X 统一设定为 100。

（4）宿舍内统一设定为 16。

（5）特殊区域（如报告厅、食堂）设定为 128。

## 16.4　接收信号强度接入阈值设定规范

接收信号强度（Received Signal Strength Indication，RSSI）用来表示终端设备从接入 AP 设备接收到的射频信号的功率大小。

在无线网络安装和施工中，需要根据现场实际环境，针对不同的场景设置不同的 RSSI 接入阈值，不允许对所有的 AP 设备设置统一的 RSSI 接入阈值。

不同类型的 AP 可用于部署不同的场景。建议对无线网络中不同的接入终端设备进行测试，确认具体的接入阈值后再有针对性地设置。常见智能终端设备的 RSSI 接入阈值设置建议如表 16-3 所示。

**表 16-3　常见智能终端设备的 RSSI 接入阈值设置建议**

| 区域 | 安装位置 | RSSI 接入阈值 |
| --- | --- | --- |
| 宿舍 | 宿舍内 | -70dBm |
| 办公 | 办公室内 | 默认 |
| 教学 | 教室内 | -70dBm |
| 室外 | 室外 | 默认 |

## 16.5　低速率连接限制规范

针对不同的业务场景，需要考虑并确定是否启用低速率客户端接入限制。低速率控制阈值一般在 11Mbit/s 以下。

## 16.6　上下行传输速率限制规范

由于无线局域网通过射频信号传输，对传输速率有一定的限制，无法像有线网络那样以高传输速率传输，因此，在无线网络前期的网络规划中，需要按照无线网络不同区域的接入用户密度和接入用户使用无线网络的习惯，有针对性地限制上下行传输速率。

以无线校园网为例，无线信号覆盖区域主要有 3 种类型，分别是学生宿舍区域、教学和办公区域、图书馆和学生礼堂。学生宿舍区域的下行带宽较大；教学和办公区域的下行带宽需求次之；而图书馆和学生礼堂等场所，由于人数较多，接入密度大，因此需要严格控制接入用户的传输速率。

配置 AP 的限速策略，指定 WLAN 中的所有用户各自的上下行传输速率，当该策略生效时，所有 AP 上关联用户的传输速率都不能超过配置的额定速率。宿舍区域上下行传输速率设定示例如表 16-4 所示。

**表 16-4　宿舍区域上下行传输速率设定示例**

| 区域 | 接入类型 | 上行传输速率 | 下行传输速率 | 备注 |
| --- | --- | --- | --- | --- |
| 宿舍 | 有线 | 20Mbit/s | 20Mbit/s | 限速策略 |

## 16.7　面板式 AP 有线网络用户限速

面板式 AP 常用于酒店房间或学生宿舍。为了避免有线用户流量过大对酒店和宿舍区域的面板式 AP 的整机接入性能产生影响，需要对面板式 AP 的各个以太网 LAN 口传输速率加以限制。

## 项目实践

在无线校园网中，由于不同无线接入 AP 的功能不同，其应用的场景也各不一样；不同的 AP 还需要根据实际场景，考虑无线用户的接入数量不同，进行有针对性的规划和设计，其各自的规划内容也不尽相同。

针对某高校无线校园网的实施方案，任务 16-1 分别针对安装在无线校园网中不同区域的放装式 AP 和面板式 AP 进行设计和规划，了解两种不同类型的接入 AP 设备的规划设计思路。

将 Fit AP 的架构进一步划分为两种：直接转发模式和集中转发模式，这两种模式对于交换机的配置也各不相同。任务 16-2 分别针对这两种转发模式的接入交换机进行设计和规划，了解这两种转发模式的接入交换机的规划设计思路。

## 任务 16-1　无线 AP 规划

### 1. 放装式 AP 配置脚本

（1）放装式 AP，即安装在校园网中的 Fit AP 设备，根据网络中的用户需要，进行有针对性的放置安装。为了有效地管理无线网络中众多的放装式 AP，需要在无线网络规划和设计前期，对放置在无线网络中的所有放装式 AP 的名称、地址及各种网络管理信息，进行统计、登记和记录。以实验中心的放装式 AP 为例，放装式 AP 规划表如图 16-1 所示。

| 设备名称 | 序列号 | 上联交换机端口 | AP型号 | service-template 名称 | AP管理网段 | AP 管理 VLAN | 无线用户网段 | 用户 VLAN | 2.4GHz 信道规划 | 5.8GHz信道规划 |
|---|---|---|---|---|---|---|---|---|---|---|
| SYZX-1F_WA6320-SI_1 | 219801A2N18219E00W15 | G0/0/1 | WA6320-SI | SYZX-1F | 172.30.40.0/24 | 1740 | 10.4.0.0/23 | 1274 | 1 | 149 |
| SYZX-1F_WA6320-SI_2 | 219801A2N18219E00A20 | G0/0/2 | WA6320-SI | SYZX-1F | 172.30.40.0/24 | 1740 | 10.4.0.0/23 | 1274 | 6 | 153 |
| SYZX-1F_WA6320-SI_3 | 219801A2N18219E00Z00 | G0/0/3 | WA6320-SI | SYZX-1F | 172.30.40.0/24 | 1740 | 10.4.0.0/23 | 1274 | 11 | 157 |
| SYZX-1F_WA6320-SI_4 | 219801A2N18219E00SNI | G0/0/4 | WA6320-SI | SYZX-1F | 172.30.40.0/24 | 1740 | 10.4.0.0/23 | 1274 | 1 | 149 |
| SYZX-2F_WA6320-SI_1 | 219801A2N18219E00TVV | G0/0/5 | WA6320-SI | SYZX-2F | 172.30.40.0/24 | 1740 | 10.4.2.0/23 | 1275 | 11 | 157 |
| SYZX-2F_WA6320-SI_2 | 219801A2N18219E00SNI | G0/0/6 | WA6320-SI | SYZX-2F | 172.30.40.0/24 | 1740 | 10.4.2.0/23 | 1275 | 1 | 149 |
| SYZX-2F_WA6320-SI_3 | 219801A2N18219E00E88 | G0/0/7 | WA6320-SI | SYZX-2F | 172.30.40.0/24 | 1740 | 10.4.2.0/23 | 1275 | 6 | 153 |
| SYZX-2F_WA6320-SI_4 | 219801A2N18219E00W10 | G0/0/8 | WA6320-SI | SYZX-2F | 172.30.40.0/24 | 1740 | 10.4.2.0/23 | 1275 | 11 | 157 |
| SYZX-3F_WA6320-SI_1 | 219801A2N18219E00Z81 | G0/0/9 | WA6320-SI | SYZX-3F | 172.30.40.0/24 | 1740 | 10.4.4.0/23 | 1276 | 1 | 149 |
| SYZX-3F_WA6320-SI_2 | 219801A2N18219E00X64 | G0/0/10 | WA6320-SI | SYZX-3F | 172.30.40.0/24 | 1740 | 10.4.4.0/23 | 1276 | 6 | 153 |
| SYZX-3F_WA6320-SI_3 | 219801A2N18219E00Y42 | G0/0/11 | WA6320-SI | SYZX-3F | 172.30.40.0/24 | 1740 | 10.4.4.0/23 | 1276 | 11 | 157 |
| SYZX-3F_WA6320-SI_4 | 219801A2N18219E00Y63 | G0/0/12 | WA6320-SI | SYZX-3F | 172.30.40.0/24 | 1740 | 10.4.4.0/23 | 1276 | 1 | 149 |
| SYZX-3F_WA6320-SI_5 | 219801A2N18219E00P09 | G0/0/13 | WA6320-SI | SYZX-3F | 172.30.40.0/24 | 1740 | 10.4.4.0/23 | 1276 | 6 | 153 |

**图 16-1　放装式 AP 规划表**

（2）在完成无线网络中放装式 AP 的规划和设计任务后，还需要在后期的安装和施工中，按照前期的规划内容，使用如下命令，在指定 AC 上完成放装式 AP 的基础配置。

```
wlan service-template SYZX-1F
ssid JAN16
vlan 1274
mount 64
client-rate-limit inbound mode dynamic cir 200
client-rate-limit outbound mode dynamic cir 200
service-template enable
quit
```

（3）使用以下命令为每层楼的 AP 生成一份配置，其中，部分代码需要根据规划表相应内容进行编写。

```
wlan service-template service-template名称
ssid SSID名称
vlan 用户VLAN
mount 64
client-rate-limit inbound mode dynamic cir 200
client-rate-limit outbound mode dynamic cir 200
service-template enable
quit
```

（4）根据以上模板，手工配置 AP。

```
wlan ap SYZX-1F-WA6320-SI_1 model WA6320-SI
serial-id 219801A2N18219E00W15
```

```
radio 1
client-rate-limit enable
service-template SYZX-1F
channel 149
radio enable
quit
radio 2
client-rate-limit enable
service-template SYZX-1F
channel 1
radio enable
quit
quit
```

（5）使用以下命令为每层楼的AP生成一份配置，其中，部分代码需要根据规划表相应内容进行编写。

```
wlan ap 设备名称 model AP型号
serial-id 序列号
radio 1
client-rate-limit enable
service-template service-template名称
channel 5.8GHz信道规划
radio enable
quit
radio 2
client-rate-limit enable
service-template service-template名称
channel 2.4GHz信道规划
radio enable
quit
quit
```

### 2. 面板式AP配置脚本

（1）以酒店的面板式AP为例，面板式AP规划表如图16-2所示。

（2）在完成无线网络中面板式AP的规划和设计任务后，还需要在后期的安装和施工中，按照前期的规划内容，使用如下命令，在指定AC上完成面板式AP的基础配置。

```
wlan service-template JIUDIAN#1F
ssid JAN16
vlan 1011
mount 64
client-rate-limit inbound mode dynamic cir 200
```

```
client-rate-limit outbound mode dynamic cir 200
service-template enable
quit
```

| 设备名称 | 序列号 | 上联交换机端口 | service-template名称 | SSID名称 | map文件 | AP管理VLAN | AP管理网段 | 无线用户VLAN | 无线用户网段 | 有线用户VLAN | 有线用户网段 | 2.4GHz信道规划 | 房号 |
|---|---|---|---|---|---|---|---|---|---|---|---|---|---|
| JIUDIAN-1F-WA6320H-1101 | 219801A2N18219E00W15 | G0/0/1 | JIUDIAN1#1F | Jan16-1F | 1F-vap.txt | 701 | 172.17.1.0/24 | 1011 | 10.1.2.0/23 | 2000 | 172.17.0.0/24 | 1 | 1101 |
| JIUDIAN-1F-WA6320H-1102 | 219801A2N18219E00TVV | G0/0/2 | JIUDIAN1#1F | Jan16-1F | 1F-vap.txt | 701 | 172.17.1.0/24 | 1011 | 10.1.2.0/23 | 2000 | 172.17.0.0/24 | 6 | 1102 |
| JIUDIAN-1F-WA6320H-1103 | 219801A2N18219E00A20 | G0/0/3 | JIUDIAN1#1F | Jan16-1F | 1F-vap.txt | 701 | 172.17.1.0/24 | 1011 | 10.1.2.0/23 | 2000 | 172.17.0.0/24 | 11 | 1103 |
| JIUDIAN-1F-WA6320H-1104 | 219801A2N18219E00Z00 | G0/0/4 | JIUDIAN1#1F | Jan16-1F | 1F-vap.txt | 701 | 172.17.1.0/24 | 1011 | 10.1.2.0/23 | 2000 | 172.17.0.0/24 | 1 | 1104 |
| JIUDIAN-1F-WA6320H-1105 | 219801A2N18219E00SNI | G0/0/5 | JIUDIAN1#1F | Jan16-1F | 1F-vap.txt | 701 | 172.17.1.0/24 | 1011 | 10.1.2.0/23 | 2000 | 172.17.0.0/24 | 6 | 1105 |
| JIUDIAN-1F-WA6320H-1106 | 219801A2N18219E00E88 | G0/0/6 | JIUDIAN1#1F | Jan16-1F | 1F-vap.txt | 701 | 172.17.1.0/24 | 1011 | 10.1.2.0/23 | 2000 | 172.17.0.0/24 | 11 | 1106 |
| JIUDIAN-2F-WA6320H-1201 | 219801A2N18219E00Y42 | G0/0/1 | JIUDIAN1#2F | Jan16-2F | 2F-vap.txt | 701 | 172.17.1.0/24 | 1012 | 10.1.4.0/23 | 2001 | 172.17.1.0/24 | 1 | 1201 |
| JIUDIAN-2F-WA6320H-1202 | 219801A2N18219E00Y63 | G0/0/2 | JIUDIAN1#2F | Jan16-2F | 2F-vap.txt | 701 | 172.17.1.0/24 | 1012 | 10.1.4.0/23 | 2001 | 172.17.1.0/24 | 6 | 1202 |
| JIUDIAN-2F-WA6320H-1203 | 219801A2N18219E00P09 | G0/0/3 | JIUDIAN1#2F | Jan16-2F | 2F-vap.txt | 701 | 172.17.1.0/24 | 1012 | 10.1.4.0/23 | 2001 | 172.17.1.0/24 | 11 | 1203 |
| JIUDIAN-2F-WA6320H-1204 | 219801A2N18219E00K28 | G0/0/4 | JIUDIAN1#2F | Jan16-2F | 2F-vap.txt | 701 | 172.17.1.0/24 | 1012 | 10.1.4.0/23 | 2001 | 172.17.1.0/24 | 1 | 1204 |
| JIUDIAN-2F-WA6320H-1205 | 219801A2N18219E00TVY | G0/0/5 | JIUDIAN1#2F | Jan16-2F | 2F-vap.txt | 701 | 172.17.1.0/24 | 1012 | 10.1.4.0/23 | 2001 | 172.17.1.0/24 | 6 | 1205 |
| JIUDIAN-2F-WA6320H-1206 | 219801A2N18219E00R61 | G0/0/6 | JIUDIAN1#2F | Jan16-2F | 2F-vap.txt | 701 | 172.17.1.0/24 | 1012 | 10.1.4.0/23 | 2001 | 172.17.1.0/24 | 11 | 1206 |
| JIUDIAN-3F-WA6320H-1301 | 219801A2N18219E00I68 | G0/0/1 | JIUDIAN1#3F | Jan16-3F | 3F-vap.txt | 701 | 172.17.1.0/24 | 1013 | 10.1.6.0/23 | 2002 | 172.17.2.0/24 | 1 | 1301 |
| JIUDIAN-3F-WA6320H-1302 | 219801A2N18219E00P46 | G0/0/2 | JIUDIAN1#3F | Jan16-3F | 3F-vap.txt | 701 | 172.17.1.0/24 | 1013 | 10.1.6.0/23 | 2002 | 172.17.2.0/24 | 6 | 1302 |
| JIUDIAN-3F-WA6320H-1303 | 219801A2N18219E00W45 | G0/0/3 | JIUDIAN1#3F | Jan16-3F | 3F-vap.txt | 701 | 172.17.1.0/24 | 1013 | 10.1.6.0/23 | 2002 | 172.17.2.0/24 | 11 | 1303 |
| JIUDIAN-3F-WA6320H-1304 | 219801A2N18219E00W76 | G0/0/4 | JIUDIAN1#3F | Jan16-3F | 3F-vap.txt | 701 | 172.17.1.0/24 | 1013 | 10.1.6.0/23 | 2002 | 172.17.2.0/24 | 1 | 1304 |
| JIUDIAN-3F-WA6320H-1305 | 219801A2N18219E00FI7 | G0/0/5 | JIUDIAN1#3F | Jan16-3F | 3F-vap.txt | 701 | 172.17.1.0/24 | 1013 | 10.1.6.0/23 | 2002 | 172.17.2.0/24 | 6 | 1305 |
| JIUDIAN-3F-WA6320H-1306 | 219801A2N18219E00WI1 | G0/0/6 | JIUDIAN1#3F | Jan16-3F | 3F-vap.txt | 701 | 172.17.1.0/24 | 1013 | 10.1.6.0/23 | 2002 | 172.17.2.0/24 | 11 | 1306 |

**图 16-2　面板式 AP 规划表**

（3）使用以下命令为每层楼的 AP 生成一份配置，其中，部分代码需要根据规划表相应内容进行编写。

```
wlan service-template service-template名称
ssid SSID名称
vlan 无线用户VLAN
mount 64
client-rate-limit inbound mode dynamic cir 200
client-rate-limit outbound mode dynamic cir 200
service-template enable
quit
```

（4）创建 map 文件，在物理机上按照命令行配置顺序编写 1F-vap.txt 配置文件并上传到 AC。

```
system-view
vlan 2000
quit
interface GigabitEthernet 1/0/1
port link-type trunk
```

```
port trunk permit vlan 2000
quit
interface range GigabitEthernet 1/0/2  to  GigabitEthernet 1/0/5
port link-type trunk
port trunk pvid vlan 2000
port trunk permit vlan 2000
quit
```

（5）根据以上模板，手工配置 AP。

```
wlan ap JIUDIAN-1F-WA6320H-1101 model WA6320H
serial-id 219801A2N18219E00W15
map-configuration 1F-vap .txt
radio 2
client-rate-limit enable
service-template JIUDIAN#1F
channel 1
radio enable
quit
quit
```

（6）使用以下命令为每层楼的 AP 生成一份配置，其中，部分代码需要根据规划表相应内容进行编写。

```
wlan ap 设备名称  model WA6320H
serial-id 序列号
map-configuration map 文件
radio 2
client-rate-limit enable
service-template service-template 名称
channel 2.4GHz 信道规划
radio enable
quit
quit
```

# 任务 16-2　POE 接入交换机规划

## 1. 直接转发模式配置脚本

（1）在无线局域网中的本地转发模式下，为提高 AC 的效率，用户报文可以不经过 AC，直接在 AP 中进行转发，以优化网络的数据传输速率。以图书馆的无线网络中的 POE 交换机为例，在直接转发模式下，POE 接入交换机规划表如图 16-3 所示。

| 交换机名称 | 无线用户VLAN | 无线用户VLAN命名 | AP管理VLAN | AP管理VLAN命名 | 交换机管理VLAN | 交换机管理VLAN命名 | 交换机管理地址 | 交换机网关 | 连接AP trunk端口的Native VLAN | 上联端口放行VLAN列表 |
|---|---|---|---|---|---|---|---|---|---|---|
| TSG-1-1F-JR-S5800-1 | 1001 | TSG-1F-USER | 1701 | TSG-AP-Manager | 2014 | TSG-JIERU-Manager | 172.31.1.1 | 172.31.1.254 | 1701 | 1001、1701、2014 |
| TSG-2-2F-JR-S5800-1 | 1001 | TSG-2F-USER | 1701 | TSG-AP-Manager | 2014 | TSG-JIERU-Manager | 172.31.1.2 | 172.31.1.254 | 1701 | 1001、1701、2014 |
| XZL-3-3F-JR-S5800-1 | 1005 | XZL-3F-USER | 1702 | XZL-AP-Manager | 2015 | XZL-JIERU-Manager | 172.32.1.9 | 172.32.1.254 | 1702 | 1005、1702、2015 |
| XZL-4-4F-JR-S5800-1 | 1005 | XZL-4F-USER | 1702 | XZL-AP-Manager | 2015 | XZL-JIERU-Manager | 172.32.1.12 | 172.32.1.254 | 1702 | 1005、1702、2015 |

**图 16-3　POE 接入交换机规划表（直接转发）**

（2）在完成无线网络中 POE 接入交换机的基础规划和设计任务后，还需要在后期的安装和施工中，按照前期的规划内容，使用如下命令，完成直接转发模式下 POE 接入交换机的基础配置任务。

```
system-view
sysname 交换机名称
user-interface vty 0 4
protocol inbound telnet
authentication-mode scheme
quit
local-user jan16
password simple Jan16@123456
service-type telnet
authorization-attribute level 3
quit

vlan 无线用户 VLAN
name 无线用户 VLAN 命名
quit
vlan  AP 管理 VLAN
name  AP 管理 VLAN 命名
quit
vlan 交换机管理 VLAN
name 交换机管理 VLAN 命名
quit
interface vlan-interface 交换机管理 VLAN 命名
ip address 交换机管理地址
quit
interface GigabitEthernet 1/0/1
port link-type trunk
```

```
port trunk permit vlan 连接AP trunk端口的Native VLAN
quit
int range GigabitEthernet 1/0/24
port link-type trunk
port trunk permit vlan 上联端口放行VLAN列表
quit
ip route-static 0.0.0.0 0.0.0.0 交换机网关
```

## 2. 集中转发模式配置脚本

（1）在无线局域网中的集中转发模式下，所有的用户数据报文必须经过 AC 转发。以图书馆无线网络中的 POE 交换机为例，在无线局域网的集中转发模式下，POE 接入交换机规划表（集中转发）如图 16-4 所示。

| 交换机名称 | 无线用户VLAN | 无线用户VLAN命名 | AP管理VLAN | AP管理VLAN命名 | 交换机管理VLAN | 交换机管理VLAN命名 | 交换机管理地址 | 交换机网关 | 连接AP的Access端口 | 上联端口放行VLAN列表 |
|---|---|---|---|---|---|---|---|---|---|---|
| TSG-1-1F-JR-S5800-1 | 1001 | TSG-1F-USER | 1701 | TSG-AP-Manager | 2014 | TSG-JIERU-Manager | 172.31.1.1 | 172.31.1.254 | 1701 | 1701、2014 |
| TSG-2-2F-JR-S29P-1 | 1001 | TSG-2F-USER | 1701 | TSG-AP-Manager | 2014 | TSG-JIERU-Manager | 172.31.1.2 | 172.31.1.254 | 1701 | 1701、2014 |
| XZL-3-3F-JR-S5800-1 | 1005 | XZL-3F-USER | 1702 | XZL-AP-Manager | 2015 | XZL-JIERU-Manager | 172.32.1.9 | 172.32.1.254 | 1702 | 1702、2015 |
| XZL-4-4F-JR-S5800-1 | 1005 | XZL-4F-USER | 1702 | XZL-AP-Manager | 2015 | XZL-JIERU-Manager | 172.32.1.12 | 172.32.1.254 | 1702 | 1702、2015 |

**图 16-4　POE 接入交换机规划表（集中转发）**

（2）在完成无线网络中 POE 交换机的基础规划和设计任务后，还需要在后期的安装和施工中，按照前期的规划内容，使用如下命令，完成集中转发模式下 POE 交换机的基础配置任务。

```
system-view
sysname 交换机名称
user-interface vty 0 4
protocol inbound telnet
authentication-mode scheme
quit
local-user jan16
password simple Jan16@123456
service-type telnet
authorization-attribute level 3
quit


vlan 无线用户VLAN
name 无线用户VLAN命名
quit
```

```
vlan  AP管理VLAN
name  AP管理VLAN命名
quit
vlan 交换机管理VLAN
name 交换机管理VLAN命名
quit
interface vlan-interface 交换机管理VLAN命名
ip address 交换机管理地址
quit
interface GigabitEthernet 1/0/1
port link-type trunk
port trunk permit vlan 连接AP的Access端口
quit
int range GigabitEthernet 1/0/24
port link-type trunk
port trunk permit vlan 上行端口放行VLAN列表
quit
ip route-static 0.0.0.0 0.0.0.0 交换机网关
```

# 项目 17　大型网络项目脚本生成工具的操作指导

## 项目描述

学校的无线校园网需要对全校园的每个区域都实施无线信号覆盖，累计采购了新华三的多种型号的无线 AP 设备 12000 台、POE 交换机 2000 台、无线控制器 2 台。

在完成前期的无线校园网的网络规划和设计方案后，学校利用暑假这一空闲时间，开始无线校园网的施工。数万台无线设备的上架、安装、调试工作给施工方带来了巨大的工作量，施工方希望能多引入业内先进的无线网络建设工具和管理方法，加快学校无线校园网的建设进程。

无线网络项目解决方案包括前期的网络规划、中期的网络施工和后期的网络运维 3 个阶段。

在前期的无线网络规划和设计审核通过后，接下来就进入无线网络项目的施工阶段，这一阶段需要完成无线设备的上架、安装、配置、调试和排障工作。在整个无线网络工程的施工过程中，无线网络中的设备调试过程直接影响整个无线网络的连通及后期的网络传输优化，因此具有技术含量高、保障等级优先的性质。

在小型的无线网络工程项目施工过程中，由于涉及的无线网络设备数量少，网络工程师可以为每台设备单独制作脚本进行配置。但在大中型无线网络项目的施工过程中，涉及的无线 AP 设备数量基本上为几千台甚至上万台，需要配置的 POE 接入交换机的数量也为几百台甚至上千台，如果工程师为每台设备单独制作配置脚本，不但工程量巨大，大量的重复性设备配置还会造成工作疲劳，从而给网络建设带来更大的安全隐患。

快速、高效地生成设备配置脚本对整体项目调试进度有很大的推动作用，为此，本项目将在项目 16 的基础上学习利用 Word 完成设备配置脚本批量生成的操作方法。

# 任务　使用 Word 生成配置脚本

## ▶ 任务描述

大型网络项目设备配置主要依托前期的项目规划表和脚本生产工具，通过邮件合并，实现批量生成设备配置脚本，最后将这些脚本在设备上部署，完成整个项目的设备配置任务。本任务将以配置放装式 AP 为例，完成基于项目规划表使用脚本生成工具批量生产脚本的工作。

## ▶ 任务操作

（1）新建一个 Word 文档，命名为“×××配置生成模板.docx”，其中，“×××”就是实施的项目名称。在文档中配置初始脚本（设备类型不同，脚本的内容不同，根据实际情况进行配置），如图 17-1 所示。

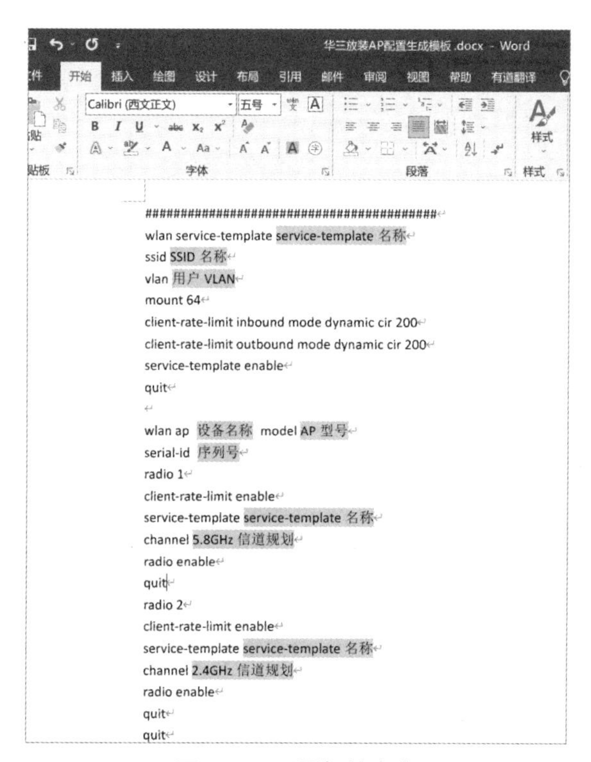


图 17-1　配置初始脚本

（2）单击切换到“邮件”选项卡，单击“选择收件人”按钮，在其下拉列表中选择“使用现有列表”选项，如图 17-2 所示。

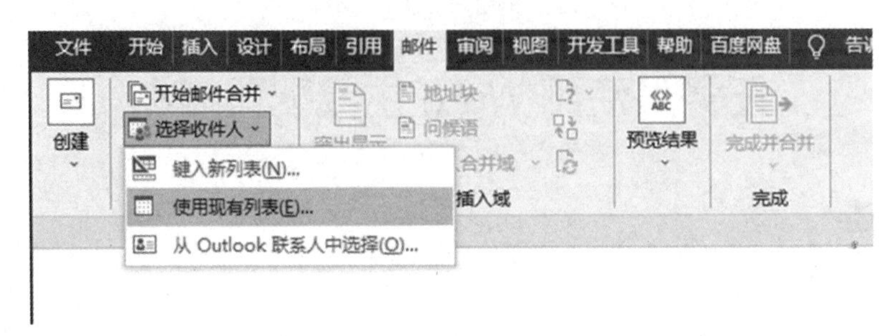


图 17-2　选择收件人

（3）在弹出的“选取数据源”对话框中选择相应的配置脚本生成规划表。配置脚本生成规划表的具体内容参见项目 16，此处以放装式 AP 为例。选择“无线放装 AP 配置脚本生成规划表.xlsx”文件作为导入的数据源，如图 17-3 所示。单击“打开”按钮。

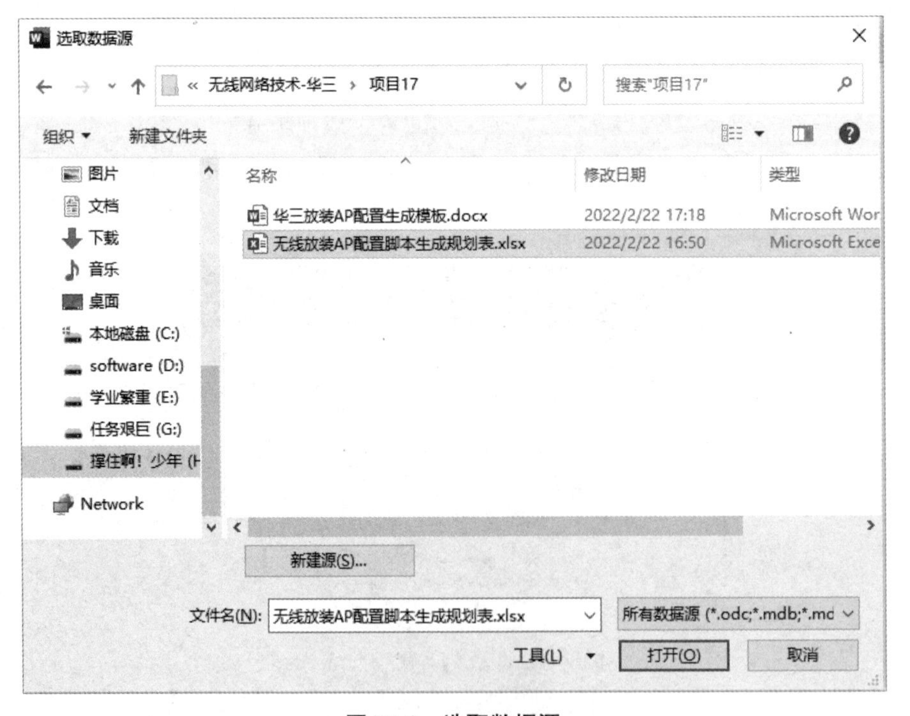


图 17-3　选取数据源

（4）在弹出的“选择表格”对话框中单击“确定”按钮，如图 17-4 所示。

（5）返回 Word 操作界面，选中要替换的文字“服务模板名称”。在“邮件”选项卡中单击“插入合并域”按钮，在其下拉列表中选择需要替换的表项“service-template 名称”，如图 17-5 所示。

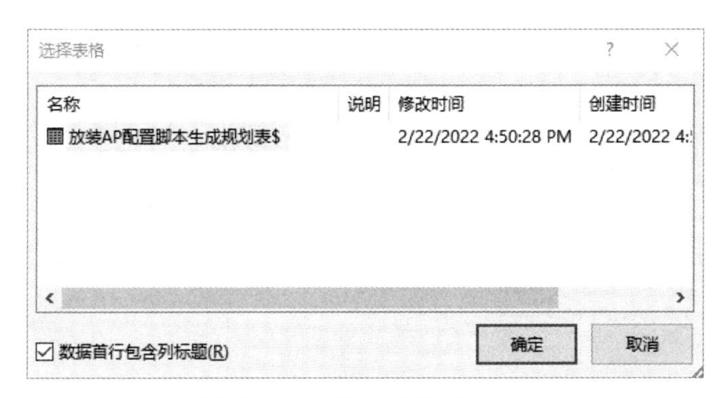


图 17-4　“选择表格”对话框

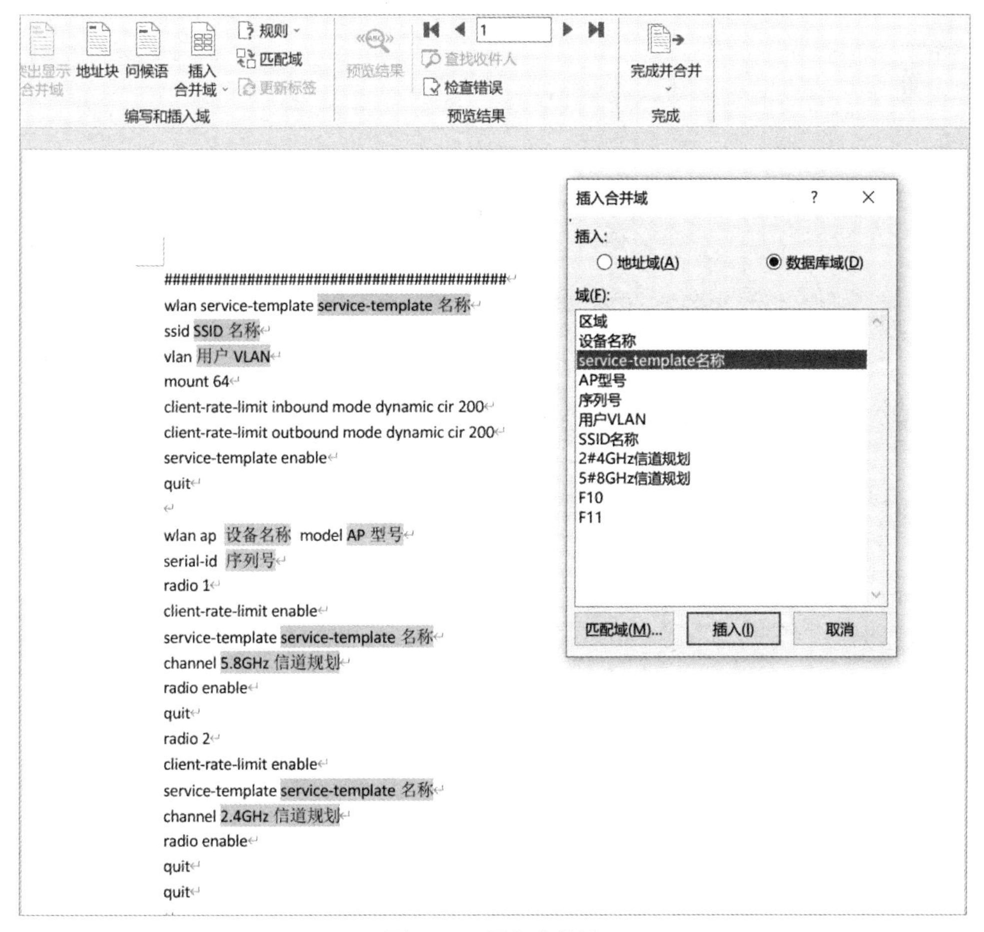


图 17-5　插入合并域

（6）在插入合并域后，需要替换的表项左右会生成“<<”“>>”符号。重复步骤（5）操作，继续在其他需要替换文字处插入合并域，如图 17-6 所示。

（7）插入合并域完成后，单击“邮件”选项卡中的“完成并合并”按钮，在其下拉列表中选择“编辑单个文档”选项，如图 17-7 所示。

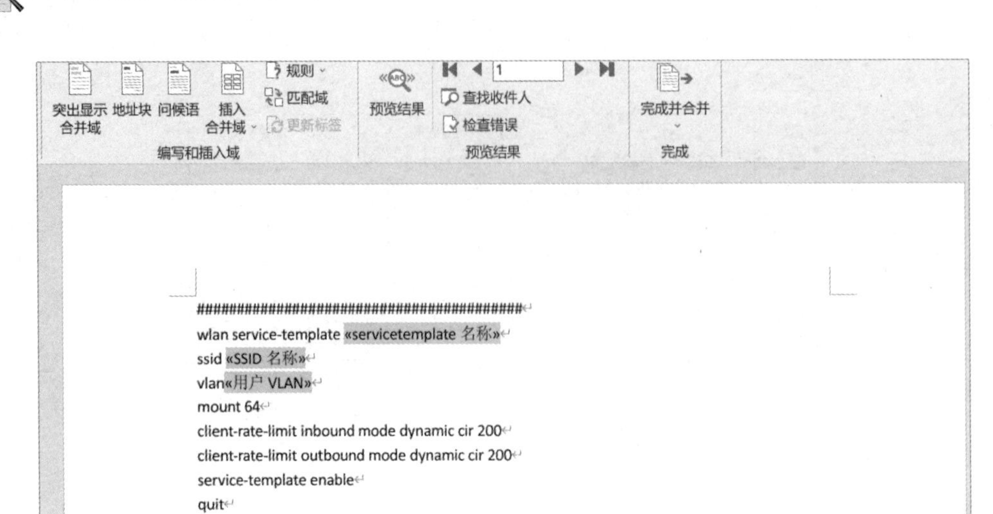


图 17-6　继续插入合并域

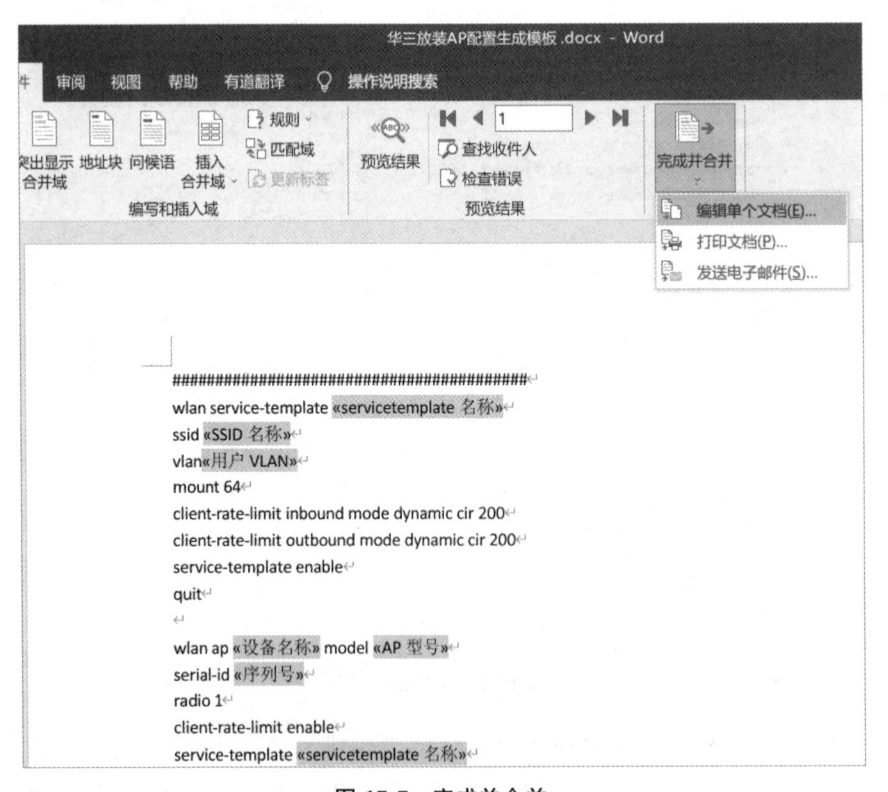


图 17-7　完成并合并

（8）在弹出的“合并到新文档”对话框中选择“全部”单选按钮，单击“确定”按钮，如图 17-8 所示。

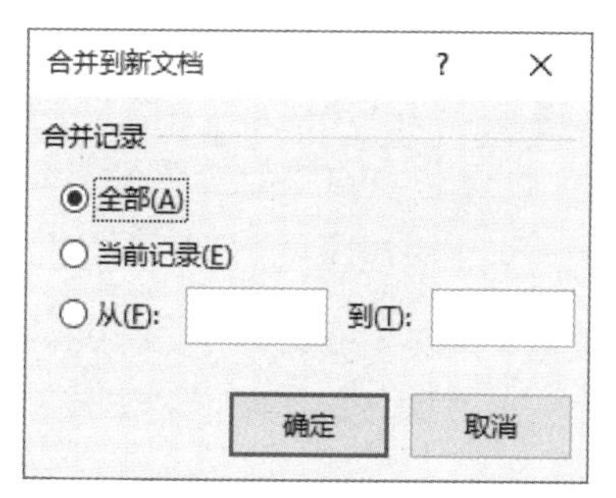


图 17-8　合并到新文档

（9）合并完成后生成配置脚本，如图 17-9 所示。

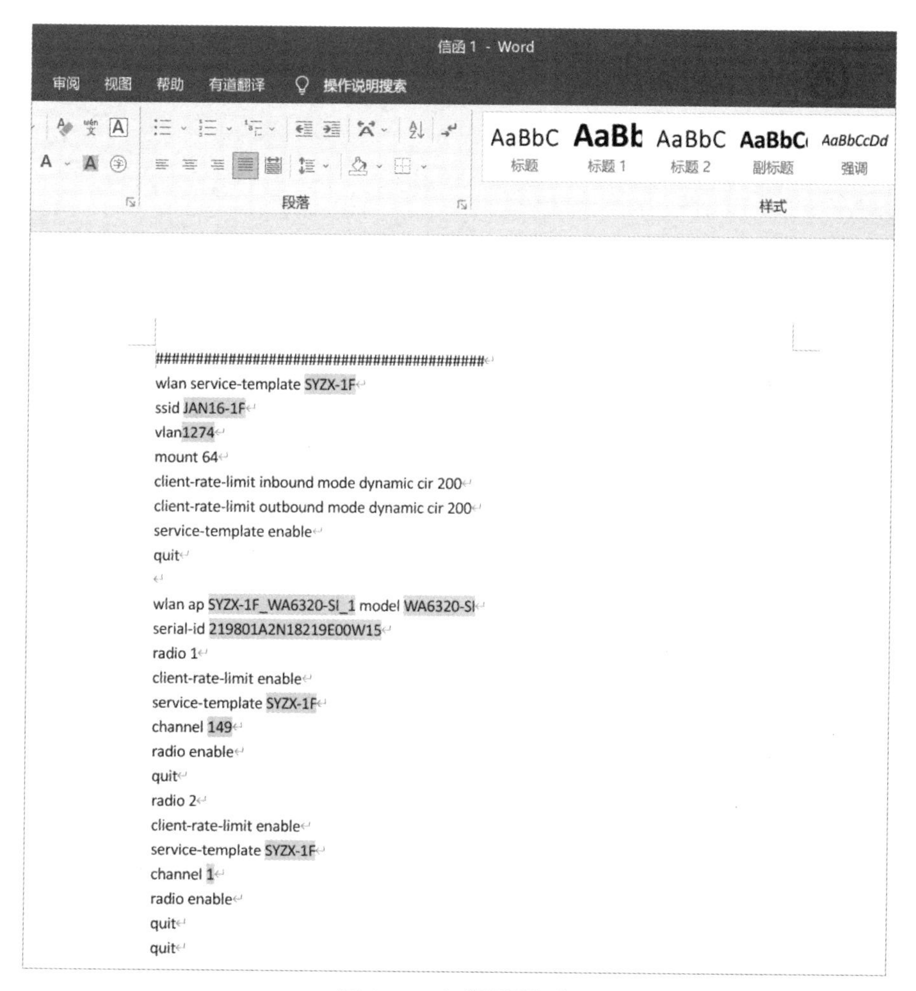


图 17-9　生成配置脚本

需要注意的是，在编写 AP 脚本的过程中，一定要按照实际配置步骤的先后顺序来操作，否则，可能会出现脚本生成后，在实际配置时出错的情况。

# 反侵权盗版声明



举报电话：（010）88254396；（010）88258888
传　　真：（010）88254397
E-mail：　dbqq@phei.com.cn
通信地址：北京市海淀区万寿路 173 信箱
　　　　　电子工业出版社总编办公室
邮　　编：100036